DANKSAGUNGEN

Ich danke meinem Vater Fred und Tom Valone
für die vielen Stunden, in denen sie mir
beim Redigieren dieses Manuskripts behilflich waren.
Weiterhin gilt mein Dank Joscelyn Godwin,
Jackie Panting, meiner Schwester Mary und
meiner Mutter Irene für ihre hilfreichen Kommentare
sowie Geri Davisson für ihre Hilfe
in vielen anderen Dingen.

VORWORT

Seit Jahrzehnten suchen SETI-Astronomen den Himmel nach Radiosignalen außerirdischen Ursprungs ab – bisher erfolglos. Vielleicht liegt das daran, dass sie nach der falschen Art von Signalen forschen. Sie suchen nach Übertragungen in bestimmten, genau abgegrenzten Frequenzbereichen, ähnlich wie bei den FM/AM-Radiosendern unseres Planeten. Es gibt jedoch keine Garantie dafür, dass extraterrestrische Zivilisationen auch mit dieser Kommunikationstechnik arbeiten. Eine viel logischere Wahl wären Breitbandübertragungen, die das gesamte Radiofrequenzspektrum abdecken – weil sie leichter zu entdecken sind, unabhängig davon, auf welche Frequenz man sein Radioteleskop gerade eingestellt hat. Solche Breitbandübertragungen sind auch unter dem Namen „Synchrotronstrahlung" bekannt und können relativ problemlos erzeugt werden, indem man einen Strahl aus kosmischer Teilchenstrahlung magnetisch abbremst. Wenn man dafür sorgt, dass die kosmischen Strahlungselektronen während ihrer Verlangsamung in einer geraden Linie laufen, kann man die Synchrotronstrahlung auf einen schmalen Strahl eingrenzen, der auch über interstellare Entfernungen hinweg kaum etwas von seiner Stärke einbüßt. So könnte man sicherstellen, dass die anvisierte Zivilisation ein starkes Signal empfängt.

Bei der eben beschriebenen Art der Radioübertragung handelt es sich im Wesentlichen um die Signale, die Astronomen routinemäßig von Pulsaren empfangen. Es gibt zahlreiche Belege dafür, dass diese Signale künstlichen Ursprungs sind; sie weisen zudem die komplexesten Ordnungsmuster auf, die der Astronomie von Himmelsphänomenen bekannt sind. Bis heute gibt es kein funktionierendes Erklärungsmodell für einen natürlichen Ursprung der Pulsarsignale; das oft genannte Neutronenstern-Leuchtturmmodell etwa ist an dieser Aufgabe fast gänzlich gescheitert. Viele Astronomen tun sich allerdings sehr schwer damit, gewohnte Paradigmen abzulegen – selbst wenn man sie direkt mit ihren Defiziten konfrontiert.

Bei der Lektüre dieses Buches sollte man stets beachten, dass zum völligen Verständnis der Botschaft des Pulsar-Netzwerks verschiedene Beziehungsstrukturen zu berücksichtigen sind. Dabei greift ein Teil in den anderen – und liefert erst dadurch ein vollständiges Bild. Betrachten Sie die im Folgenden angeführten Forschungsergebnisse also immer im Ganzen. Die Lektüre meiner Bücher „Earth Under Fire" und „Genesis of the Cosmos" liefert zusätzliches Hintergrundmaterial zum Verständnis der Botschaft der Pulsare.

Inhaltsverzeichnis

1. Das Rätsel der Pulsare — 11
- Die Entdeckung — 12
- Das Neutronenstern-Leuchtturmmodell — 19
- ETI-Leuchtfeuer? — 25

2. Eine galaktische Botschaft — 30
- Der 1-Radiant-Markierungspunkt — 31
- Der Millisekunden-Pulsar-Markierungspunkt — 39
- Der bedeckungsveränderliche Millisekunden-Pulsar — 45
- Weitere bedeckungsveränderliche Pulsare — 55

3. Das galaktische Netzwerk — 59
- Überlichtschnelle Raumfahrt — 60
- Weltraumnavigation — 65
- Überlichtschnelle Kommunikation — 68

4. Der galaktische Imperativ — 72
- Botschaft in den Sternen — 73
- Galaktische Superwellen — 75

5. Superwellen-Warnleuchten — 88
- Die Supernovaüberreste Krebsnebel und Bleistiftnebel — 89
- Pulsare entstehen nicht durch Supernova-Explosionen — 91
- Welle der Zerstörung — 96
- Das Königspaar unter den Pulsaren — 106
- Warnung vor einer kommenden Superwelle? — 114

6. Sternenkarten einer Himmelskatastrophe — 116
- Eine Karte des Sternbilds Pfeil? — 117
- Ereignis-Chronometer — 120
- Himmlisches Mahnmal einer irdischen Katastrophe — 123
- Ein Superwellen-Schild? — 132
- Kosmische Synchronizität? — 136

7. Natürlich oder künstlich?   142

     Leuchtturm-Probleme   143
     Unerklärlich komplexe Signale mit hohem Ordnungsgrad   154
     Eine „Low-Tech"-Teilchenstrahl-Kommunikationseinrichtung   165
     Manipulierte stellare Kerne als ETI-Funkfeuer   170

8. Kraftfeld-Projektionstechnik   175

     Plasmoide am Himmel   176
     Mikrowellen-Phasenkonjugation   180
     Tesla-Wellen   185
     Das Kornkreis-Phänomen   187
     Die ETI-Connection   195
     Wie man einen Sternenschild errichtet   199
     Kontakt   201

Anhang A: Geordnete Komplexität   204

     Pulse und zeitlich gemittelte Pulsprofile   205
     Pulsmodulation   208
     Pulsdrift   210
     Das Mode-Switching-Phänomen   215

Anhang B: Die Luminosität einer Teilchenstrahl-Kommunikationseinrichtung   224

Bibliografie   226

Index   235

1.
Das Rätsel der Pulsare

Andererseits könnte auch eine intelligente Zivilisation dahinterstecken, die mit anderen Welten zu kommunizieren versucht. Denn – und das sagen alle – auf diese Art würde man sich bemerkbar machen. Man tut etwas, das in der Natur nicht machbar ist. Man stellt die Pulsfrequenz eines nahegelegenen Pulsars ganz exakt ein, sodass sie Jahr um Jahr nicht die geringste Abweichung zeigt.

Frank Drake, 1974

Die Entdeckung

Man schrieb Juli 1967. Soeben war das erste Szintillations-Radioteleskop der Welt fertiggestellt worden, ein Gerät, das Astronomen erlauben würde, schnell variierende Radiostrahlungen von fernen Sternen aufzuspüren. Doktorandin Jocelyn Bell von der Universität Cambridge und ihr Astronomieprofessor Anthony Hewish nahmen die letzten Feineinstellungen an dem Feld aus Radioantennen vor, das sich über die englische Landschaft erstreckte. Noch ahnen sie nicht, dass Jocelyn innerhalb eines Monats zufällig auf eine der bedeutendsten astronomischen Entdeckungen des Jahrhunderts stoßen würde.

Sie hatten das Scannen eines Himmelsbereichs in Richtung des Sternbilds Fuchs (Vulpecula) abgeschlossen. Jocelyn sah gerade die meterlangen Messstreifen durch, auf denen die Signale aus ihrem Antennenarray aufgezeichnet wurden, als sie etwas recht Ungewöhnliches bemerkte. Eine der Radioquellen, deren aufblitzende Radiosignale sie beobachtet hatten, schien eine regelmäßige Abfolge von Radiopulsen auszustrahlen – „Piepstöne", die jeweils mehrere Hundertstelsekunden anhielten. Hewish tat die Pulse zunächst als Radiointerferenzen irdischen Ursprungs ab, wie zum Beispiel die Zündung eines vorbeifahrenden Autos. Das Signal war abgeklungen und konnte auch bei den darauffolgenden Observationen nicht ausgemacht werden, doch eines Nachts tauchte es wieder auf. Nach etlichen Monaten der Beobachtung, in denen Hewish bemerkte, dass das Signal von einem festen Standort am Himmel kam, war er überzeugt, dass sie eine neue Art astronomischer Quelle entdeckt hatten.

Ende November, nachdem sie sich einen geeigneten, schnell ansprechenden Messschreiber beschafft hatten, waren sie zum ersten Mal imstande, die Intervalle zwischen den Pulsen exakt zu bestimmen. Sechs Stunden Beobachtung hatten gezeigt, dass die Signale eine sehr regelmäßige Pulsperiode von $1{,}33733 \pm 0{,}0001$ Sekunden aufwiesen. Nach einem Beobachtungszeitraum von einigen weiteren Monaten konnte die Präzision der Messung um zwei weitere Dezimalstellen erhöht werden, und heute kennen wir die Pulsperiode der Quelle auf mehr als sechs Billionstel genau: exakt $1{,}337301192269 \pm 0{,}000000000006$ Sekunden pro Zyklus!

Diese Entdeckung sorgte für erhebliche Aufregung bei den Projektwissenschaftlern. Noch nie zuvor hatte man dergleichen gesehen, und sie glaubten tatsächlich, möglicherweise Signale einer außerirdischen Zivilisation aufgefangen zu haben. Monate sorgfältiger Beobachtung hatten offenbart, dass die Radioquelle etwa 2.000 Lichtjahre entfernt lag. Man zog ernsthaft in Betracht, dass es sich bei dem Objekt um das Funkfeuer einer extraterrestrischen Intelligenz (ETI) handeln könnte, da dies das erste Mal in der Geschichte der Astronomie war, dass man auf eine Quelle von derart präziser Regelmäßigkeit gestoßen war. Ursprünglich erhielt die Quelle sogar die Bezeichnung LGM-1, wobei das Akronym LGM für „Little Green Men" (kleine grüne Männchen) stand.[1]

Gegen Ende Dezember entdeckte Jocelyn eine zweite pulsierende Radioquelle im Sternbild der Wasserschlange, das in einem gegenüberliegenden Teil des Himmels liegt. Dieses Objekt, dessen Periodendauer 1,2737635 Sekunden betrug, wurde später LGM-2 getauft. Nachdem diese zweite Quelle entdeckt worden war, kamen den Astronomen aus Cambridge Zweifel an ihrer ETI-Hypothese. Wie sich herausstellte, lagen mehr als 4.000 Lichtjahre zwischen den beiden Pulsaren, womit klar war, dass sie zwangsläufig von zwei verschiedenen Zivilisationen hätten errichtet worden sein müssen, sollte es sich bei ihnen tatsächlich um extraterrestrische Sender handeln. Andererseits war es jedoch extrem unwahrscheinlich, dass mehr als eine Zivilisation zu diesem bestimmten Zeitpunkt mit uns zu kommunizieren versuchte und sich darüber hinaus noch der gleichen Methode bediente – nämlich präzise getimter Pulse.

Da sie befürchteten, in einer Flut von Journalisten unterzugehen, sollte ihre Entdeckung an die Öffentlichkeit dringen, hielten die Astronomen ihre Forschungsergebnisse streng geheim, bis sie im Februar einen Beitrag darüber bei der Fachzeitschrift *Nature* einreichten.[2] Darin vermieden sie jedoch die Interpretation im Sinne einer extraterrestrischen Intelligenz (ETI) und stellten stattdessen die Theorie auf, dass diese Signale von der Oberfläche eines kompakten Sterns von hoher Dichte abgestrahlt werden könnten – wie z. B. von einem Weißen Zwerg oder einem Neutronenstern, der sich in sehr regelmäßigen Abständen ausdehnte und wieder zusammenzog, verdunkelte und aufhellte.

Hätten sie an ihrer ursprünglichen ETI-Hypothese festgehalten, so wären sie gewiss den Angriffen skeptischer Kollegen ausgesetzt gewesen und hätten damit höchstwahrscheinlich ihre Chancen aufs Spiel gesetzt, ihre Forschungsergebnisse in angesehenen Fachzeitschriften zu veröffentlichen. Im Übrigen war ihre Studie ja auch ursprünglich darauf ausgelegt gewesen,

---

1   Sullivan, W.: „Black Holes" (Garden City, New York: Anchor Press, 1979), S. 123
2   Hewish, A.; Bell, S. J.; Pilkerton, J. D. H.; Scott, P. F. und Collins, R. A.: „Observation of a rapidly pulsating radio source" in *Nature*, 1968, 217:209-13

natürliche astronomische Phänomene zu erkunden und nicht, den Himmel nach Spuren außerirdischer Intelligenz abzusuchen.

In den folgenden Monaten entdeckten die Astronomen von der Universität Cambridge zwei weitere extrem regelmäßig pulsierende Radioquellen mit vergleichbaren Perioden von 0,23065 sowie 1,187911 Sekunden, die folgerichtig LGM-3 bzw. -4 genannt wurden. Später, als diese Quellen als „Pulsare" bekannt wurden, gab man den vier bisher entdeckten die Bezeichnungen PSR 1919+21, PSR 0834+06, PSR 0950+08 und PSR 1133+16.[3]

ETI-Kommunikation aus mehreren Quellen wäre jedoch gar nicht so ungewöhnlich, wenn die Signale von verschiedenen, miteinander kommunizierenden Zivilisationen kämen, die eine Art galaktisches Kollektiv bzw. eine galaktische Gemeinschaft bilden. In einem solchen Fall schiene die Vorstellung, dass mehrere „Gesprächsteilnehmer" miteinander verbunden sind und ähnliche Übertragungsmethoden verwenden, durchaus einleuchtend. Heutzutage glauben viele Wissenschaftler, die sich für die Suche nach extraterrestrischer Intelligenz interessieren (ein als SETI bekanntes Unterfangen), dass eine derartige galaktische Gemeinschaft sehr wohl existieren könnte. Einer dieser Wissenschaftler war beispielsweise der Radioastronom Prof. Alan Barrett vom Massachussetts Institute of Technology (MIT), der in der *New York Post* Anfang der 1970er Jahre die Frage stellte, ob Signale von Pulsaren „zu einem ausgedehnten interstellaren Kommunikationsnetzwerk gehören könnten, auf das wir zufällig gestoßen sind."[4] Doch die Vorstellung eines Kommunikationskollektivs war im Jahr 1967 noch kaum Gegenstand der Diskussion, und so hegte man Zweifel.

Ein anderer Grund, warum die Astronomen der Universität Cambridge ihre ETI-Hypothese in Frage zu stellen begannen, hatte mit der Übertragungsweise der Radiosignale zu tun. Anstatt auf diskreten Frequenzen gesendet zu werden, wie bei unseren irdischen Radio- und Fernsehsendern, deckten Transmissionen von Pulsaren einen breiten Radiofrequenzbereich ab. Die Astronomen Robert Jastrow und M. Thompson gaben beispielsweise Folgendes zu bedenken:

---

[3] PSR bedeutet „pulsating source of radio", pulsierende Radioquelle. Die zugeordneten Zahlen bezeichnen die Himmelsposition der Quelle im Jahr 1950 n.Chr. (ein zusätzliches J würde auf die Himmelsposition im Jahr 2000 verweisen). Die ersten vier Ziffern geben die Rektaszension von West nach Ost, entlang des Himmelsäquators, in Stunden und Minuten an; die letzten beiden bezeichnen die Deklinationswinkel entweder nördlich (+) oder südlich (-) des Himmelsäquators. Beim Himmelsäquator handelt es sich um eine Projektion des Erdäquators an die Himmelssphäre.

[4] Artikel in der *New York Post*, zit. in Collyns, R.: „Did Spacemen Colonize the Earth?" (London: Pelham Books, 1974), S. 231

Sollte eine extraterrestrische Gesellschaft versuchen, anderen Sonnensystemen etwas zu signalisieren, würde ihr interstellarer Sender enorme Energie benötigen, um Signale über die Billionen von Meilen hinweg zu senden, die jeden Stern von seinen Nachbarn trennen. Es wäre verschwenderisch, zwecklos und unklug, die Energie der Sendeanlage über ein breites Frequenzband zu streuen. Die einzig praktikable Übertragungsweise bestünde darin, alle verfügbare Energie auf eine Frequenz zu bündeln, wie wir es auf der Erde tun, wenn wir Radio- und Fernsehprogramme übertragen.[5]

Allerdings zeigt uns die Entwicklung der Teilchenstrahlwaffen-Technologie in den 1980er Jahren, dass die Vorstellung extraterrestrischer Breitband-Kommunikationseinrichtungen letztlich gar nicht so weit hergeholt ist. Mit dieser Technologie wäre es uns heutzutage möglich, ein weltraumgestütztes Gerät zu bauen, das einen starken Strahl energiereicher Elektronen projizieren könnte, der seinerseits einen hochkollimierten, laserartigen Radiowellenstrahl generieren würde. Diese Teilchenstrahl-Kommunikationseinrichtung bestünde aus zwei Hauptkomponenten: einem Teilchenbeschleuniger und einem Teilchenstrahl-Modulator (Abb. 1). Der Teilchenbeschleuniger würde einen Strahl aus energiereichen Elektronen erzeugen, die sich nahezu mit Lichtgeschwindigkeit fortbewegen. Mit Hilfe quer zum Teilchenstrahl wirkender Magnetkräfte könnte der Modulator

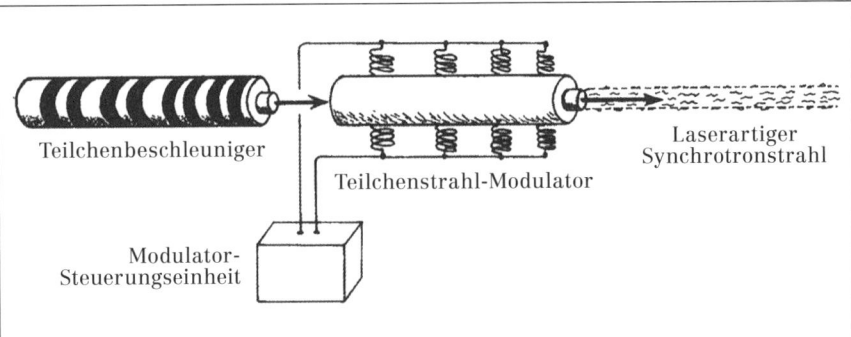

Abb. 1: Die von mir postulierte ETI-Teilchenstrahl-Kommunikationseinrichtung, die zur Übertragung pulsartiger Strahlungspulse an andere Zivilisationen in der Galaxis eingesetzt werden könnte (nähere Ausführungen in Kapitel 7).

---

5   Jastrow, R. und Thompson, M. H.: „Astronomy: Fundamentals and Frontiers" (New York: John Wiley & Sons, 1977), S. 198

die Elektronen geringfügig ablenken, wodurch ein Teil ihrer vorwärts gerichteten kinetischen Energie in *Synchrotronstrahlung* umgewandelt würde – eine Emission elektromagnetischer Wellen, die charakteristischerweise *einen breiten Frequenzbereich* umfasst.

Die Synchrotronstrahlung wurde Anfang der 1940er Jahre entdeckt, als Physiker am General Electric Research Laboratory in Schenectady, New York, zum ersten Mal das Synchrotron einschalteten, einen der ersten Hochenergie-Teilchenbeschleuniger der Welt. Während es in Betrieb war, bemerkten sie, dass von dem Hochenergie-Elektronenstrahl des Beschleunigers ein faszinierendes blau-weißes Leuchten ausging. Später sollte sich herausstellen, dass diese Strahlung ein sehr breites Spektrum besaß, das von niedrigfrequenten Radio- und Mikrowellen bis zu hochfrequenten Ultraviolett- und Röntgenstrahlen reichte. Seitdem ist bekannt, dass Elektronen, die sich mit nahezu Lichtgeschwindigkeit bewegen, diese Breitband-Strahlung emittieren, sobald sie magnetisch von ihrer normalerweise geradlinigen Trajektorie abgelenkt werden. Aufgrund ihrer hohen Geschwindigkeit geben sie diese Strahlung in Form eines schmalen, kegelförmigen Strahlbündels ab, das in Richtung ihrer Bewegung zeigt (Abb. 2).

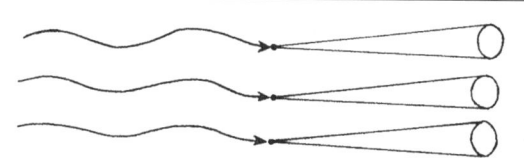

Abb. 2: Elektronen, die sich mit nahezu Lichtgeschwindigkeit „relativistisch" fortbewegen, emittieren schmale Kegel von Synchrotronstrahlung, wenn sie magnetisch abgelenkt werden.

Obwohl Synchrotronstrahlung erstmals im Labor entdeckt wurde, fand man später heraus, dass sie in der Natur recht häufig vorkommt. Typischerweise entdecken sie Radioastronomen, wo immer energiereiche kosmische Strahlenteilchen von Magnetfeldern abgelenkt werden: Sie wird von Teilchen aus Sonneneruptionen abgestrahlt, die im Van-Allen-Strahlungsgürtel der Erde eingefangen wurden, von Elektronen aus kosmischer Strahlung, die in Supernovaüberresten magnetisch eingeschlossen sind, und sie ist Teil der ungeheuer energiegeladenen kosmischen Strahlensalven, die von den leuchtkräftigen, quasarartigen Kernen explodierender Galaxien ausgestoßen werden.

Auch die gepulsten Radiosignale der Pulsare bestehen laut solcher Messungen aus Synchrotronstrahlung. Ja, im Grunde könnte man die in Abbildung 1 dargestellte Teilchenstrahl-Kommunikationseinrichtung bei korrekter Steuerung ihrer Modulator-Einheit sogar dazu bringen, einen Synchrotronstrahl zu erzeugen, der in einem bestimmten Rhythmus aufblitzt und somit dem Signal eines Pulsars ähneln würde. Gespeist aus einem mittelgroßen Kraftwerk, das Energie in einer Größenordnung von 10 bis 100 Megawatt liefert, könnte die Kommunikationseinrichtung ein Strahlensignal erzeugen, das dem eines Pulsars sogar über Entfernungen von tausenden Lichtjahren an Stärke in nichts nachstehen würde. Zusätzliche Einzelheiten zur möglichen Funktionsweise einer solchen Kommunikationseinrichtung werden in Kapitel 7 behandelt.

Vorausgesetzt also, dass es einer technisch fortgeschrittenen Zivilisation möglich ist, pulsarartige Breitbandsignale zu erzeugen, stellt sich noch die Frage: Welche Vorteile ergäben sich gegenüber der Transmission auf diskreten Frequenzen? Zum einen hätte ein Breitbandsignal bessere Chancen, von einem Radioteleskop aufgefangen zu werden. Solche Teleskope sind üblicherweise darauf ausgelegt, ein Gewirr von Radiosignalen über einen breiten Frequenzbereich empfangen zu können, wie es normalerweise von natürlich vorkommenden Radioquellen am Himmel abgestrahlt wird. Eine Radiostation, die auf einer einzigen Frequenz sendet, ginge im Hintergrundrauschen der tausenden Radiofrequenzen verloren, die empfangen werden. Andererseits wäre ein Breitbandsignal, dessen Intensität so eingestellt ist, dass sie all seine Frequenzen kohärent durchläuft, auffälliger und leichter aufzufangen und könnte zudem unabhängig davon entdeckt werden, welchen Bereich des Radiofrequenzspektrums ein Astronom zufällig gerade überwacht. Würde das Signal einer außerirdischen Intelligenz stattdessen auf einem einzigen Radiofrequenz-Kanal übertragen, müsste der Astronom schon eine Menge Glück haben, um unter Milliarden verfügbarer Kanäle gerade diesen Kanal eingestellt zu haben. Das käme dem Versuch gleich, eine Nadel in einem kosmischen Heuhaufen zu finden. Dieses Problem ließe sich zwar lösen, indem man Radioteleskope mit elektronischem Spezialzubehör nachrüstet, das Daten von Millionen diskreten Kanälen zugleich rasch verarbeiten kann – genau die Art der Signalverarbeitung also, die derzeit im SETI-Programm zum Einsatz kommt –, sie sind jedoch nicht das übliche Instrumentarium, mit der die beobachtende Astronomie den radioemittierenden Himmel untersucht.

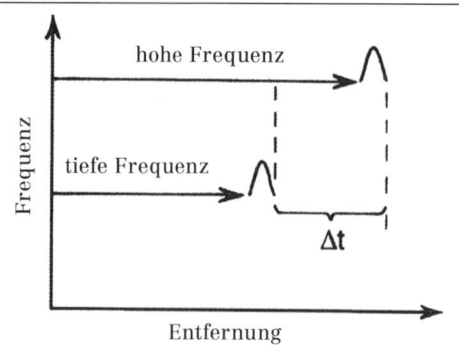

Abb. 3: Verglichen mit Radiowellen höherer Frequenzen, benötigen Wellen niedrigerer Frequenz länger, um dieselbe Entfernung im Raum zurückzulegen. Durch Messung der Zeitverzögerung bei der Ankunft der Radiopulse können Astronomen die Entfernung zur pulsierenden Quelle abschätzen.

Die Transmission von Breitbandsignalen hat zudem den Vorteil, dass sie der Empfänger-Zivilisation eine Möglichkeit verschafft, die Entfernung des Senders abzuschätzen. Der interstellare Raum enthält ein dünnes Medium aus freien Elektronen, was dazu führt, dass niederfrequente Radiowellen sich geringfügig langsamer fortpflanzen als Wellen höherer Frequenz. Dieser Effekt entsteht aufgrund der Streuung der Radiowellen, nicht weil sich die Wellengeschwindigkeit über den Raum hinweg ändert. Die niederfrequenten Radiowellen eines Kommunikationspulses würden demnach leicht hinter den hochfrequenten Wellen desselben Pulses zurückbleiben (siehe Abb. 3). Folglich könnten die Empfänger der gepulsten Nachricht die Entfernung des Senders einfach durch Messung dieser frequenzabhängigen Zeitverzögerung bestimmen. Eine Entfernungsmessung über solche Distanzen wäre nicht möglich, wenn die Sender-Zivilisation Signale auf nur einer Frequenz übertragen würde. All diese Überlegungen zeigen, dass manche der früher vorgebrachten Argumente, mit denen die Möglichkeit ausgeschlossen wurde, dass die Signale der Pulsare außerirdischen Ursprungs sind, so stichhaltig nicht sind.

Dennoch wurde bei der anfänglichen Suche nach intelligenten Signalen aus dem All von der Annahme ausgegangen, es handele sich bei ihnen um Transmissionen auf diskreten Frequenzen. Die erste Radioteleskop-Untersuchung dieser Art wurde in den Jahren 1959 und 1960 vom Astronomen Frank Drake durchgeführt. Dieses Projekt mit dem Namen OZMA nutzte die 26 Meter hohe Radioantenne im National Radio Astronomy Observatory in Green Bank, West Virginia, um nach Signalen von den beiden nächstgelegenen sonnenähnlichen Sternen, Tau Ceti und Epsilon Eridani, zu suchen. Da die Wissenschaftler davon ausgingen, die ETI-Signale würden auf diskreter Frequenz übertragen, stellten sie ihr Teleskop auf die Frequenz ein, die sie für die wahrscheinlichste hielten: 1.420,405 MHz, die Wellenlänge der 21-cm-Linie, auf der Wasserstoffatome schwingen. Ihre Suche blieb jedoch ergebnislos.

Obwohl SETI-Enthusiasten in den darauffolgenden Jahren eine Vielzahl weiterer Untersuchungen durchführten, existierte zu jener Zeit kein organisiertes, wissenschaftlich anerkanntes Programm, das solche Aktivitäten finanziert hätte. Darüber hinaus war die wissenschaftliche Gemeinde in diesen Anfangsjahren gegenüber der Vorstellung, anderswo in der Galaxie könnten andere intelligente Wesen leben und womöglich sogar mit uns zu kommunizieren versuchen, weitaus weniger aufgeschlossen als heute.

Erst 1984 erbrachten Astronomen zum ersten Mal unwiderlegbare empirische Beweise dafür, dass auch um andere Sterne Sonnensysteme existierten. Es überrascht daher nicht, dass Hewish und seine Astronomengruppe aus Cambridge damals, im Jahr 1967, letztlich von ihrer ETI-Interpretation der Pulsare Abstand genommen hatten.

Die Bekanntgabe ihrer Forschungsergebnisse sorgte für erheblichen Aufruhr in der astronomischen Gemeinde, da damals keine anderen natürlichen Quellen derart präzise getimter Pulse bekannt waren. Ihre Arbeit sollte bald als eine der bedeutendsten astronomischen Entdeckungen des Jahrzehnts betrachtet werden. Jocelyn Bell erfuhr beträchtliche Anerkennung durch die Presse, und die Doktoren Hewish und Ryle, Kodirektoren des Radioteleskop-Projekts der Universität Cambridge, teilten sich 1974 den Nobelpreis für Physik.

Kurz nachdem die Ergebnisse der Pulsar-Forschung von Cambridge veröffentlicht worden waren, begannen andere Astronomen mit eigenen Untersuchungen. Infolgedessen stieg die Anzahl der bekannten Pulsare bis Mitte der 1970er Jahre auf 50; bis 1975 zählte man 147 Pulsare; 330 bis zum Jahr 1981; 550 bis 1992; 706 bis 1997; und bis Ende 2005 waren mehr als 1.530 entdeckt worden. Allein im Jahr 1968 wurden gut 140 wissenschaftliche Abhandlungen über Pulsare veröffentlicht, und in den nächsten Jahren sollten hunderte mehr folgen.

Das Neutronenstern-Leuchtturmmodell

In den Monaten, nachdem Hewish und Bell ihre Entdeckung der Pulsare bekannt gegeben hatten, legten Wissenschaftler nicht weniger als 20 theoretische Modelle vor, die das Phänomen zu erklären versuchten. Die frühere

Idee, bei Pulsaren könne es sich um radial pulsierende Weiße Zwerge handeln, musste verworfen werden, nachdem man später im selben Jahr zwei ungewöhnliche Pulsare in den Supernovaüberresten in den Sternbildern Krebs und Segel des Schiffs entdeckt hatte. Beide weisen Perioden von weniger als einer Zehntelsekunde auf, viel zu kurz, um durch radial pulsierende Zwergsterne zufriedenstellend erklärt werden zu können.

Als Alternative einigten sich die Astronomen zuletzt auf das Neutronenstern-Leuchtturmmodell, das im Juni des Jahres 1968 von Thomas Gold vorgeschlagen worden war.[6] Dieses Modell stellte sich einen Pulsar als eine extrem dichte, schnell rotierende Neutronenmasse – einen *Neutronenstern* – vor, der zwei entgegengesetzt ausgerichtete Synchrotronstrahlenbündel emittiert (siehe Abbildung 4). Bei jeder Umdrehung streift demnach einer bzw. beide dieser Strahlen die Erde und erzeugt einen kurzen Radiopuls.

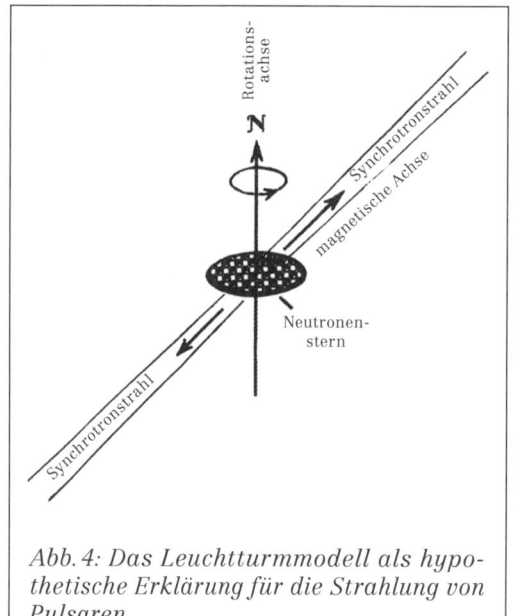

Abb. 4: Das Leuchtturmmodell als hypothetische Erklärung für die Strahlung von Pulsaren.

Ein Neutronenstern bildet sich laut dieser Theorie, wenn die Fusionsreaktionen eines Sterns ausbrennen und die Masse des Sterns daraufhin in einem Gravitationskollaps in sich zusammenfällt. Diesem Druck folgt dann eine Supernova-Explosion, deren Kraft den stellaren Kern noch weiter komprimiert. Der Theorie nach ist das Ergebnis ein so dichter Materiezustand, dass sämtliche Kernteilchen des Sterns in Neutronen umgewandelt und auf eine Dichte zusammengedrängt werden, wie sie in einem Atomkern vorherrscht. Der stellare Kern, der ursprünglich die 1,2- bis 3-fache Masse der Sonne sowie einen erdähnlichen Durchmesser besaß, wird auf eine Größe von nur eins bis dreißig Kilometer komprimiert. Auf

---

6   Gold, Thomas: „Rotating neutron stars as the origin of pulsating radio sources" in *Nature*, 1968, 218:731f.

der Erdoberfläche würde ein Kubikzentimeter dieser Substanz zwischen 25 Millionen und einer Billion Tonnen wiegen!

Das Konzept des Neutronensterns wurde erstmals in den 1930er Jahren angeregt. Doch jahrzehntelang waren sich die Astrophysiker nicht sicher, ob sie an die Existenz eines derartigen Naturphänomens wirklich glauben sollten. Erst mit Entdeckung der Pulsare begannen sie, das Konzept ernsthaft in Betracht zu ziehen, da kein bekanntes natürliches Objekt Pulsarsignale zu erklären vermochte. Ihr dementsprechender Versuch mündete in die Theorie, dass Neutronensterne sich sehr schnell um die eigene Achse drehen – von einigen Umdrehungen pro Minute bis zu hunderten pro Sekunde –, wobei die resultierenden Zentrifugalkräfte den Stern zur Form eines Pfannkuchens auswalken.[7] Das Magnetfeld eines solchen Sterns wäre damit dann billionenfach stärker als das der Erde und auf irgendeine Weise in die Materie des Neutronensterns „eingefroren"; zudem stünde es typischerweise in einem Winkel zur Rotationsachse des Sterns.

Weiterhin geht die Theorie davon aus, dass der Neutronenstern infolge seiner gewaltsamen Geburt sehr heiß wird und aufgrund seiner hohen Temperatur einen Schwall energiereicher Elektronen und anderer kosmischer Strahlenteilchen abgibt. Diese sollen in Form zweier einander entgegengesetzter, bleistiftförmiger Strahlen von beiden magnetischen Polen des Sterns ausgestoßen werden. Eine Theorie besagt, das Magnetfeld des Sterns verringere die Geschwindigkeit dieser hinausstürzenden Elektronen und bewirke damit, dass sie zwei kollimierte Strahlen aus Synchrotronstrahlung emittieren – dieselbe Art Strahlung, die von unserer hypothetischen Teilchenstrahl-Kommunikationseinrichtung erzeugt wird. Da man von den Strahlen annahm, sie seien in einem Winkel zur Rotationsachse des Sterns ausgerichtet, würden sie mit jeder Umdrehung des Sterns durch den Weltraum streichen, ähnlich wie das rotierende Leuchtfeuer eines Leuchtturms. Sobald die Erde zufällig in die Bahn eines oder in manchen Fällen beider dieser Strahlen geriete, könnte man beobachten, wie sie mit der Präzision eines Uhrwerks aufblitzen und dabei eine Reihe von Pulsen mit gleichmäßigen Abständen erzeugen.

Beim Neutronenstern-Leuchtturmmodell besteht jedoch ein grundlegendes Problem: Während das Modell prognostiziert, dass die individuellen Radiosignale eines Pulsars in regelmäßigen Abständen erfolgen, *hat sich jedoch herausgestellt, dass die Pulse in unterschiedlichen Zeitabständen*

---

7 Misner, C.; Thorne, K. und Wheeler, J. A.: „Gravitation" (San Francisco: Freeman & Co., 1973), S. 628

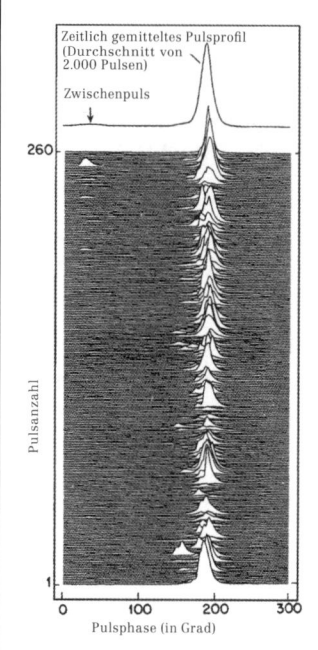

Abb. 5: Eine Sequenz von 260 Pulsen des Pulsars 0950+08. Ihr zeitlich gemitteltes Pulsprofil, ganz oben abgebildet, wurde mittels Addition von 2.000 individuellen Pulsen erstellt. Die Horizontalachse stellt die Pulsperiodenphase dar, wobei ein kompletter Zyklus einer Zyklusphase von 360° entspricht (aus: Hamkins und Cordes, Astrophysisches Journal, Abb. 1).

eintreffen. Ein typisches Beispiel für diese Abweichungen im Timing der Pulse ist in Abbildung 5 zu sehen, wo eine Abfolge von Pulsen des Pulsars PSR 0950+08 grafisch dargestellt ist. Jede Kurve auf der Horizontalachse stellt das über einen einzigen Pulszyklus empfangene Signal dar, wobei zum Vergleich 260 dieser Zyklen übereinander angeordnet sind. Die höckerartigen Pulse zeigen das Ansteigen und Abfallen der Signalamplitude, die normalerweise etwa neun Millisekunden dauert und damit 3,5 Prozent der etwa 0,253 Sekunden dauernden Pulsperiode des Pulsars entspricht. Man beachte, dass die aufeinanderfolgenden Pulse nicht in genau derselben Phase im Pulszyklus auftreten. Stattdessen scheint ihr Timing eher zufällig zu schwanken, und nicht jeder Puls weist dieselbe Amplitudenhöhe auf wie sein Vorgänger.

Eine präzise Regelmäßigkeit ergibt sich nur dann, wenn der Durchschnitt aus vielen Pulsen in einem *zeitlich gemittelten Pulsprofil* errechnet wird, wie in der obersten Kurve von Abbildung 5 zu sehen ist. Diese Kurve wurde aus 2.000 aufeinanderfolgenden Pulszyklen ermittelt.[8] Die Astronomen haben festgestellt, dass die Form dieser Pulskontur überraschend konstant bleibt und praktisch identisch ist mit einem zeitlich gemittelten Profil, in dem Daten zusammengefasst sind, die einige Tage, Monate oder sogar Jahre später ermittelt wurden. Zudem ist, anders als bei den individuellen Pulsen, das Timing bei diesem gemittelten Pulsprofil ex-

---

8 Pulsar-Astronomen bezeichnen die individuellen Pulse eines Pulsars mittlerweile als Subpulse. Für das zeitlich gemittelte Pulsprofil hat sich der Begriff des integrierten Pulsprofils durchgesetzt. Da diese Terminologie manche Leser verwirren könnte, werde ich bei Bezugnahme auf diese Konzepte auch weiterhin die Begriffe Puls sowie zeitlich gemitteltes Pulsprofil verwenden.

trem präzise; die Profilkurve steigt stets zu einem „festgesetzten" Zeitpunkt an. Wenn Astronomen also von der extremen Präzision der Periode eines Pulsars sprechen, meinen sie damit eher die Zeitintervalle im zeitlich gemittelten Profil als die Frequenz des individuellen Pulses.

In Abbildung 6 sind zeitlich gemittelte Pulsprofile für mehrere Pulsare zu sehen. Darin dominiert in den meisten Fällen eine einzige Spitze, jedoch enthalten einige der umfangreicheren Profile mehrere Spitzen bzw. Komponenten. Die Pulsprofile umfassen im allgemeinen 1 bis 20 Prozent der gesamten Pulsperiode, in manchen Fällen erstrecken sie sich jedoch über den gesamten Pulszyklus des Pulsars.

Als Pulsare entdeckt wurden, hatten die Radioastronomen die Schwankungen zwischen den individuellen Pulsen noch nicht erkannt. Ihre Radioteleskope waren lediglich

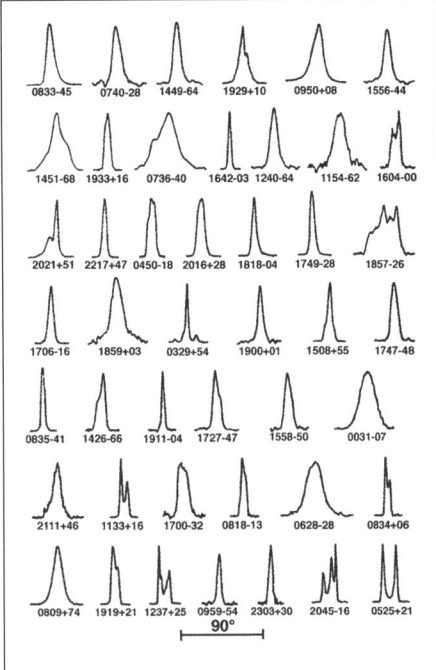

Abb. 6: Zeitlich gemitteltes Pulsprofil für 45 Pulsare. Der Strich unten zeigt die Länge eines Viertel-Pulszyklus an (Manchester und Taylor, 1977, Abb. 1).

darauf eingestellt, den Mittelwert aus vielen Pulsen zu errechnen, üblicherweise aus fünf Minuten Datenmaterial. Demzufolge konnten sie nur das zeitlich gemittelte Profil untersuchen, das zufälligerweise höchst präzise getimt war. Für Pulsar-Theoretiker war daher die Annahme nur natürlich, dass die individuellen Radiopulse, die in der Datenausgabe gemittelt worden waren, ähnlich präzise abgestimmt seien. Im Kontext ebendieser Annahme, dass *jeder individuelle Puls präzise getimt sei*, entstand das Neutronenstern-Leuchtturmmodell mit seinem Synchrotronstrahl, der mit der Regelmäßigkeit eines Uhrwerks rotierte.

Nur wenige Monate, nachdem Gold seine Abhandlung über das Neutronenstern-Leuchtturmmodell veröffentlicht hatte, begannen Forscher allerdings zu entdecken, dass die Zeiträume zwischen den Pulsen beträchtlich schwankten. Dies musste vorwiegend auf den Pulsar zurückzuführen sein und nicht auf die interstellare Streuung der emittierten Radiowellen während ihrer Reise zur Erde.[9] Dies bedeutete, dass das grundlegende Leuchtturmmodell radikal überarbeitet werden musste, sodass es *Pulse mit unregelmäßigen Zeitintervallen* erbrachte. Diese Unregelmäßigkeit im Timing der Pulse könnte durch eine Torkelbewegung des Strahlenbündels des Neutronensterns hervorgerufen werden, während es durch den Weltraum streicht. Eine andere Möglichkeit besteht darin, dass der kosmische Elektronenstrahl eine uneinheitliche Substruktur aufweist, sodass seine kosmischen Strahlen in örtlich konzentrierte Elektronenkaskaden bzw. -funken gebündelt und dann innerhalb des Strahlungskegels in unterschiedliche Richtungen ausgestoßen werden.

Wenn jedoch die Intervalle zwischen den Pulsen auf diese Weise variieren sollten, wäre zu erwarten, dass ein aus vielen Pulsen ermittelter Durchschnittswert ein Profil ergäbe, dessen Umriss und Timing sich von einem Pulsserien-Durchschnitt zum anderen willkürlich ändert. Dass das zeitlich gemittelte Pulsprofil ganz im Gegenteil für sehr konstant befunden worden war, zeigte allerdings, dass das Leuchtturmmodell weiterer Überarbeitung bedurfte. Wenn das Leuchtfeuer das All durchkämmte, müssten demnach seine Elektronenfunken aus kosmischer Strahlung dergestalt hin- und herflackern, dass die über mehrere Zyklen beobachtete Pulssequenz ein zeitlich gemitteltes Pulsprofil „zeichnet", das präzises Timing und eine höchst strukturierte Form aufweist. Dies wäre damit erklärbar, dass die Funken des Neutronensterns eine Art Magnetfeld-„Maske" passieren, die gemeinsam mit dem Elektronenstrahl rotiert. Diese Maske müsste eine Winkelbreite und Kontur ähnlich dem resultierenden zeitlich gemittelten Pulsprofil aufweisen und die Funken dahingehend beeinflussen, dass die Gesamtsumme ihrer „Pinselstriche" bei ihrer Vorwärts- und Rückwärtsbewegung die Kontur der Maske nachzeichnet. Sobald die Serien von Synchrotronstrahlungspulsen addiert würden, ergäben sie demzufolge ein schwankungsfreies zeitlich gemitteltes Pulsprofil, das der Form dieser Maske entspricht. Doch müssten Pulsartheoretiker dann immer noch erklären, weshalb diese postulierte Magnetfeld-Maske die ganze Zeit über konstant

---

[9] Im Laufe ihrer langen Reise können die Radiowellen des Pulsar-Signals durch interstellare Elektronenwolken von ihrer geradlinigen Flugbahn zur Erde abgelenkt werden. Dieser Effekt ist bei sehr niedrigen Radiofrequenzen besonders ausgeprägt und kann dazu führen, dass das Signal eines Pulsars sich verstärkt und wieder abschwächt, ganz wie das Funkeln eines Sterns. Die meisten Pulsar-Beobachtungen werden jedoch auf höheren Frequenzen durchgeführt, wo diese streuungsbedingten Schwankungen minimal sind. Auf diesen höheren Frequenzen werden die Schwankungen zwischen den einzelnen Pulsen vorwiegend von den Pulsaren selbst verursacht.

bleibt, während der Neutronenstern und sein kosmisches Strahlenbündel sich so schnell um die eigene Achse drehen und in verschiedene Richtungen Funken sprühen. Der gesunde Menschenverstand sagt uns, dass das energiereiche kosmische Strahlenbündel die auferlegte Maske stattdessen – wie ein Wind, der eine Flamme ausbläst – „sprengen" und dementsprechend ein völlig unregelmäßiges zeitlich gemitteltes Pulsprofil hervorbringen müsste.

Zusammenfassend bietet das Leuchtturmmodell also eine ziemlich enttäuschende Erklärung für selbst die elementarsten Eigenschaften von Pulsarsignalen. Die Schwächen des Modells werden sogar noch offensichtlicher, wenn man die verschiedenen anderen Kategorien berücksichtigt, die Pulsarsignale kennzeichnen. Einige davon wurden in Anhang B zusammengefasst. Ein Beispiel wäre das Phänomen der „Pulsdrift". Bei bestimmten Pulsaren wird von jedem Puls in einer Folge beobachtet, dass er etwas früher eintrifft als der vorausgegangene Puls. Dadurch entsteht der Eindruck, dass die Pulse mit sehr gleichmäßiger Geschwindigkeit rückwärts laufen und über die Kontur ihres zeitlich gemittelten Pulsprofils hinwegstreichen. Um dieses Verhalten zu erklären, müsste man dem Leuchtturmmodell noch einen weiteren Grad der Komplexität hinzufügen. Sein rotierendes kosmisches Strahlenbündel könnte nun nicht mehr unkontrolliert in verschiedene Richtungen funken. Es müsste vielmehr Funken bilden, die die gleichzeitig rotierende Magnetfeld-Maske mit großer Regelmäßigkeit überstreichen. Aufgrund der Beobachtungen an bestimmten anderen Pulsaren müsste dieses Pulsdrift-Modell weiter überarbeitet werden, um das abrupte Umspringen von einer Driftgeschwindigkeit zur anderen und dann weiter zur nächsten zu erklären, als würde das Driften von rudimentären Gesetzen der Logik gesteuert. *Die Komplexität der Pulsarsignale übersteigt bei Weitem diejenige irgendeines anderen bekannten astronomischen Phänomens.* Selbst wenn man das Leuchtturmmodell bis zu absurder Komplexität weiterentwickelt, bleibt es noch immer eine zufriedenstellende Erklärung für das Verhalten der Pulsare schuldig. Heute sind sich Pulsar-Theoretiker dieser Schwäche allerdings weitgehend bewusst.

ETI-Leuchtfeuer?

Selbst nachdem sich die astronomische Gemeinde auf das Leuchtturmmodell geeinigt hatte, erwägten manche Astronomen noch immer die Möglichkeit, dass es sich zumindest bei manchen Pulsaren um ETI-Leuchtfeuer handeln könnte. Derartige Spekulationen kamen beispielsweise im Jahr 1974 auf, anlässlich der Entdeckung von PSR 1953+29, einem Pulsar mit sehr konstanter Pulsfrequenz. Der am SETI-Projekt beteiligte Pulsar-Astronom und Pionier Frank Drake war einer derjenigen, die eine mögliche extraterrestrische Herkunft dieses Pulsars nahelegten. Dr. Drake ist unter anderem dafür bekannt, dass er das Projekt OZMA ins Leben gerufen sowie eine Gleichung entwickelt hat, mit der die hohe Wahrscheinlichkeit der Existenz intelligenter Zivilisationen anderswo in der Galaxie berechnet werden kann. Zu diesem Pulsar bemerkte er:

> Alle anderen Pulsare Spin-reduzieren ihre Rotation – sie verlangsamen sich also, wenn Sie so wollen. Bei diesem Pulsar können wir keine Reduktion feststellen, was ihn zu etwas völlig anderem macht. Andererseits könnte auch eine intelligente Zivilisation dahinterstecken, die mit anderen Welten zu kommunizieren versucht. Denn – und das sagen alle – so würde man sich zu erkennen geben. Man tut etwas, das in der Natur nicht machbar ist. Man stellt die Pulsfrequenz eines nahegelegenen Pulsars ganz exakt ein, sodass sie Jahr um Jahr nicht die geringste Abweichung zeigt.[10]

Beobachtungen in den folgenden Jahren zeigten, dass die Periode dieses Pulsars zwar an Geschwindigkeit verlor, aber um mehrere tausend Mal langsamer, als für die meisten Pulsare typisch ist. In dieser Hinsicht war der betreffende Pulsar keineswegs einzigartig; seitdem haben Astronomen nämlich mehr als ein Dutzend anderer Pulsare entdeckt, deren Tempo sogar noch langsamer zurückgeht. Pulsartheoretiker hielten wieder einmal am Leuchtturmmodell fest und ergänzten es um Sonderfälle, die ihrer Meinung nach solch ein ungewöhnlich langsames Abfallen der Rotationsgeschwindigkeit erklären konnten. Vielleicht aber sollten die Astrophysiker die ETI-Interpretation nicht ganz so schnell von der Hand weisen. Wenn extraterrestrische Zivilisationen tatsächlich mit uns zu kommunizieren versuchten und ihre Transmissionen durch etwas kenntlich machen wollten, „das in der Natur nicht machbar ist", dann kämen Signale von Pulsaren diesem Kriterium gewiss am nächsten.

Die folgenden Kapitel unterbreiten Beweise dafür, dass Pulsare nicht zufällig am Himmel angeordnet sind – wobei sich besonders markante Leuchtfeuer an galaktischen Schlüsselpositionen befinden, die vom Standpunkt interstellarer Kommunikation bedeutende Bezugspunkte darstellen. Na-

---

10 *Winnipeg Free Press*, 27. November 1974

türlich könnten diese scheinbar intelligenten Platzierungen an bestimmten Himmelspositionen als außergewöhnliche, wenn auch sehr seltene Erscheinung abgetan werden. Andere mögen sie stattdessen als Beweis für eine zugrundeliegende Intelligenz betrachten, die in der Natur am Werk ist. Wir werden in diesem Buch die alternative Theorie untersuchen, wonach es sich bei Pulsaren um künstliche Leuchtfeuer handelt, die von hochentwickelten extraterrestrischen Zivilisationen errichtet wurden.

Wenn jedoch Pulsare von intelligenten Wesen konstruiert worden sind, muss irgendwie erklärt werden, wie sie ihre Signale erzeugen. Es ist zu bezweifeln, dass ihre Signale (wie in Abb. 1 dargestellt) von Raumstation-Kommunikationseinrichtungen stammen, die im Weltall stationiert sind. Obwohl man derart riesige Synchrotron-Leuchtfeuer zur Erzeugung pulsarähnlicher Transmissionen konstruieren könnte, legen die Beobachtungen nahe, dass der Ursprung von Pulsarsignalen nahe der Oberfläche von *Körpern von der Größe eines Sterns* liegt.

Dass Pulsare recht massiv sind, wurde anhand von Beobachtungen an Pulsaren festgestellt, die von einem Begleitstern oder -planeten umkreist werden. Bei derartigen *Doppel*pulsaren lässt die Gravitationskraft des Begleiters den Pulsar einen kleinen Orbit im Himmel beschreiben. Dies verursacht eine sinusförmige Abweichung in seiner Pulsperiode.

Durch Analyse dieser zyklischen Schwankungen und unter Berücksichtigung von Beobachtungen am optisch sichtbaren Begleitstern des Pulsars gelangten die Astronomen zu der Überzeugung, dass es sich bei Doppelpulsaren um relativ große Himmelskörper handelt. Ihre Masse ist mit derjenigen unserer Sonne vergleichbar. Wenn wir nun annehmen, dass hunderte von alleinstehenden Pulsaren am Himmel sich von diesen Doppelpulsaren kaum unterscheiden, können wir daraus nur schließen, dass alle Pulsarsignale von ebensolchen Objekten mit recht großer Masse herrühren.

Bedeutet das aber, dass wir die Auffassung, bei Pulsaren könnte es sich um ETI-Kommunikations-Leuchtfeuer handeln, ausschließen müssen? Die Antwort ist nein.

Wir könnten uns beispielsweise eine wissenschaftlich fortgeschrittene Zivilisation denken, die einen heißen stellaren Kern ausfindig macht und den austretenden Elektronenwind aus kosmischer Strahlung zu Kommunikationszwecken nutzt. Mit anderen Worten: Die in Abbildung 1 dargestellte Elektronenbeschleuniger-Komponente würde durch eine natürlich vorhandene stellare kosmische Strahlungsquelle ersetzt. Durch Einsatz von Hochtechnologie der in Kapitel 8 beschriebenen Art könnte man unweit der

Sternoberfläche Magnetfelder künstlich erzeugen. Diese wiederum würden die vom Stern abgegebenen kosmischen Strahlungselektronen verlangsamen und sie so dazu bringen, einen oder mehrere Strahlen aus Synchrotronstrahlung zu bilden (Abb. 7). Durch Modulation dieser Felder könnten Synchrotronpulse ausgelöst werden, die denen von Pulsaren ähneln. Wie bei der Teilchenstrahl-Kommunikationseinrichtung wären diese Strahlen stationär sowie exakt auf entfernte Positionen gerichtet. Je nach Grad ihrer Divergenz könnte der Strahlendurchmesser am fernen Zielort vom Umfang eines typischen Sonnensystems (der hundertfache Durchmesser der Erdumlaufbahn) bis zu etwa 100 Lichtjahren reichen, womit er viele Sternensysteme umfassen würde.

Bei diesen als Kommunikations-Leuchtfeuer genutzten kosmischen Strahlungsquellen muss es sich nicht notwendigerweise um Neutronensterne handeln; auch Himmelskörper von einem größeren Durchmesser, wie Weiße Zwerge oder Röntgensterne, kämen dafür in Frage. Es ist bekannt, dass solche heißen stellaren Kerne, die ein normales Spätstadium in der Entwicklung eines Sterns darstellen, üblicherweise ausgiebige Mengen kosmischer Strahlungselektronen emittieren. Ihr Durchmesser ist größer als der von Neutronensternen (bis 20.000 km anstatt 1 bis 20 km), und ihre Dichte ist um etwa ein Millionenfaches geringer. Ihr Inneres besteht aus dicht komprimierten Atomen anstatt dicht komprimierten Neutronen. Wie

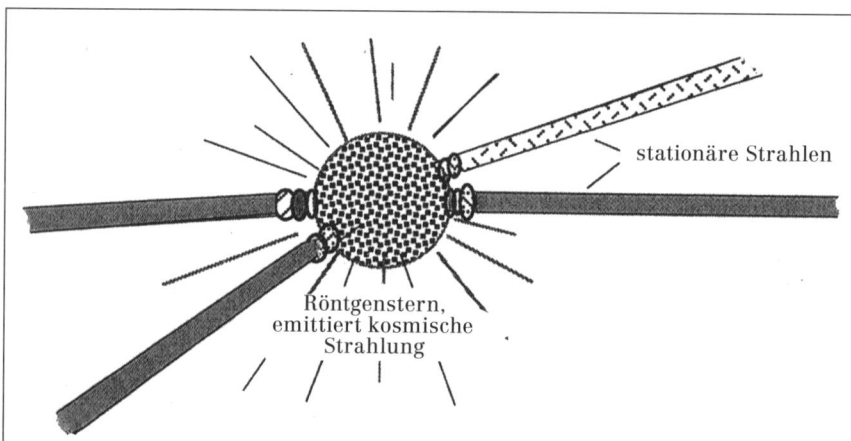

Abb. 7: Ein Leuchtfeuer-Pulsar mit stationärem Strahl. Felder nahe der Oberfläche eines Sterns, der kosmische Strahlung emittiert, senden Radio-Synchrotronstrahlen gezielt zu bestimmten Positionen. Weitere Einzelheiten in Kapitel 7.

zuvor erwähnt, nahmen Astronomen bei der erstmaligen Entdeckung von Pulsaren an, dass ihre Strahlung von Weißen Zwergen verursacht werden könnte, die sich entweder schnell um die eigene Achse drehen oder radial pulsieren. Doch als man auf Pulsare mit kurzer Periode – wie den Crab-Pulsar oder den Vela-Pulsar – stieß, mussten die Theorien über die Weißen Zwerge fallengelassen werden, da diese Sterne aufgrund ihres relativ großen Umfangs nicht schnell genug rotieren bzw. radial oszillieren könnten, um derartig schnell zu pulsieren. Das hatte zur Folge, dass Pulsar-Astronomen das Neutronenstern-Modell als einzig plausible Alternative übernahmen.

Wenn jedoch Pulsarsignale ein Produkt extraterrestrischer Intelligenz sind und durch künstlich modulierte Magnetfelder anstelle der natürlichen mechanischen Bewegung des Sterns erzeugt werden, könnte ein heißer stellarer Kern von viel größerem Umfang ebensogut als kosmische Strahlungsquelle dienen. Die genannten mechanischen Begrenzungen würden in diesem Fall nicht länger gelten. Mehr zu diesem ETI-Strahlenmodell erfahren wir in Kapitel 7.

Als Nächstes wollen wir untersuchen, welche Eigenschaften neben dem präzisen Timing im zeitlich gemittelten Pulsprofil uns zu dem Schluss bringen könnten, dass es sich bei Pulsaren um Kommunikations-Leuchtfeuer handeln könnte, die von intelligenten Wesen betrieben werden.

2.
Eine galaktische Botschaft

Der 1-Radiant-Markierungspunkt

Wissenschaftler einer kommunizierenden galaktischen Zivilisation stehen vor dem Problem, dass ihre Botschaft notwendigerweise eine Sprachbarriere überwinden muss. Sie könnten dieses Problem lösen, indem sie die zu übermittelnde Nachricht in universalen Symbolen formulieren, die für jede hochentwickelte Kultur verständlich sind. Als gemeinsame Bezugspunkte, auf deren Grundlage eine sinnvolle Kommunikation entstehen könnte, wären etwa mathematische oder geometrische Relationen, Naturgesetze oder bedeutende astronomische Bezugspunkte geeignet.

Ein wichtiger Ort in unserer Galaxis, dessen Verwendung als Bezugspunkt einleuchtend wäre, ist das galaktische Zentrum – der Massenmittelpunkt, um den die Sterne der Milchstraße kreisen. Die zentrale Lage dieses einzigartigen Standorts würden wohl alle Zivilisationen in unserer Galaxis erkennen. Auch NASA-Wissenschaftler nahmen auf der Plakette, die 1972 an Bord der Raumsonde Pioneer 10 ins Weltall startete, auf das galaktische Zentrum Bezug. Man hoffte damals, dass irgendwo, weit außerhalb unseres Sonnensystems, eine weltraumfahrende außerirdische Zivilisation den Weg von Pioneer 10 kreuzen und die Botschaft auf der goldbeschichteten Aluminiumplakette entdecken würde, die außen an der Sonde befestigt war (siehe Abb. 8). Die lange horizontale Linie, die sich von der „Strahlenkranz"-Darstellung auf der Plakette nach rechts zieht, zeigt die relative Entfernung des Sonnensystems vom galaktischen Zentrum. Die binär verschlüsselten Linien, die sternförmig vom Zentrum des Strahlenkranzes ausgehen, stellen die Richtungen, relativen Entfernungen und Pulsperioden von 14 markanten Pulsaren dar. Man hegte die Hoffnung, dass eine extraterrestrische Zivilisation mit Hilfe dieser himmlischen Markierungspunkte den Ausgangspunkt des Raumfahrzeugs triangulieren und so unseren Planeten finden könnte. Wie ich auf den folgenden Seiten zeigen werde, sind die Pulsare, die auf dem Diagramm so nichtsahnend als Bezugspunkte angegeben werden, möglicherweise Teile eines ETI-Netzwerks aus Markierungsfunkfeuern, die uns ihrerseits eine Botschaft zukommen lassen wollen.

Um die mit Pioneer 10 gesandte Nachricht zu erhalten, müsste die Empfänger-Zivilisation die Sonde erst einmal abfangen und dann erkennen, dass die daran angebrachte Plakette eine Botschaft enthält. Nehmen wir aber einmal an, dass eine Zivilisation einen Kommunikationsversuch startet, indem sie Radiosignale durch den interstellaren Raum sendet. Wie würden Wesen, die auf eine solche Art kommunizieren, Bezug auf das galaktische

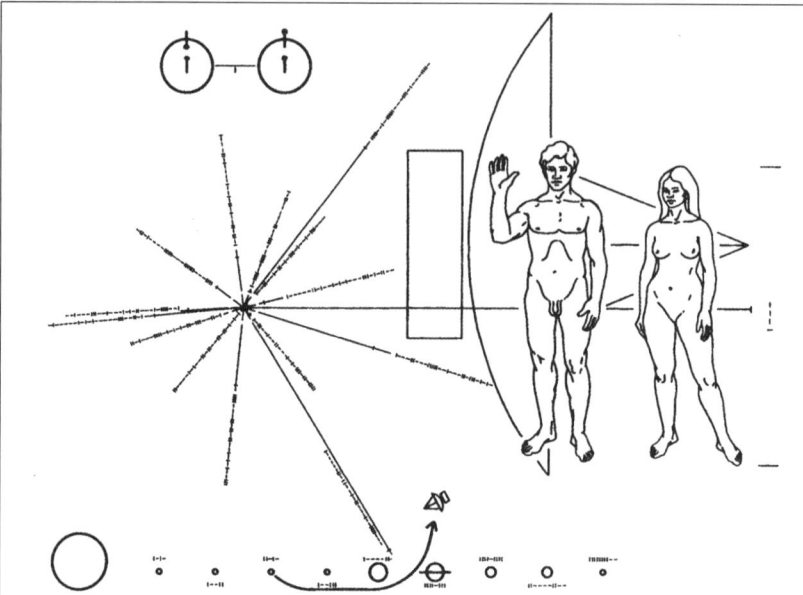

Abb. 8: Die Plakette von Pioneer 10. Das sternförmige Diagramm links zeigt die Positionen und Richtungen des galaktischen Zentrums und von 14 Pulsaren in Relation zur Erde an.

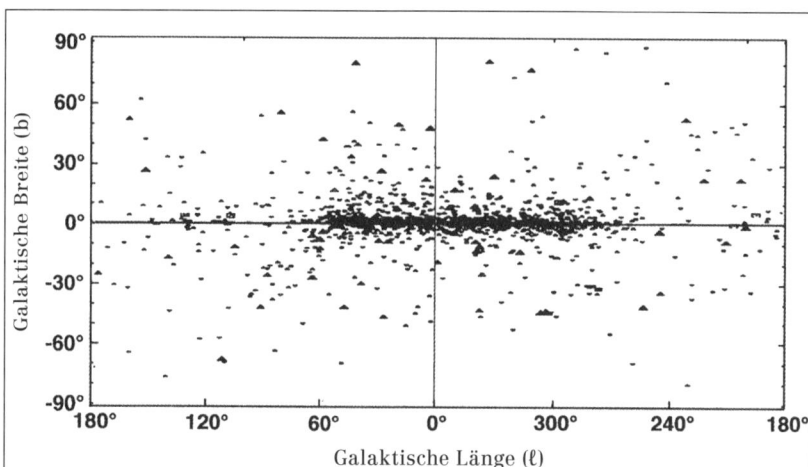

Abb. 9: Darstellung der Verteilung von 1.533 Pulsaren (gezeichnet nach Angaben der ATNF-Pulsar-Datenbank) in einem galaktischen Koordinatensystem. Die horizontale Achse stellt den galaktischen Äquator dar; das galaktische Zentrum wird durch den Schnittpunkt der Achsen dargestellt. Das galaktische Antizentrum ($\ell = 180°$, $b = 0°$) liegt demnach am rechten und linken Rand der horizontalen Achse.

Zentrum nehmen, um sicherzustellen, dass man ihr Signal nicht für eine natürliche Radioquelle hält? Eine mögliche Methode bestünde darin, die Richtung des abgestrahlten Signals sehr sorgfältig auszuwählen. So würde die Empfänger-Zivilisation feststellen können, dass die Radiopulse von einer Quelle stammen, die in Relation zum galaktischen Zentrum eine eindeutig definierte Position einnimmt – eine Position mit einer bestimmten geometrischen Bedeutung, die für den Empfänger unschwer erkennbar wäre.

Tatsächlich weisen die Positionen bestimmter, sehr markanter Pulsare bei genauerer Betrachtung auf Orte hin, die in entscheidender Relation zum galaktischen Zentrum stehen. Auf Abbildung 9 sind die Himmelspositionen von 1.533 Pulsaren in einem galaktischen Koordinatensystem eingezeichnet. Die Koordinatenlinien zeigen galaktische Länge (ℓ) und Breite (b) an, ganz ähnlich wie die Längen- und Breitengrade auf einer Weltkarte.[1] Die Scheibe unserer Spiralgalaxis erstreckt sich entlang des Äquators des Koordinatensystems, der galaktische Kern liegt genau in seinem Zentrum. Wie unsere Milchstraße als Edge-on-Galaxie [eine Galaxie mit hoher Schräglage, Anm. d. Übers.] mit ihrer Ausbuchtung in der Mitte in einem solchen System aussehen würde, wird anhand von Abbildung 10 deutlich, die die Verteilung der diffusen Infrarotstrahlung unserer Galaxis zeigt.

Die in Abbildung 9 eingezeichneten Pulsare neigen im Wesentlichen dazu, sich in der Nähe der galaktischen Ebene – also an der gedachten Mittellinie unserer Spiralgalaxis – zusammenzuscharen. Wenn wir unseren Blick aber mit zunehmendem galaktischen Längengrad nach links richten, so stellen wir fest, dass die Anzahl der Pulsare jenseits von $\ell = 57 \pm 1°$ jäh abnimmt. Noch deutlicher wird das, wenn wir unsere Pulsardaten in einem Säulendiagramm darstellen, wie man das in Abbildung 11 sieht.[2] Dabei bezeichnet die horizontale Achse die galaktische Länge, wobei der Kreisum-

---

1 Der Längengrad null wurde sehr nahe am galaktischen Zentrum festgelegt, die galaktische Länge beschreibt von dort aus, unserer Sichtlinie von der Erde folgend, einen vollständigen Kreis von 360 Grad Richtung Norden gegen den Uhrzeigersinn, entlang des galaktischen Äquators – der Ebene, die von der Scheibe der Milchstraße mit ihren Spiralarmen geformt wird. Die galaktische Breite gibt den Winkel ober- oder unterhalb des galaktischen Äquators an; positive Winkel bezeichnen die Richtung zum galaktischen Nordpol im Sternbild Haar der Berenike, nördlich der Konstellation Jungfrau, negative Winkel die Richtung zum galaktischen Südpol im Sternbild Bildhauer. Als die Astronomen dieses Koordinatensystem ausarbeiteten, kannten sie die genaue Position des galaktischen Zentrums noch nicht. Aus diesem Grund weicht die Position des tatsächlichen galaktischen Zentrums ($\ell = -0{,}0558°$, b = $-0{,}0462°$) etwas vom Nullpunkt der galaktischen Koordinaten (0,0) ab.

2 LaViolette, P. A.: „Evidence that radio pulsars may be artificial beacons of ETI origin", Vortrag beim 195. Treffen der American Astronomical Society in Atlanta, Georgia, Januar 2000

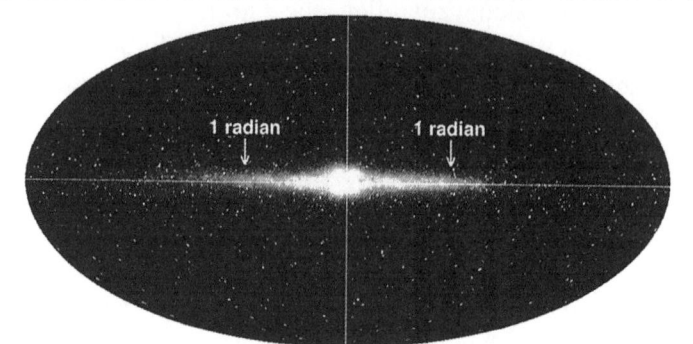

Abb. 10: Die Himmelsverteilung der diffusen Infrarotstrahlung unserer Milchstraße auf einer Wellenlänge von ein bis drei Mikrometer. Die Daten stammen vom Diffuse Infrared Background Experiment [Experiment zur Messung der diffusen Infrarot-Hintergrundstrahlung, Anm. d. Übers.] der NASA, das an Bord des COBE-Satelliten durchgeführt wurde. (Mit freundlicher Genehmigung der NASA und der COBE Science Working Group).

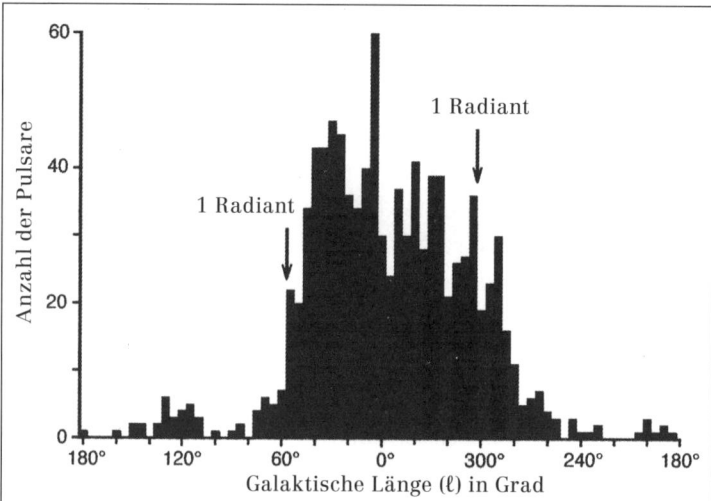

Abb. 11: Die Anzahl der Pulsare innerhalb von fünf Breitengraden ober- und unterhalb des galaktischen Äquators, dargestellt als Funktion der galaktischen Länge. Die Pfeile links und rechts bezeichnen die Längengrade in genau ein Radiant Entfernung vom galaktischen Zentrum.

fang der Galaxis (360°) in 72 Abschnitte zu je fünf Längengraden unterteilt wird. Auf der vertikalen Achse ist für jeden dieser Längenabschnitte die Anzahl der Pulsare eingezeichnet, die innerhalb von fünf Breitengraden ober- und unterhalb des galaktischen Äquators liegen. Die fünf Längengrade umfassenden Abschnitte haben ihren Ursprung nicht bei $\ell = 0°$, sondern bei $\ell = 357{,}24°$, weil sich so besser zeigen lässt, wie steil der Abfall jenseits von $\ell = 57 \pm 1°$ ist. Innerhalb des Breitengrad-Abschnitts von $\pm 5°$ sind hier 1.010 Pulsare dargestellt – ca. 66 Prozent einer Gesamtstichprobe von 1.533 Pulsaren.[3,4]

Die Grafik zeigt deutlich, dass jenseits des galaktischen Längengrads $\ell = 57{,}24°$ nur noch dreimal so wenig Pulsare verzeichnet sind. Wenn wir die horizontale Achse in kleinere Abschnitte von je einem Längengrad unterteilen, stellen wir fest, dass dieser starke Rückgang bereits einen Grad vor diesem Punkt, nämlich bei etwa 56° beginnt. Dabei handelt es sich um ein reales Phänomen und nicht etwa um einen Fehler aufgrund eines Beobachtungsauswahleffekts. Das Arecibo-Radioteleskop, das auch sehr weit entfernte, schwach strahlende Pulsare aufspüren kann, hat den Himmel weitere neun Längengrade jenseits dieses deutlichen Populationsrückgangs durchmustert und nur mehr wenige Pulsare entdeckt. Zudem wurden die Beobachtungen dieser Himmelsregion durch das Arecibo-Teleskop von den Observatorien Green Bank und Jodrell Bank ergänzt, deren Teleskope weite Himmelsbereiche abdecken. Der steile Abfall von einer dichten zu einer ausgedünnten Pulsar-Population ist auch dann ersichtlich, wenn wir nur die am hellsten strahlenden (und daher am leichtesten aufzuspürenden) Pulsare in die Grafik einzeichnen – oder wenn wir den Breitengrad-Abschnitt auf $\pm 10°$ vom galaktischen Äquator erhöhen.

Der Rückgang in dieser Längengrad-Region kann unmöglich auf eine Abnahme der Pulsar-Population außerhalb eines der Spiralarme der Milchstraße zurückgeführt werden, da es keinen Spiralarm gibt, der sich in Richtung ein Radiant erstreckt; die Spiralarme durchschneiden diese Richtung

---

3   Die meisten dieser Radioquellen wurden bei Pulsarsuchen auf einer Radiofrequenz von 400 MHz aufgespürt, ein Teil wurde aber auch im Frequenzbereich zwischen 1.400 und 1.500 MHz entdeckt. Der hier grafisch dargestellte Datensatz enthält die Resultate der Hochfrequenz-Parkes-Studie von 1992, die einen Bereich von $-90° \leq \ell \leq 20°$ und $|b| \leq 4°$ abdeckte, sowie die Resultate der Jodrell-Bank-Studie von 1992, die einen Bereich von $-5° \leq \ell \leq 110°$ und $|b| \leq 1°$ umfasste. Diese „Durchmusterungen" des Himmels weisen eine höhere Empfindlichkeit auf als die Studien mit 400 MHz, wobei die Jodrell-Bank-Studie jedoch nur ein Fünftel des in unserem Datensatz enthaltenen Breitengrad-Abschnitts beobachtete.

4   Die hier verwendeten Pulsar-Daten stammen von ftp://pulsar.princeton.edu/pub/catalog.

Abb. 12: Das Radioteleskop in Arecibo, Puerto Rico, mit einem effektiven Durchmesser von 304,8 Metern. Das Arecibo-Observatorium ist Teil des National Astronomy and Ionosphere Center, das von der Cornell University in Kooperation mit der amerikanischen National Science Foundation betrieben wird. (Fotoabdruck mit freundlicher Genehmigung von David Parker, 1997/Science Photo Library)

vielmehr schräg. Der plötzliche Abfall kann auch nichts mit dem Molekül-Gasring zu tun haben, der den Kern unserer Galaxis in einer Entfernung von etwa 14.000 Lichtjahren umschreibt. Aus unserer Sicht erreicht die optische Dicke dieses Rings ihr Maximum bei ca. $\ell = 30°$ bis $40°$ und nimmt dann allmählich ab, bis sie bei $\ell = 52°$ ihr Minimum erreicht. Entstünden Pulsare aus Sternen, die sich in diesem Ring gebildet haben, dann müsste die Pulsardichte bereits einige Längengrade vor dem 1-Radiant-Rand abnehmen.

Nach dem Leuchtturmmodell wären Pulsare rotierende Neustronensterne, die sich auf natürlichem Wege nach Supernova-Explosionen gebildet haben. Diesem Modell zufolge müssten Pulsare in der Galaxis aber ähnlich verteilt sein wie Supernovaüberreste.[5] Diese Sternleichen sind in der gesamten Scheibe der Milchstraße zu finden, wobei ihre Häufigkeit in Richtung auf das galaktische Zentrum hin zunimmt. Dies entspricht der Verteilung der relativ schweren Sterne der sogenannten Population I, die als Vorläufer von Supernovae gelten. Das Verteilungsprofil der Supernovaüberreste weist beim 1-Radiant-Längengrad aber keinen vergleichbaren Abfall auf. Mit zunehmender Entfernung vom galaktischen Zentrum nimmt zwar auch die Häufigkeit dieser Überreste ab, doch in einer wesentlich flacheren Kurve, die ihr stärkstes Gefälle bei $\ell = 30°$ bis $40°$ erreicht.

Aus geometrischer Sicht ist die Position des starken Abfalls der Pulsar-Population in Bezug auf das galaktische Zentrum jedoch äußerst bemerkenswert. Sie befindet sich nämlich nahe dem Punkt am galaktischen Äquator, der in einem *Bogenmaß von einem Radiant vom galaktischen Zentrum entfernt* ist – siehe dazu auch den linken Pfeil in Abbildung 11.

Was ist nun ein Radiant und warum ist ausgerechnet dieser galaktische Längengrad so bedeutsam, wenn wir über extraterrestrische Kommunikation nachdenken? Der Radiant ist eine allgemeingültige Vorstellung aus der Geometrie. Fangen wir mit einem Kreis an, wie wir ihn in Abbildung 13 sehen. Wenn wir am Kreisumfang eine Strecke markieren, die genauso lang ist wie der Radius des Kreises, dann ist der Winkel zwischen den Enden des abgesteckten Kreisbogens und dem Kreismittelpunkt *ein Radiant*. Für den vollen Kreisumfang ergeben sich 2π Radiant. Daraus folgt, dass ein Radiant gleich 360 Grad dividiert durch 2π ist – also etwa 57,2958 Grad. Dieser Winkel bleibt immer gleich, egal wie groß der Kreis ist.

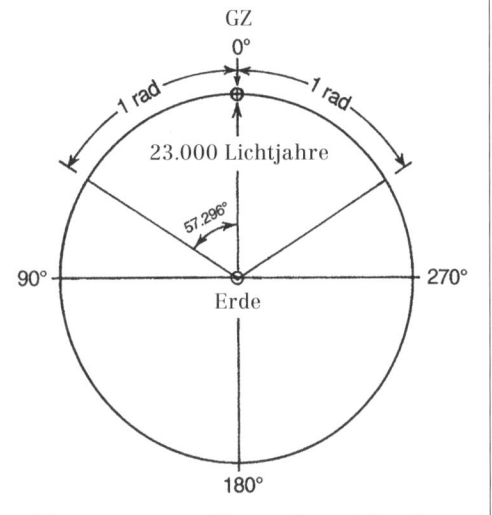

Abb. 13: Darstellung der 1-Radiant-Markierungspunkte in Bezug auf das galaktische Zentrum (GZ), von der Erde aus gesehen.

---

5   Clark, D. H. und Caswell, J. L.: „A study of Galactic supernova remnants based on Molonglo-Parkes observational data" in *Monthly Notices of the Royal Astronomical Society*, 1996, 174:267-305, Abb. 8

Die Berechnungsweise mit Radianten benutzt also den Radius eines Kreises als Maßstab zur Messung seiner Winkel. Sie eignet sich im Alltagsgebrauch zwar nicht besonders gut dazu, einen Kreis so zu unterteilen, dass sich das Ergebnis in natürlichen Zahlen ausdrücken lässt, hat aber den großen Vorteil, auf einer einfachen geometrischen Relation zu beruhen, die jeder galaktischen Zivilisation bekannt sein sollte. Und damit eignet sie sich perfekt für den Einsatz in der extraterrestrischen Kommunikation.

Auf der Erde haben wir uns auf das *Gradmaß* geeinigt, das einen Kreis in 360 gleiche Teile unterteilt – eine leicht teilbare Zahl, die auch ungefähr der Anzahl der Tage in unserem Sonnenjahr entspricht. Unsere Wissenschaftler und Techniker verwenden aber auch Radianten zur Winkelmessung. Daher würden wir wohl dieses Maßsystem wählen, um mit Außerirdischen zu kommunizieren, weil anzunehmen ist, dass es auch Wissenschaftlern anderer technisch fortgeschrittener galaktischer Zivilisationen, die unsere Signale empfangen können, bekannt ist.

Um zu sehen, wie sich der Radiant in galaktische Längengradmessungen umsetzen lässt, nehmen wir wieder unseren Beispielkreis. Stellen Sie sich vor, dass besagter Kreis einen Radius hat, der der Entfernung unseres Sonnensystems vom galaktischen Zentrum entspricht, und dass die Kreisebene auf der galaktischen Äquatorialebene liegt. Die Erde befindet sich im Kreismittelpunkt, das galaktische Zentrum (GZ) an einem Punkt der Kreislinie (siehe Abb. 13). Von diesem Punkt aus messen wir die galaktische Länge, und zwar gegen den Uhrzeigersinn. Da sich das galaktische Zentrum in Wahrheit auf einer Länge von $\ell = -0{,}0558°$ befindet, läge ein Punkt in ein Radiant Entfernung auf der nördlichen Himmelshalbkugel und einer Länge von $\ell = 57{,}2400°$ (also $57{,}2958°$ minus $0{,}0558°$). Der nördliche 1-Radiant-Bezugspunkt läge demnach im Umkreis der Sternbilder Pfeil und Fuchs, also sehr nahe an dem Punkt, wo die Pulsar-Population plötzlich so stark abnimmt. Ein zweiter 1-Radiant-Bezugspunkt findet sich beim galaktischen Äquator auf einer galaktischen Länge von $\ell = 302{,}6484°$. Dieser Punkt liegt auf der südlichen Himmelshalbkugel, unweit des Sternbilds Kreuz des Südens.

Bei einem Winkel von ein Radiant ist der Kreisbogen genauso lang wie der Kreisradius. Auf das galaktische Koordinatensystem bezogen heißt das, dass der 1-Radiant-Bezugspunkt eine Bogenlänge anzeigen würde, die der Entfernung unseres Sonnensystems zum galaktischen Zentrum entspricht. Da die plötzliche Abnahme der Pulsar-Population am fernen Ende dieses 1-Radiant-Kreisbogens erfolgt, würde diese galaktische Metapher einen

Radialabstand von 23.000 Lichtjahren Länge smybolisieren, der vom galaktischen Zentrum ausgeht und bei der Erde endet.

> **Das 1-Radiant-Geometriegesetz**
>
> Die Bogenlänge vom galaktischen Zentrum bis zu einem galaktischen 1-Radiant-Bezugspunkt entspricht der Entfernung zwischen galaktischem Zentrum und Erde.

Die Errichter des Pulsar-Netzwerks würden uns durch den deutlichen Hinweis auf diesen 1-Radiant-Bezugspunkt nicht nur die Information übermitteln, dass ihre Signale intelligenten Ursprungs sind – also von Wesen stammen, die die Geometrie des Kreises kennen –, sondern auch, dass die Urheber dieser Signale genau wissen, in welcher Richtung das galaktische Zentrum *von der Nachbarschaft unserer Sonne aus gesehen* liegt.

Viele werden jedoch nach weiteren Beweisen verlangen, bevor sie eine derart radikale Idee auch nur in Betracht ziehen; die abrupte Abnahme der Pulsar-Population in der Nähe eines bedeutsamen geometrischen Längengrads reicht da noch nicht aus. Hätte eine außerirdische Zivilisation diese wichtige galaktische Richtung wirklich für uns markieren wollen, dann hätte sie das wahrscheinlich auf eindeutigere und aufsehenerregendere Art getan – auf eine Art, die viel präziser auf den besagten Längengrad hinweist. Und tatsächlich gibt es eine Himmelsmarkierung, die genau diese Anforderungen erfüllt. Es handelt sich um den markantesten Pulsar von allen: den Millisekunden-Pulsar.

Der Millisekunden-Pulsar-Markierungspunkt

Von allen Pulsaren am Himmel ist einer besonders ungewöhnlich. Dieser Pulsar mit der Bezeichnung PSR 1937+21 (siehe Abb. 14) ist auch dem nördlichen 1-Radiant-Bezugspunkt am nächsten, der einen Winkel von genau ein Radiant zum galaktischen Zentrum markiert. Er liegt wirklich außerordentlich nahe an dieser Schlüsselposition, nämlich nur 0,4 Bogengrad entfernt! Seine galaktischen Koordinaten lauten $\ell = 57,5089°$ und $b = -0,2896°$; die Koordinaten des nördlichen 1-Radiant-Bezugspunkts unserer Galaxis lauten im Vergleich: $\ell = 57,23995°$ und $b = 0°$. Projiziert man die galaktische

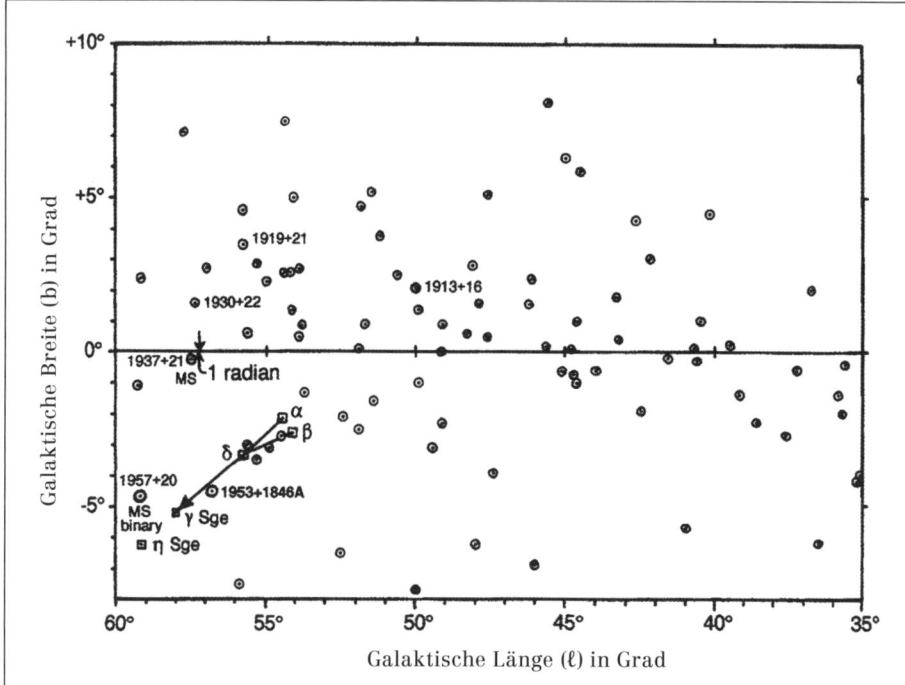

Abb. 14: Nahansicht der Pulsar-Positionen zwischen $\ell=43°$ und $b=57,5°$. Die Positionen der fünf Sterne, die das Sternbild Sagitta (den Himmelspfeil) bilden, sind durch Quadrate angezeigt.

Längenkoordinate dieses Pulsars auf den galaktischen Äquator, so weicht er nur 0,27 Grad von der 1-Radiant-Länge ab – das ist ungefähr der halbe Durchmesser des Vollmonds.

Wenn die ETI-These zutrifft, so sollte man annehmen, dass die Zivilisation, die diese Leuchtfeuer installiert hat, den am nächsten an einem der galaktischen 1-Radiant-Längengrade gelegenen Pulsar mit besonderen Eigenschaften ausstatten würde. Und tatsächlich ist Pulsar PSR 1937+21 einer der auffälligsten aller bisher bekannten Pulsare. Es handelt sich nämlich um *den schnellsten Pulsar am Himmel*. Er blitzt etwa 642 Mal pro Sekunde auf und hat eine Pulsperiode von nur 1,5578064688197491 Tausendstelsekunden.[6,7] Könnte man seine Pulse hören, so würden sie als

---

6 „Newly discovered pulsar is 20 times faster than Crab pulsar" in *Physics Today*, März 1983, S. 19-21

7 Backer, D. et al.: „A millisecond pulsar" in *Nature*, 1982, 300:615-8

hohes E erklingen. Und er pulsiert nicht nur sehr schnell, sondern hat auch eine außergewöhnlich konstante Pulsperiode, die jedes Jahr um nur 3,3 Billionstelsekunden zunimmt. Da die Timing-Eigenschaften des Pulsars derzeit auf 17 signifikante Stellen bekannt sind, übertrifft dieses galaktische Leuchtfeuer *in seiner Ganggenauigkeit heute die besten Atomuhren*.

Die meisten Pulsare weisen eine sehr viel langsamere Pulsperiode zwischen Zehntelsekunden und ein paar Sekunden Dauer auf. Einige von ihnen pulsieren jedoch sehr schnell – so schnell, dass sie damit die Theorie von den rotierenden Neutronensternen stark in Frage stellen. Solche Pulsare, die Pulsperioden von weniger als zehn Millisekunden haben (also mehr als hundert Mal in der Sekunde pulsieren) nennt man „Millisekunden-Pulsare". Bis zum jetzigen Zeitpunkt haben die Astronomen insgesamt 92 dieser Radioquellen entdeckt, und ihre Anzahl nimmt stetig zu.

Dank seines einzigartigen Status als „Haupt"-Millisekunden-Pulsar wird PSR 1937+21 offiziell als der Millisekunden-Pulsar bezeichnet. Er ist nicht nur der schnellste Pulsar, sondern besitzt auch noch einige andere besondere Eigenschaften. Im Frequenzbereich von Radiowellen ist er der „leuchtendste" aller Millisekunden-Pulsare, da er 10 bis 100 Mal so viel Energie abstrahlt wie die anderen Pulsare dieser Kategorie. Er ist weiterhin der zweithellste Millisekunden-Pulsar am Himmel, obwohl er 11.700 Lichtjahre von der Erde entfernt liegt; der hellste Millisekunden-Pulsar befindet sich in einem Fünfundzwanzigstel dieser Entfernung und erscheint uns nur deshalb heller. Außerdem strahlt er im Einklang mit seinen Radiopulsen Lichtblitze ab, die mit optischen Teleskopen sichtbar sind. Solche Lichtblitze sind ein sehr seltenes Phänomen, das *bisher nur bei vier anderen Radiopulsaren beobachtet* wurde. Zwei dieser Radioqellen sind der Pulsar im Krebsnebel und der Vela-Pulsar, die beide Orte von Supernovaüberresten markieren (siehe Kapitel 5). Bei den beiden anderen handelt es sich um einen Pulsar im Sternbild Zwillinge und einen Pulsar außerhalb unserer Milchstraße, der sich 160.000 Lichtjahre weit weg in der Großen Magellanschen Wolke befindet. Unter den Millisekunden-Pulsaren ist jedoch PSR 1937+21 der einzige, der optische Pulse abstrahlt.

Der Millisekunden-Pulsar PSR 1937+21 ist ungewöhnlich, weil er *einer von nur zehn Pulsaren ist, die „Giant Pulses" abstrahlen* – der Pulsar im Krebsnebel und der Vela-Pulsar gehören auch zu dieser Gruppe. Ein „Giant Pulse" ist eine seltene Puls-Abart, deren Intensität die des durchschnittlichen Radiopulses um ein Vielfaches übertrifft. Beim Millisekunden-Pulsar ist etwa einer von 10.000 Pulsen mehr als 20 Mal stärker als normal, und einer von 800.000 Pulsen – ca. alle 20 Minuten – ist 100 Mal stärker. Gelegentlich sendet der Pulsar sogar „Giant Pulses" aus, die 1.000 Mal stärker sind als seine durchschnittliche Puls-Intensität. Wenn er einen so starken „Giant Pulse" abstrahlt, ist der Millisekunden-Pulsar im Frequenzbereich von Radiowellen der hellste am ganzen Himmel und kann daher von Empfänger-Zivilisationen problemlos erkannt werden. Die besonderen Merkmale dieses Pulsars – nämlich die Abstrahlung von optischen Pulsen und „Giant Pulses" – machen ihn zum geeigneten Markierungsfunkfeuer, das seine ungestüme Warnung 642 Mal pro Sekunde aufblitzen lässt, um unsere Aufmerksamkeit auf diese Schlüsselposition in ein Radiant Entfernung vom galaktischen Zentrum zu richten.

Der Millisekunden-Pulsar eignet sich auch deshalb als Markierungspunkt, weil er seine Himmelsposition kaum verändert. Dank ihrer räumlichen Bewegung ändern Pulsare ihre Position im Verhältnis zu weiter entfernten Sternen; die Astronomen nennen dieses Phänomen *Eigenbewegung*. Bislang wurde die Eigenbewegung von 233 Pulsaren gemessen, von denen der Millisekunden-Pulsar die geringste aufweist: Er verändert seine Position nur um 0,8±2,0 Bogensekunden in 1.000 Jahren.[8]

Zusammenfassend kann man daher sagen, dass der Millisekunden-Pulsar einige bemerkenswerte Eigenschaften aufweist, die ihn als Markierungsfunkfeuer geeignet erscheinen lassen: Er ist der am schnellsten pulsierende Pulsar; er strahlt optisch wahrnehmbare Pulse ab, die seine Entdeckung begünstigen; er ist der „leuchtendste" aller bekannten Millisekunden-Pulsare; er strahlt in regelmäßigen Abständen besonders starke Pulse („Giant Pulses") ab; sein zeitlich gemitteltes Pulsprofil weist eine äußerst hohe Regelmäßigkeit auf; und er hat eine sehr geringe Eigenbewegung.

Die Wahrscheinlichkeit, dass ein beliebiger Pulsar sich innerhalb eines Winkels von 0,4 Grad vom 1-Radiant-Bezugspunkt befindet, beträgt etwa 1:14.300.[9] Die Wahrscheinlichkeit, dass ein Pulsar optische Pulse abstrahlt, beträgt 5:1.533 (also ca. 1:300). Und die Wahrscheinlichkeit, dass ein Pulsar „Giant Pulses" abstrahlt, liegt bei 10:1.533 (oder ca. 1:153). Selbst bei einer äußerst vorsichtigen Schätzung gelangen wir durch die Multiplikation dieser Wahrscheinlichkeiten zum Ergebnis, dass die Wahrscheinlichkeit

---

8   Hobbs, G. et al.: „A statistical study of 233 pulsar proper motions" in *Monthly Notices of the Royal Astronomical Society*, 2005, 360:974-92

9   Zur Berechnung wurde hier das Verhältnis einer Kreisfläche mit einem Radius von 0,4 Bogengrad zu einer Himmelsfläche von 360° mal 20° herangezogen – wenn man von der Annahme ausgeht, dass die meisten Pulsare innerhalb eines Winkels von ±10° von der galaktischen Ebene liegen. Daraus ergibt sich: $0,5 : 7.200 = 7 \times 10^{-5}$.

eines so einzigartigen Pulsars wie des Millisekunden-Pulsars, alle diese Voraussetzungen zu erfüllen, etwa eins zu einer Milliarde beträgt! Die Wahrscheinlichkeit, dass die Natur dieses Arrangement getroffen hat, ist also verschwindend gering. Wenn wir uns zwischen einer zufälligen Platzierung an dieser galaktischen Schlüsselposition und einer absichtlichen Platzierung durch eine extraterrestrische Zivilisation entscheiden müssten, bietet sich die viel wahrscheinlichere ETI-Version als Erklärungsmöglichkeit geradezu an. Das bedeutet, dass eine ETI-Zivilisation dieses Leuchtfeuer zielsicher an der besagten Stelle eingerichtet haben könnte, um damit ein Bogenmaß von ein Radiant vom galaktischen Zentrum zu markieren, das aus unserer Betrachtungsperspektive augenfällig ist. So würden die Außerirdischen unsere Astronomen mit Hilfe der allgemeingültigen Sprache der Geometrie auf die nicht natürliche Herkunft der Signale aufmerksam machen.

Wenn dieser Pulsar – der sich, wie wir bereits wissen, sehr langsam über die Himmelsebene bewegt – uns aber tatsächlich den 1-Radiant-Bezugspunkt anzeigen soll, warum weicht er dann um 0,4 Grad von diesem Punkt ab? Konnten seine Schöpfer etwa keine besser positionierte Quelle kosmischer Strahlung finden? Im Gegenteil: Wie ich später noch erläutern werde, war diese Winkelabweichung nicht nur beabsichtigt, sondern man wollte uns auch ihre genaue Größe anzeigen.

An dieser Stelle sollte man festhalten, dass der nördliche 1-Radiant-Bezugspunkt in der Nähe des seit dem Altertum bekannten Sternbilds Sagitta liegt, das den Himmelspfeil symbolisiert. Die Pfeilspitze bildet der Stern Gamma Sagittae (γ Sge) mit einer Himmelsposition von $\ell = 57,9661°$, $b = -5,2066°$. Dieser Stern liegt dem 1-Radiant-Markierungspunkt von allen sichtbaren Mitgliedern der Sternkonstellationen mit einer Längenabweichung von nur 0,73 Grad am nächsten. Es gibt überzeugende Beweise dafür, das die antiken Astronomen, die das Sternbild Sagitta beschrieben, auch die Position des galaktischen Zentrums kannten und diesen 1-Radiant-Bezugspunkt bewusst mit einer Pfeilspitze markierten. Daraus folgt, dass Gamma Sagittae in den alten irdischen Überlieferungen über den Sternhimmel das Gegenstück zum Millisekunden-Pulsar bildet – und beide auf diese galaktische Schlüsselposition hinweisen.

Interessant ist auch der Vulpecula-Pulsar PSR 1930+22 (siehe Abb. 15). Er befindet sich im Sternbild Fuchs auf den Koordinaten $\ell = 57,3453°$, $b = +1,5467°$ und ist somit dem nördlichen 1-Radiant-Bezugspunkt der Galaxis *am zweitnächsten*. Zugleich ist er dem Längenmeridian, der durch

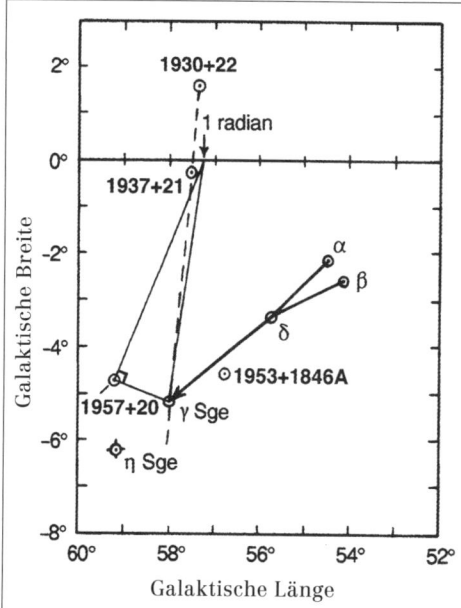

Abb. 15: Dieses Himmelsdiagramm zeigt die Positionen des Millisekunden-Pulsars (PSR 1937+21), des bedeckungsveränderlichen Millisekunden-Pulsars (PSR 1957+20), des Vulpecula-Pulsars (PSR 1930+22) und des Sagitta-Pulsars (J1953+1846A) in Relation zu den Sternen des Sternbilds Sagitta (Pfeil).

diesen äquatorialen 1-Radiant-Punkt läuft, mit einer Winkelabweichung von nur 0,1 Grad *am nächsten*. Wenn man eine Linie vom Standort des Vulpecula-Pulsars durch den des Millisekunden-Pulsars (zwei der drei Pulsare, die dem nördlichen 1-Radiant-Längenmeridian am nächsten liegen) zieht und diese verlängert, so führt sie erstaunlicherweise nur 0,01 Bogengrad an Gamma Sagittae, der Spitze des Himmelspfeils, vorbei.[10] Es ist gar nicht so einfach, eine solche Anordnung als bloßen Zufall zu interpretieren. Wenn es sich beim vorliegenden Pulsar-„Hinweis" tatsächlich um das künstlich erschaffene Leuchtfeuer eines galaktischen Kollektivs miteinander in Verbindung stehender Zivilisationen handeln sollte, dann müssen die beteiligten Wissenschaftler genau gewusst haben, wie sich der Nachthimmel in unserer galaktischen Region manifestiert. Unter den hellen Sternen in der Nähe unseres Sonnensystems ist Gamma Sagittae der einzige, der von unserer Region aus so erscheint, als läge er dem 1-Radiant-Bezugspunkt am nächsten. Und auch dieser Bezugspunkt existiert in der Form nur für uns, weil er von unserer Blickrichtung abhängt.

Wie ich in meinem Buch „Earth Under Fire" gezeigt habe, ist das Sternbild Sagitta Teil einer antiken Überlieferung, die mit Hilfe archetypischer Metaphern eine Explosion im galaktischen Kern für die Nachwelt protokollierte.[11] In der Botschaft wird berichtet, wie ein starker kosmischer

---

10 Vor tausend Jahren wäre die Ausrichtung noch exakt gewesen, doch seit damals hat sie sich durch die allmähliche Seitwärtsbewegung (Eigenbewegung) von Gamma Sagittae leicht verschoben.

11 LaViolette, P.A.: „Earth Under Fire: Humanity's Survival of the Ice Age" (Rochester, Vt.: Bear & Co., 2005)

Strahlenwind aus dem galaktischen Zentrum strömte und nach einer Reise von 23.000 Lichtjahren gegen Ende der Eiszeit unser Sonnensystem durchquerte. Sagitta symbolisiert diesen heftigen Hagel kosmischer Teilchenstrahlung, der aus dem galaktischen Zentrum auf unser Sonnensystem niederging – über eine Entfernung hinweg, die dem symbolischen Flug des Himmelspfeils am galaktischen Äquator entlang bis zum 1-Radiant-Punkt entspricht. In Kapitel 4 erfahren wir mehr zu diesem Thema.

Der bedeckungsveränderliche Millisekunden-Pulsar

Ein weiterer bemerkenswerter Millisekunden-Pulsar, der sich an diesem entscheidenden Teil des Himmels befindet und in mancher Hinsicht ebenfalls einzigartig ist, heißt PSR 1957+20.[12] Er gehört ebenfalls zum Sternbild Sagitta und ist 5.000 Lichtjahre von uns entfernt. Seine Position lautet $\ell = 59{,}1970°$, $b = -4{,}6975°$, also knapp jenseits des galaktischen Längengrads, nach dem die Pulsar-Population stark abnimmt. Wie der Millisekunden-Pulsar zeichnet auch er sich durch seine Rolle als galaktische Zeitskala aus. Im Hinblick auf seine Konstanz liegt er an 21. Stelle unter allen Pulsaren, da seine Pulsperiode nur um eine halbe Billionstelsekunde pro Jahr ansteigt. Am ungewöhnlichsten jedoch ist die Tatsache, dass er der zweitschnellste Pulsar der gesamten bekannten Population ist; seine Pulsperiode von 1,60740168480632 Millisekunden dauert nur 3,1837 Prozent länger als die des Millisekunden-Pulsars.

Es ist wirklich äußerst ungewöhnlich, dass ausgerechnet die zwei schnellsten Pulsare unserer Galaxis zwei *fast identische* Pulsperioden aufweisen. Noch ungewöhnlicher aber ist ihre Position am Himmel: Ihr Winkel zueinander beträgt *nicht einmal 4,5 Grad*, und sie befinden sich *in unmittelbarer Nähe des galaktischen 1-Radiant-Bezugspunkts*. Zur geringen Entfernung der beiden Millisekunden-Pulsare von dieser galaktischen Schlüsselposition hat sich bisher keiner der über sie forschenden Astronomen geäußert – wahrscheinlich, weil sie die ETI-Hypothese nicht ernsthaft in Erwägung zogen. Anderen ist die gegenseitige Nähe dieser außergewöhnlichen Radioquellen aber sehr wohl aufgefallen. Der Astronom

---

[12] Fruchter, A. S., Stinebring, D. R. und Taylor, J. H.: „A millisecond pulsar in an eclipsing binary" in *Nature*, 1988, 333:237-9

Dan Stinebring beispielsweise hat die betreffende Region scherzhaft als „Pulsarhimmel" bezeichnet, weil „sie anscheinend der Ort ist, wo die interessantesten Sterne nach ihrem Tod hingehen".[13] Die Anspielung auf „tote Sterne" beruht auf seiner Annahme (und der der meisten Astronomen), dass Pulsare rotierende Neutronensterne sind, also stellare Kerne, die nach dem explosiven Supernova-Tod von Sonnen übrigbleiben. Die übliche Neutronenstern-Interpretation liegt allerdings ein wenig daneben. Wie wir später noch erfahren werden, handelt es sich bei Neutronensternen weder um tote Überreste stellarer Kerne, noch muss ihre Entstehung unbedingt mit Supernovae zu tun haben.

PSR 1957+20 unterscheidet sich insofern vom Millisekunden-Pulsar, als er Teil eines *Doppelsternsystems* ist. Der Neutronenstern mit einer Sonnenmasse von 1,4 wird von einem Begleiter umkreist, in diesem Fall einem Weißen Zwerg mit einer Sonnenmasse von 0,02, durch den das Timing der Pulse des Pulsars eine sinusförmige Modulation erfährt. Der kosmische Strahlenwind vom zentralen Neutronenstern bläst fortwährend Gas von der Oberfläche des ihn umkreisenden Begleiter-Zwergsterns weg, wodurch die beiden Sterne in einen kleinen Nebel gehüllt sind (siehe Abb. 16). Untersuchungen der Eigenbewegung des Pulsars haben interessanterweise ergeben, dass er sich auf das galaktische Zentrum zubewegt. Diese Relativbewegung durch die interstellare Materie erzeugt einen „Fahrtwind", der aus der Richtung des galaktischen Zentrums auf den Nebel einwirkt. Dadurch wird die windwärts gelegene, zum galaktischen

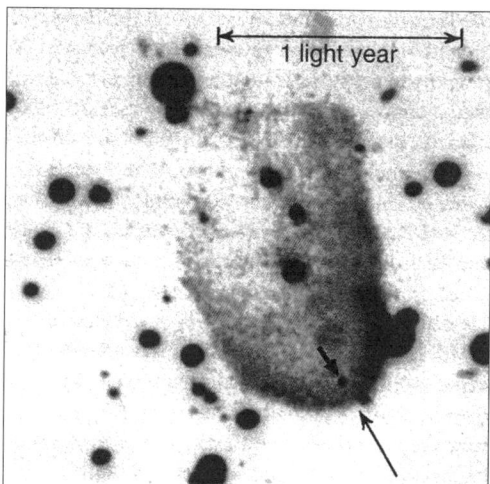

Abb. 16: Der kometenschweifartige Nebel um den bedeckungsveränderlichen Millisekunden-Pulsar PSR 1957+20 und seinen Begleiter. Der nach unten weisende Pfeil zeigt die Position des Begleiters an. Der schräg nach oben weisende Pfeil zeigt die Richtung des Sternwinds an, der vom galaktischen Zentrum her weht (Kulkarni und Hester in: Nature, Abb. 3; Fotoabdruck mit freundlicher Genehmigung von S. R. Kulkarni)

---

13 Preston, R.: „The eclipsing death star" in *Discovery*, 1988, August, S. 41-6

Zentrum weisende Seite des Nebels in eine bogenartige Form gebracht, während seine Leeseite wie bei einem Kometenschweif nach außen geblasen wird.

Astronomen können die Umlaufeigenschaften eines Doppelsterns mit einem hohen Grad an Genauigkeit bestimmen, indem sie den zyklischen Anstieg und Rückgang der Pulsperiode beobachten. Diese Periode verändert sich, weil der Pulsar und sein Begleiter einander umkreisen. PSR 1957+20 weist zum Beispiel eine nahezu kreisförmige Umlaufbahn mit einem Radius von 26.770 Kilometern auf. Sein Orbit ist so präzise, dass *er nicht einmal um ein Milliardstel von der perfekten Kreisform abweicht*! Die Umlaufbahn der Erde um die Sonne weicht im Vergleich dazu um mehr als ein Zehntausendstel von der perfekten Kreisbahn ab.

Beachtenswert an diesem Doppelstern-Pulsar ist zudem, dass sein Begleiter-Zwergstern regelmäßig vor ihm vorüberzieht und damit zeitweilig sein Signal verdeckt. Es gibt insgesamt 122 bekannte Doppelstern-Pulsare, doch nur bei 14 davon ist die Bahnebene so zu unserem Sonnensystem hin ausgerichtet, dass ihr Begleiter in regelmäßigen Zeitabständen die Signale des Pulsars blockiert. PSR 1957+20 ist einer dieser 14 Doppelstern-Pulsare. Seine Signale werden alle 9,2 Stunden für etwa 50 Minuten durch den Begleiter blockiert. Dazu kommt, dass er die kreisförmigste Umlaufbahn aller bedeckungsveränderlichen Pulsare hat. Da er somit ebenso einzigartig ist wie der Millisekunden-Pulsar, wollen wir ihn künftig als den *bedeckungsveränderlichen Millisekunden-Pulsar* (Eclipsing Binary Millisecond Pulsar oder EBM-Pulsar) bezeichnen.

Das Phänomen der „Verfinsterung" zeigt uns, dass die Bahnebene des EBM-Pulsars unserer Ekliptik sehr verwandt ist – oder, mit anderen Worten, dass die Bahnneigung des Doppelsterns eine Inklination von 90 Grad hat, wir seine Bahnebene also direkt von der Kante sehen. Und wieder stellt sich die Frage: Ist es bloßer Zufall, dass dieser außergewöhnliche Pulsar, der zweitschnellste am Himmel, *eine Umlaufbahn beschreibt, die genau in unsere Sichtlinie zeigt*? Oder könnten intelligente Wesen das absichtlich so eingerichtet haben, um uns zu zeigen, dass diese Botschaft für uns bestimmt ist? Um unsere Aufmerksamkeit noch stärker auf ihn zu lenken, strahlt der Pulsar – wie sein entfernter Gefährte, der Millisekunden-Pulsar – noch dazu „Giant Pulses" ab, ist also einer der nur zehn von insgesamt 1.533 Pulsaren, die diese Eigenschaft besitzen.

In Anbetracht der Tatsache, dass diese besonderen Pulsare – der Millisekunden- und der EBM-Pulsar – am Himmelszelt so nahe beieinanderliegen sowie erstaunlich ähnliche Pulsperioden haben, müssen wir uns die Frage stellen, ob die beiden Radioquellen auch in einer symbolischen Beziehung zueinander stehen. Soll uns ihre Pulsperioden-Differenz von 3,1837 Prozent etwas mitteilen? Gehen wir einmal davon aus, dass es sich so verhält. Statt uns auf die Differenz ihrer Pulsperioden zu konzentrieren, wollen wir unser Augenmerk auf den Unterschied zwischen ihren galaktischen Längengraden richten – also auf ihre Position am galaktischen Äquator, wenn wir von den beiden Pulsaren eine senkrechte Linie zur galaktischen Ebene ziehen. Die Differenz würde dann 1,68807 Grad (d. h. 59,19697° - 57,50890°) betragen. Da einer der beiden – nämlich der Millisekunden-Pulsar – fast genau den nördlichen 1-Radiant-Bezugspunkt der Galaxis markiert, verleitet uns das natürlich dazu, diesen schmalen Winkel in Radiant auszudrücken. Wie wir in diesem Kapitel bereits gesehen haben, ist der Radiant das für eine Kommunikation mit anderen galaktischen Zivilisationen am besten geeignete Winkelmaß, weil er auf einer universalen geometrischen Relation beruht.

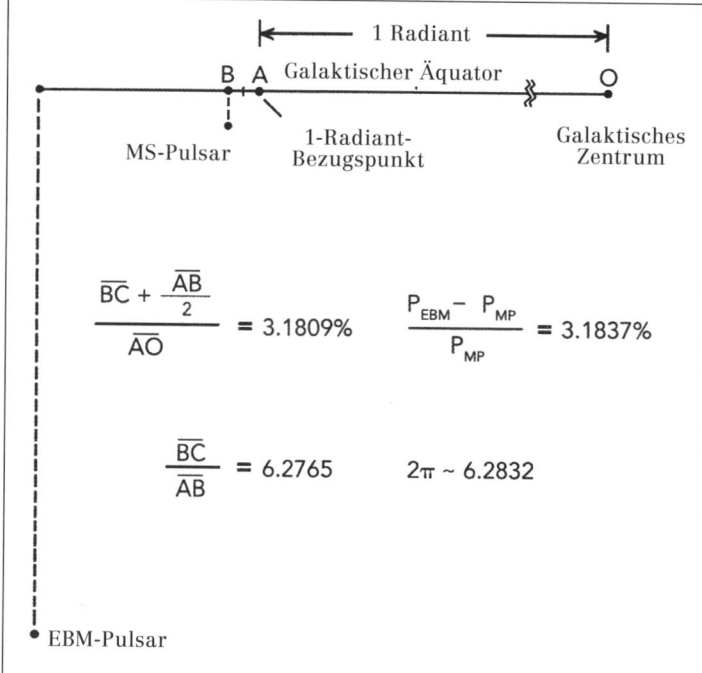

Abb. 17: Die Positionen des Millisekunden- und des EBM-Pulsars in der Nachbarschaft des galaktischen 1-Radiant-Bezugspunkts und die Berechnung, die zeigt, wie ihre Anordnung in Bezug auf die galaktische Länge die Differenz ihrer Pulsperioden (P) sowie die Pi-Ratio abbildet.

Dividieren wir also 1,68807° durch 57,2958° (ein Radiant), so erhalten wir 0,02946 Radiant (rad) oder 2,946 Prozent von ein Radiant.

Dieser Wert kommt der Abweichung von 3,18 Prozent zwar nahe, aber nicht nahe genug. Folgender Gedanke drängt sich auf: Wäre der Millisekunden-Pulsar nur ein kleines bisschen näher am 1-Radiant-Bezugspunkt platziert worden, dann hätten wir das korrekte Resultat erhalten. Wenden wir uns aber nun der Winkelabweichung zwischen der galaktischen Länge des Millisekunden-Pulsars und der des 1-Radiant-Markierungspunkts zu: sie beträgt genau 0,26895 Grad (d. h. 57,50890°- 57,23995°). Wir haben uns zuvor schon gefragt, warum dieser Pulsar nicht näher am 1-Radiant-Bezugspunkt platziert wurde. Nehmen wir aber einmal an, dass diese Differenz beabsichtigt ist. Wenn wir den Winkel von 0,26895 Grad halbieren (AB in Abb. 17), erhalten wir einen Wert von 0,13448 Grad. Dazu addieren wir die Längengrad-Differenz von 1,68807 Grad (BC in Abb. 17) und kommen somit auf 1,82255 Grad. Dies wollen wir nun in Radiant ausdrücken, indem wir die Summe durch ein Radiant (57,2958 Grad; AO in Abb. 17) dividieren; so erhalten wir eine Bogenlänge von 3,1809 Prozent von ein Radiant – was der Differenz der Pulsperioden der beiden Pulsare von 3,1837 Prozent schon sehr viel näherkommt (der Unterschied beträgt nur 0,09 Prozent). Wie wir aber bereits wissen, weist der EBM-Pulsar eine Eigenbewegung Richtung galaktisches Zentrum auf, also wäre das Längengradverhältnis in früheren Zeiten näher am Wert von 3,1837 Prozent gelegen. Die galaktische Länge des Pulsars nimmt jedes Jahr um 26±6 Milli-Bogensekunden ab.[14] Ziehen wir als Berechnungsgrundlage die galaktische Länge des EBM-Pulsars um 1800 n. Chr. heran, als er noch 5,4 Bogensekunden (0,0015°) weiter vom galaktischen Zentrum entfernt war, so ergibt sich ein Verhältnis von genau 3,1837 Prozent.

Wenn wir davon ausgehen, dass die zwei Pulsare von ETIs platziert wurden, dann gelangen wir zum logischen Schluss, das ihre Signale für unser Sonnensystem bestimmt sein müssen. Jeder andere Beobachtungspunkt, etwa das uns nächstgelegene Sonnensystem in vier Lichtjahren Entfernung, hätte durch die Parallaxe nämlich zu beträchtlichen Abweichungen in der relativen Position der beiden Pulsare geführt. Dort wäre demnach auch die für uns erstaunliche Analogie zwischen ihrem in Radiant ausgedrückten Winkelabstand und der minimalen Differenz zwischen ihren Pulsperioden weniger offensichtlich. Wir können natürlich auch weiterhin darauf beharren, dass die Position des Millisekunden-Pulsars zum 1-Radi-

---

[14] Hobbs et al.: „A statistical study of 233 pulsar proper motions"

ant-Markierungspunkt einerseits und dem EBM-Pulsar andererseits reiner Zufall ist – doch die Wahrscheinlichkeit für eine solche Anordnung wäre außerordentlich gering. Sie läge bei eins zu einer Milliarde dafür, dass dieser einzigartige Millisekunden-Pulsar, der am schnellsten pulsierende unseres Himmels, sich innerhalb eines Winkels von 5,4 Bogensekunden von dem Punkt befindet, der genau dieses Winkelverhältnis darstellt (eine Kreisfläche mit einem Radius von 5,4 Bogensekunden, dividiert durch eine Himmelsfläche von 360° mal 20°). Wenn wir noch einmal berücksichtigen, dass dieser Pulsar einer von nur fünf ist, die optische Pulse abstrahlen, und einer von nur zehn, die „Giant Pulses" senden, dann erhöht sich die Chance, diesen „Markierungs"-Pulsar ausgerechnet hier zu finden, auf eins zu 50 Billionen!

Doch es geht noch weiter. Wir sind nämlich auch versucht, das Verhältnis dieser beiden Pulsare zueinander näher zu betrachten, weil sie die zwei schnellsten Pulsare am Himmel sind und außerdem aufreizend nahe beieinander liegen. Da einer der beiden Pulsare den galaktischen 1-Radiant-Bezugspunkt markiert, sollten wir den Winkelabstand zwischen den galaktischen Längen der zwei Pulsare (BC = 1,68807°) mit dem Winkelabstand zwischen den galaktischen Längen des Millisekunden-Pulsars und des 1-Radiant-Punkts (AB = 0,26895°) miteinander vergleichen (siehe Abb. 17). Dabei stellen wir fest, dass das Verhältnis zwischen den Winkelabständen 1 : 6,2765 beträgt und dem Verhältnis 1 : 2π äußerst nahekommt, wobei 2π einen Wert von circa 6,2832 hat – eine Abweichung von nur 0,10 Prozent. Wäre der Winkelabstand zwischen EBM-Pulsar und Millisekunden-Pulsar nur 0,0018° (also zusätzliche 6,5 Bogensekunden) höher, dann betrüge das Verhältnis genau 2π. Das ist fast genau dieselbe Differenz, die wir in der Verhältnisangabe der Pulsperioden beobachtet haben. Wenn wir hier noch die Eigenbewegung des EBM-Pulsars berücksichtigen, stellen wir fest, dass das Verhältnis dieser Winkelabstände um etwa 1750 n. Chr. genau 2π betragen haben muss. Oder, anders ausgedrückt: Wenn wir den Winkelabstand BC, der die Differenz zwischen den Längengraden der beiden Millisekunden-Pulsare anzeigt, als Kreisumfang von 360 Grad interpretieren, dann ist der Winkelabstand AB – der die Längendifferenz zwischen Millisekunden-Pulsar und 1-Radiant-Punkt anzeigt – genau der 0,15915ste Teil dieses Kreisumfangs BC, also ein Radiant. Wie passend! Und als sollte dieses mathematische Konzept noch betont werden, beschreibt der bedeckungsveränderliche Millisekunden-Pulsar im Orbit um seinen Begleiter einen fast perfekten Kreis am Himmel – den kreisförmigsten Orbit aller bekannten bedeckungsveränderlichen Pulsare.

Die „Konstellation" der Millisekunden-Pulsare soll uns das 1-Radiant-Konzept also anscheinend auf unterschiedliche Weise vermitteln, wobei die 1-Radiant-Verhältnisse zwischen ca. 1750 und 1800 n. Chr. am genauesten abgebildet wurden.[15] Wollen wir die Wahrscheinlichkeit dafür berechnen, dass diese Abbildung auf einer zufälligen Platzierung der beteiligten Pulsare beruht, dann müssen wir dabei auch die Wahrscheinlichkeit einbeziehen, dass der EBM-Pulsar in einem so vielsagenden Verhältnis zum Millisekunden-Pulsar steht. Beziehen wir auch noch die Wahrscheinlichkeit dafür ein, dass dieser zweitschnellste Pulsar zufällig mit einer Genauigkeit von nur 6,5 Bogensekunden platziert wurde (sie beträgt ca. 1:700 Millionen), sowie das insgesamt seltene Vorkommen von bedeckungsveränderlichen Pulsaren und noch dazu die Tatsache, dass der EBM-Pulsar den kreisförmigsten Orbit aller bedeckungsveränderlichen Pulsare hat, dann kommen wir auf eine geschätzte Wahrscheinlichkeit von eins zu einer Billion. Und berücksichtigen wir dann auch noch, dass der EBM-Pulsar die seltene Eigenschaft hat, „Giant Pulses" zu produzieren, dann ergibt sich eine Gesamtwahrscheinlichkeit von eins zu 185 Billionen.

Nun müssen wir aber auch die Wahrscheinlichkeit dafür einkalkulieren, dass sein Partner – der Millisekunden-Pulsar – sich genau an der Position befindet, wo er diese raffinierte Botschaft vermitteln kann. Multiplizieren wir die eben errechnete Wahrscheinlichkeit mit jener von 1 zu 50 Billionen, die wir zuvor ermittelt haben, so gelangen wir zu einer überaus geringen Gesamtwahrscheinlichkeit *von eins zu 10^{28} dafür, dass die Anordnung der beiden Pulsare auf purem Zufall beruht*. Die Chancen für die Gültigkeit einer ETI-Interpretation werden also immer höher.

Der EBM-Pulsar befindet sich zudem an einer Schlüsselposition, die noch einmal anders auf das 1-Radiant-Konzept aufmerksam macht. Er ist jener Pulsar, dessen Himmelsposition der von Gamma Sagittae – der Pfeilspitze des Sternbilds Pfeil – am nächsten liegt. Tatsächlich liegt er mit seiner Position von $\ell = 59{,}1970°$, $b = -4{,}6975°$ so, dass seine Sichtlinie durch die Pfeilspitze Gamma Sagittae fast genau einen rechten Winkel mit seiner Sichtlinie durch den galaktischen 1-Radiant-Bezugspunkt bildet (siehe Abb. 15). Ge-

---

[15] Als ich im Jahr 2000 die erste Auflage dieses Buches veröffentlichte, war mir noch nicht klar, dass die relativen Himmelspositionen dieser zwei ungewöhnlichen Millisekunden-Pulsare so einzigartige Verhältnisse abbilden. Ich hatte aber die ganze Zeit das lästige Gefühl, dass es im Hinblick auf die sehr geringe Winkelabweichung zwischen Millisekunden-Pulsar und nördlichem 1-Radiant-Bezugspunkt sowie auf die geringe Winkelabweichung zwischen den Pulsperioden der beiden Pulsare noch einiges zu entdecken gäbe. Ich brauchte fünf Jahre, um (während der Bearbeitung des Texts für die zweite Auflage) diese Entdeckungen zu machen.

genwärtig beträgt der Winkel zwischen diesen Sichtlinien 89,95 Grad, also im Wesentlichen ein rechter Winkel. Weiterhin ist die galaktische Länge des Pulsars fast genau dieselbe wie die von Eta Sagittae, dem „Zielstern" des Himmelspfeils; sie weicht nur eine Bogenminute davon ab.

Die scheinbar sorgfältige Anordnung der zwei schnellsten Millisekunden-Pulsare und des Vulpecula-Pulsars PSR 1930+22 in Relation zur Pfeilspitze Gamma Sagittae ist recht verblüffend. Daraus ergibt sich nämlich die Möglichkeit, dass das Netzwerk oder die Föderation extraterrestrischer Zivilisationen, die diese Pulsare geschaffen haben, deren Position bewusst so ausgewählt hat. Das heißt aber weiter, dass die Außerirdischen den Sternhimmel in unserem Teil der Galaxis von vornherein gekannt haben und gewusst haben müssen, welche Sterne hell genug sein werden, um an unserem Nachthimmel sichtbar zu sein. Mit diesem Wissen könnten sie beschlossen haben, den einen für das bloße menschliche Auge wahrnehmbaren Stern zu markieren, dessen Längengrad dem 1-Radiant-Bezugspunkt am galaktischen Äquator am nächsten ist. Man könnte diese faszinierende Verbindung aber auch damit erklären, dass Mitglieder des galaktischen ETI-Netzwerks vor langer Zeit unseren Planeten besucht und Kontakt mit unseren Vorfahren gehabt haben. Damals haben sie ihnen vielleicht das Sternbild Pfeil sowie andere Sterngruppen gezeigt und sie beauftragt, diese extraterrestrischen Überlieferungen über die Sterne von Generation zu Generation weiterzugeben.

Wenn wir all diese Fakten und Theorien zusammennehmen, stehen wir aber vor einem bedeutenden philosophischen Problem. Die erwähnten Pulsare weisen diese ausgeklügelten geometrischen Relationen – also das Pi-Zahlenverhältnis und das 1-Radiant-Konzept – nämlich nur dann auf, wenn man sie von unserem Sonnensystem aus betrachtet. Vom Blickwinkel jedes anderen Sternensystems aus hätten die genannten Sterne aufgrund der Parallaxe völlig andere Himmelspositionen in Relation zueinander und zum galaktischen 1-Radiant-Bezugspunkt, wie er von jenem Standort aus sichtbar ist. Folglich gelangen wir zu dem unausweichlichen Schluss, dass *diese Botschaft für uns, für Bewohner unseres Sonnensystems bestimmt ist.* Doch wozu sollte eine Zivilisation solche Schwierigkeiten auf sich nehmen, ganze Sternensysteme zu schaffen, nur um mit uns zu kommunizieren? Der bloße Gedanke, eine Zivilisation würde sich die Mühe machen, die notwendige technische Ausrüstung zur Projektion von Kraftfeldern auf die Oberfläche von Neutronensternen in Position zu bringen, um auf diese Art Signalleuchtfeuer zu schaffen, strapaziert die menschliche Phantasie. Dabei ist das im Vergleich zu Problemen wie der Standortwahl dieser Radioquellen noch eine Kleinigkeit. Es ist ja eher unwahrscheinlich, dass die erforderlichen Neutronensterne, die kosmische Strahlung abgeben, sich zufällig gerade an den passenden Standorten aufgehalten haben. Daraus müssen wir folgern, dass sie dorthin transportiert wurden, indem man sie irgendwie aus ihrer Sternenheimat wegbewegt und an den betreffenden Standorten installiert hat. Wenn die beteiligten Zivilisationen tatsächlich mit solchen stellaren Energiequellen gearbeitet haben, dann hätten sie Massen bewegen müssen, die mindestens 1,4 Mal so groß sind wie die unserer Sonne. Wie ist den galaktischen Handwerkern dieses Kunststück gelungen? Und wie haben sie es geschafft, die Bahnebenen des bedeckungsveränderlichen Millisekunden-Pulsars und des ihn umkreisenden Weißen Zwergs so auszurichten, dass sie genau in unsere Richtung weisen? Und weiter: Wie konnten sie diese Himmelskörper so manipulieren, dass ihre Umlaufbahnen eine nahezu perfekte Kreisform aufweisen? Der Begleiter dieses Pulsars hat etwa zwei Prozent der Sonnenmasse oder 23 Prozent der Masse des Planeten Jupiter. Wie müssen Wesen beschaffen sein, denen eine solche technische Meisterleistung gelingt? Die Energien, die für diese Vorgänge verwendet worden sein müssen, sind für uns unvorstellbar und grenzen ans Übernatürliche.

Damit stehen wir vor einer eindrücklichen Frage: Könnte all das von höheren Wesen inszeniert worden sein? Könnte es sein, dass das Universum intelligent ist und keine Mühen scheut, uns wissen zu lassen, dass seine kollektive Intelligenz existiert und um uns bemüht ist? Die Botschaft, die man uns übermitteln will, will uns nämlich – wir wir später noch erfahren werden – vor einer drohenden kosmischen Strahlenkatastrophe von galaktischen Dimensionen warnen, die auch auf unserem Planeten heftige Auswirkungen haben könnte. Es ist aber auch möglich, dass die Schöpfer dieser Pulsare lebende Wesen sind – obgleich von einer Zivilisation, die geistig in unvorstellbarem Maße weiterentwickelt ist als wir und Kräfte beherrscht, wie man sie früher den Göttern zugesprochen hat. Das erinnert uns an das Sprichwort, dass der Glaube Berge versetzen kann. Vielleicht gibt es ja wirklich Wesenheiten, die allein kraft ihres Glaubens ganze Sternensysteme versetzen können.

Im Gegensatz zu UFO-Kontakten, die flüchtig sind und kaum Beweise hinterlassen, mit denen man Skeptiker überzeugen könnte, stehen Pulsare dauernd am Himmel und senden ihre Signale aus. Die Daten über sie sind in wissenschaftlichen Fachzeitschriften bestens belegt. Studiert man diese Daten aber genau und objektiv, so müssen sie unweigerlich zur Schlussfolgerung führen, dass eine ungewöhnlich hochentwickelte galaktische Kultur existiert und mit uns zu kommunizieren versucht. Angesichts der vielen Hollywood-Filme, in denen feindliche Außerirdische unsere Erde zerstören wollen, wirkt es richtig befreiend, eine andere mögliche Wahrheit zu erkennen. Alfred Webre bringt in seinem Buch „Exopolitics" überzeugende Argumente für die Existenz einer Föderation galaktischer Zivilisationen, die sich an ein „galaktisches Gesetzbuch" halten und von einer Zivilisation oder einer Gruppe von Zivilisationen angeführt werden, die gütig und geistig hochentwickelt ist.[16] Es leuchtet ja auch ein, dass sich die Mächte des Guten in der Evolution einer Galaxis letztlich durchsetzen müssen – die Technik entwickelt sich schließlich in Zivilisationen, die mit ihren Nachbarn Frieden geschlossen haben und ihre Inspiration aus der inneren, geistigen Welt erhalten, immer schneller weiter als in kriegerischen.

Ein weiteres bisher ungelöstes Rätsel im Hinblick auf die Pulsare betrifft die Lichtgeschwindigkeit. Der Millisekunden-Pulsar befindet sich in einer geschätzten Entfernung von 3,6 Kiloparsec (also 11.700 Lichtjahren) von unserer Erde, während sein Partner – der EBM-Pulsar – nur halb so weit entfernt liegt, nämlich etwa 1,53 Kiloparsec (5.000 Lichtjahre). Da ihre gepulsten Radiosignale mit Lichtgeschwindigkeit durchs All unterwegs sind, wurden die heute von uns wahrgenommenen Signale bereits vor 11.700 Jahren vom Millisekunden-Pulsar und vor 5.000 Jahren vom EBM-Pulsar abgestrahlt. Das bedeutet nicht nur, dass sich das galaktische Kommunikationsprojekt über mindestens 12.000 Jahre erstreckt hat, sondern auch, dass es ein unglaubliches Maß an Weitsicht und Planung erfordert haben muss. Obwohl die beiden Pulsare fast 7.000 Lichtjahre voneinander entfernt sind, haben ihre Schöpfer es geschafft, dass die abgestrahlten Signale der Radioquellen uns gemeinsam eine schlüssige Botschaft über das 1-Radiant-Konzept zukommen lassen.

Auch die Tatsache, dass die Botschaft der Pulsare vergänglich ist, scheint uns mysteriös. Ihre geometrischen Relationen wäre am deutlichsten gewesen, wenn man sie zwischen 1750 und 1800 n. Chr. beobachtet hätte. Seit diesem Zeitraum nimmt die Genauigkeit der Darstellung allmählich ab, da sich der EBM-Pulsar bewegt und seine Längenkoordinate um 2,6±0,6 Bogensekunden pro Jahrhundert verändert. Wenn sich unsere technische Entwicklung also aus irgendeinem Grund verzögert hätte und wir erst in fünftausend Jahren dazu fähig gewesen wären, Pulsare zu entdecken, hätten die scheinbaren Himmelsposition der betreffenden Pulsare

---

[16] Webre, A. L.: „Exopolitics: Politics, Government, and Law in the Universe" (Vancouver, B.C.: Universe Books, 2005)

nicht mehr dieselben geometrischen Relationen angezeigt. Zu Beginn des 19. Jahrhunderts legten klassische Physiker wie Coulomb, Oersted, Ampère und Faraday den Grundstein für die Theorie des Elektromagnetismus. Mehr als ein Jahrhundert später, im Jahre 1937, leitete Grote Reber mit dem Bau des ersten Radioteleskops das Zeitalter der Radioastronomie ein. Und etwa drei Jahrzehnte später entdeckte man die Pulsare. Ist es purer Zufall, dass die genannten wissenschaftlichen und technischen Fortschritte genau in dieser Phase unserer Geschichte passierten – genau dann, wenn wir die Möglichkeit haben, die so sorgfältig und präzise am Himmel buchstabierte Botschaft der Pulsare wahrzunehmen? Konnten die Erbauer der Pulsare vor 12.000 Jahren auf irgendeine Art voraussehen, dass wir Erdlinge die zur Radioteleskopie nötige Technik genau dann entwickeln würden, wenn ihre Botschaft bei uns ankommt, plus minus ein paar Jahrhunderte? Oder verhält es sich vielleicht gar so, dass die technische Evolution der Menschheit nicht einzig und allein dem Zufall überlassen bleibt, sondern unsere Entwicklung von außen dergestalt beeinflusst wird, dass sie einen vorherbestimmten Zeitplan folgt? Sehen wir uns die Botschaften des Pulsars im Krebsnebel und des Vela-Pulsars – auf die ich später noch eingehen werde – näher an, so stoßen wir auf dieselben Rätsel und Fragen.

Wenn Radiowellen abstrahlende Pulsare künstlich geschaffene Leuchtfeuer am Himmel sind, dann lässt uns schon das bloße Ausmaß dieses interstellaren Kommunikationsprojekts innehalten. Ist es wirklich möglich, dass galaktische Zivilisationen so viele Markierungsfunkfeuer einrichten und über derart lange Zeiträume instandhalten, nur um mit unserer galaktischen Region zu kommunizieren? Vielleicht hat die Stationierung dieser Funkfeuer ja auch noch einen zusätzlichen Zweck – zum Beispiel den Einsatz als Bezugspunkte für die Raumschiffnavigation in unserer Galaxis (siehe dazu Kapitel 3).

Weitere bedeckungsveränderliche Pulsare

Wie wir bereits wissen, stellen der Millisekunden-Pulsar und der EBM-Pulsar das Verhältnis $1:2\pi$ dar, wobei sich der Wert 2π aus der Winkelabweichung des EBM-Pulsars ergibt, dessen Umlaufbahn um seinen Begleiter einen fast perfekten Kreis am Himmel beschreibt. Außerdem richten die beiden Pulsare unser Augenmerk auf den 1-Radiant-Bezugspunkt, indem sie durch die Differenz ihrer jeweiligen Pulsperioden bestätigen, dass die

Winkelabweichung des Millisekunden-Pulsars von diesem galaktischen Markierungspunkt genau kalibriert wurde. Da uns bekannt ist, dass der Millisekunden-Pulsar innerhalb dieser Botschaft einen Richtwert darstellt, ist es nur angemessen, die Pulsperioden aller anderen Pulsare durch die des Millisekunden-Pulsars zu dividieren, um herauszufinden, ob die auf diese Weise normalisierten Pulsperioden ganzzahlige Vielfache von π sind. Dabei stellen wir fest, dass eine Reihe von Pulsperioden diesem Kriterium beinahe entspricht – mehr als auf die normale Wahrscheinlichkeitsverteilung zurückzuführen wäre. In der vorliegenden Gruppe aus 1.533 normalisierten Pulsperioden sind es beispielsweise 10 Pulsare, die auf ±0,1 Prozent an ganzzahlige Vielfache von Pi herankommen; bei einer zufälligen Wahrscheinlichkeitsverteilung würde man jedoch nur 4 Pulsare erwarten, die dieses Kriterium erfüllen.

Eines dieser ganzzahligen Vielfachen unterscheidet sich von allen anderen. Es handelt sich um die normalisierte Pulsperiode des Millisekunden-Pulsars J1953+1846A im Kugelsternhaufen M71A. Während sich bei den anderen neun Pulsaren durch die Normalisierung ihrer Pulsperioden ganzzahlige Vielfache von Pi ergeben, die von $57 \times \pi$ bis $587 \times \pi$ reichen, beträgt die normalisierte Pulsperiode dieses Pulsars fast genau Pi. Das heißt weiter, dass seine Pulsperiode (4,8883 ms) fast präzise Pi mal die Pulsperiode des Millisekunden-Pulsars (1,5578 ms) ist – das Verhältnis dieser Pulsare weicht nur um 0,11 Prozent von der Kreiszahl π ab. Wenn die Pulsperiode von J1953+1846A aber bewusst dazu ausgewählt wurde, eine exakte Pi-Ratio zu markieren, ist nicht einsichtig, warum diese kleine Abweichung vorliegen sollte. Die Pulsperiode des Pulsars ist – ähnlich wie die des Millisekunden-Pulsars – äußerst konstant, also lässt sich die Abweichung auch nicht auf eine allmähliche Periodenänderung zurückführen. ✦

Der betreffende Millisekunden-Pulsar besitzt aber auch noch andere Eigenschaften, die ihn zu etwas Besonderem machen. Er liegt innerhalb des Sternbilds Pfeil und ist der viertnächste Pulsar am galaktischen 1-Radiant-Bezugspunkt, mit einer Längenabweichung von nur 0,5 Grad. Außerdem ist er der zweitnächste Pulsar zur Spitze des Himmelspfeils. Er weist fast genau denselben Winkelabstand zu Gamma Sagittae auf wie der EBM-Pulsar: 1,381 Grad gegenüber 1,332 Grad (siehe Abb. 15). Vor einigen Jahrtausenden hätten die beiden Pulsare noch genau denselben Winkelabstand zu der Pfeilspitze gehabt – aber hier kommt wieder Gamma Sagittaes Eigenbewegung ins Spiel. Ferner handelt es sich bei J1953+1846A, wie beim EBM-Pulsar, um einen bedeckungsveränderlichen Millisekunden-Pulsar,

Tabelle 1: Besonderheiten der Pulsar-Leuchtfeuer am 1-Radiant-Bezugspunkt

Der Millisekunden-Pulsar

1. ist der schnellste Pulsar am Sternhimmel.
2. ist der „leuchtendste" aller Millisekunden-Pulsare.
3. ist einer von nur fünf Pulsaren, die optische Pulse abstrahlen.
4. ist einer von nur zehn Pulsaren, die „Giant Pulses" abstrahlen.
5. ist der Pulsar, der dem nördlichen 1-Radiant-Bezugspunkt der Galaxis am nächsten liegt.
6. ist der stationärste Pulsar, mit der geringsten Eigenbewegung aller Pulsare.
7. Wenn man eine Linie von ihm durch PSR 1930+22 (den Pulsar, der dem Längenmeridian durch den äquatorialen 1-Radiant-Punkt am nächsten liegt) zieht, so berührt diese Linie Gamma Sagittae, die Pfeilspitze des Sternbilds Pfeil, die dem nördlichen 1-Radiant-Bezugspunkt am nächsten liegt.

Der bedeckungsveränderliche Millisekunden-Pulsar (EBM-Pulsar)

1. ist der zweitschnellste Pulsar am Sternhimmel.
2. Seine Pulsperiode weicht nur um 3,18 Prozent von der des Millisekunden-Pulsars ab. Diese Abweichung ist gleich groß wie die Differenz der galaktischen Länge dieses Pulsars und der galaktischen Länge des Mittelpunkts zwischen Millisekunden-Pulsar und dem 1-Radiant-Bezugspunkt, in Radiant ausgedrückt.
3. Die Längendifferenz zwischen dem Millisekunden-Pulsar und dem 1-Radiant-Bezugspunkt, verglichen mit der Längendifferenz zwischen EBM-Pulsar und Millisekunden-Pulsar, ergibt ein Verhältnis von $1 : 2\pi$.
4. liegt in einem Winkel von 4,5 Bogengrad zum Millisekunden-Pulsar.
5. ist einer von nur 14 bekannten bedeckungsveränderlichen Pulsaren, deren Bahnebenen zufällig genau in unsere Richtung weisen, sodass wir sie direkt von der Kante sehen.
6. hat die kreisförmigste Umlaufbahn aller bedeckungsveränderlichen Pulsare.
7. ist einer von nur zehn Pulsaren, die „Giant Pulses" abstrahlen.
8. ist der Pulsar, der Gamma Sagittae – dem Stern, der in unseren Überlieferungen von den Sternbildern den 1-Radiant-Bezugspunkt markiert – am nächsten ist.
9. Wenn man eine Linie von diesem Pulsar durch den nördlichen 1-Radiant-Bezugspunkt der Galaxis zieht, so bildet diese einen rechten Winkel mit einer Linie, die man von diesem Pulsar durch den „Markierungsstern" Gamma Sagittae zieht.
10. ist in einen Nebel gehüllt, der von einem Wind aus Richtung des galaktischen Zentrums verformt wird.

dessen Bahnebene genau in unsere Richtung zeigt.[17] Zudem beschreibt er – wie der EBM-Pulsar – einen annähernd kreisförmigen Orbit mit einer Exzentrizität von weniger als 0,001; d.h. seine Umlaufbahn weicht nur um ein Millionstel von der perfekten Kreisbahn ab.[18]

Es scheint überdies ungewöhnlich, dass von den 14 bekannten bedeckungsveränderlichen Sternen zwei so dicht beieinander stehen und nur einen Winkelabstand von 2,46 Grad aufweisen. Noch ungewöhnlicher ist es, dass die zwei Pulsare am Himmel, die der Pfeilspitze Gamma Sagittae am nächsten sind, beide bedeckungsveränderliche Pulsare mit annähernd kreisförmigen Umlaufbahnen sind, und dass beide fast genau denselben Winkelabstand zu Gamma Sagittae aufweisen. Wenn man all dies in Betracht zieht, ist es auch nicht verwunderlich, dass beide dieser bedeckungsveränderlichen Pulsare symbolisch das 1-Radiant-Konzept von Pi enkodiert haben.[19]

Wie wir in diesem Kapitel erfahren haben, zeichnen sich die beiden galaktischen Markierungsfunkfeuer des 1-Radiant-Bezugspunkts – der Millisekunden-Pulsar und der EBM-Pulsar – durch mehrere Besonderheiten aus, durch die sie sich von anderen Pulsaren abheben (siehe Zusammenfassung in Tabelle 1). Gemeinsam übermitteln sie uns eine schlüssige Botschaft über den nördlichen 1-Radiant-Bezugspunkt unserer Galaxis, dessen festgelegte Position nur aus unserer Blickrichtung evident ist. Die Wahrscheinlichkeit, dass die einzigartigen Himmelspositionen der zwei Pulsare, die auf bedeutende geometrische Relationen hinweisen, sowie ihre zahlreichen aufsehenerregenden Eigenschaften rein zufällig und auf natürlichem Wege zustandegekommen sind, ist außerordentlich gering.

---

17 Hessels, J.W. et al.: „A 20 cm search for pulsars in globular clusters with Arecibo and the GBT" in: „Young Neutron Stars and Their Environments", hrsg. von Camilo, F. und Gaensler, B., IAU Symp., 2004, Vol. 218; www.arxiv.org/abs/astro-ph/0402182

18 persönlicher Nachrichtenaustausch mit J.W. Hessels, 2005

19 Zwei weitere bedeckungsveränderliche Pulsare, deren Himmelspositionen relativ nahe beieinander liegen, sind B1744-24A und J1807-2459A, die einen Winkelabstand von 4,38° haben. Der erste der beiden hat die Koordinaten $\ell = 3,84°$, $b = 1,70°$ und liegt im Kugelsternhaufen Terzan A in der Nähe des galaktischen Zentrums. Der zweite ist uns wesentlich näher und hat die Koordinaten $\ell = 5,84°$, $b = -2,20°$. Der Kugelsternhaufen Terzan A ist weiterhin die Heimat des dritt- und des viertschnellsten Millisekunden-Pulsars, deren Pulsperioden relativ ähnlich sind und nur um 3,1 Prozent voneinander abweichen. Derzeit ist diesen beiden Pulsarn keine besondere Bedeutung zuschreibbar; es ist jedoch beachtenswert, dass sie nur wenige Grad von dem Teil des Himmels entfernt liegen, wo unsere Ekliptik den galaktischen Äquator schneidet. Ihre Stellung zueinander weist diese Position allerdings nicht eigens aus.

3.
Das galaktische Netzwerk

Überlichtschnelle Raumfahrt

Wenn Pulsare tatsächlich ETI-Funkfeuer sind, die von technisch weit fortgeschrittenen Zivilisationen hergestellt wurden, dann veranlasst uns ihre bloße Existenz zu profunden Schlussfolgerungen. Zum einen weisen sie natürlich darauf hin, dass auch anderswo in unserer Galaxis intelligentes Leben existiert – und zwar an vielen Orten. Um eine derart ausgeklügelte Verbreitung von Pulsaren zu gestalten, die sich über mehr als 100.000 Lichtjahre erstreckt, müssten mehrere Zivilisationen an den verschiedenen galaktischen Standorten über eine entsprechende Lichtreisezeit (also ca. 100.000 Jahre) hinweg eng miteinander kooperieren. Und das erfordert nicht nur ein funktionierendes galaktisches Kommunikationsnetz, eine Art „galaktisches Internet", sondern auch ein äußerst langfristiges gemeinsames Engagement dieser Zivilisationen.

Das Vorhaben, ein durchgeplantes Pulsarnetz über so riesige Distanzen hinweg anzulegen, wäre nur machbar, wenn die beteiligten Zivilisationen über überlichtschnelle Raumfahrt oder die technischen Mittel verfügten, sich mit mehrfacher Überlichtgeschwindigkeit untereinander zu verständigen. Wenn überlichtschnelle Raumfahrt möglich ist, dann höchstwahrscheinlich nicht mit konventioneller Raketentechik, sondern mit einer Methode zur Kontrolle von Gravitationsfeldern.

Der Wissenszweig der *Elektrogravitation* zeigt einen vielversprechenden Ansatz zur Entwicklung einer solchen Feldantriebstechnologie. Die Anfang des 20. Jahrhunderts vom Physiker und Erfinder Thomas Townsend Brown ins Leben gerufene Forschungsrichtung untersucht die komplizierte Wechselwirkung zwischen elektrischen Feldern und Graviationsfeldern. Brown zeigte, dass ein auf hohe Spannung aufgeladener Kondensator einen Gravitationsschub in Richtung seines Pluspols erfährt.[1,2,3] Die Luftfahrtindustrie begann dieses Phänomen Mitte der 1950er Jahre intensiv zu untersuchen[4];

---

1 Brown, T.T.: „How I control gravity" in *Science and Invention*, 1929, August

2 LaViolette, P.A.: „Subquantum Kinetics: A Systems Approach to Physics and Cosmology" (Niskayuna, N.Y.: Starlane Publications, 2003), Kap. 11

3 Cornille, P.: „Review of the application of Newton's third law in physics" in *Progress in Energy and Combustion Science*, 1999, 25:161-210

4 Gravity Research Group: „Electrogravitrics Systems: An examination of electrostatic motion, dynamic counterbary, and barycentric control", Report GRG 013/56, London: Aviation Studies (International) Ltd., Special Weapons Study Unit, Feb. 1956 (freigegebener Bericht: Wright Patterson Air Force Base, ID number 3-1401-00034-5879)

es gibt Hinweise darauf, dass in den B2-Bombern ein Elektrogravitations-Antrieb eingebaut ist, der auf Ideen aus Browns Patenten beruht.[5]

Die konventionelle Physik gibt sich im Hinblick auf diesen Effekt sehr zurückhaltend, da er eklatant gegen die Grundsätze der allgemeinen Relativitätstheorie verstößt. Nach dieser weithin anerkannten Theorie können Massen eine Gravitationskraft auf andere Massen nur ausüben, indem sie die Raumzeit in deren Umgebung krümmen. Zudem handelt es sich dabei stets um eine Anziehungskraft. Kosmologen haben in jüngster Zeit jedoch versucht, die Idee vom universalen Bestehen eines (allerdings äußerst schwachen) abstoßenden Gravitationsfelds wiederzubeleben. Dabei handelt es sich aber um eine Ad-hoc-Hypothese und nicht um eine Vorhersage der klassischen allgemeinen Relativitätstheorie. Selbst wenn man die Existenz einer solchen Abstoßungskraft einräumte, wäre sie so schwach, dass sie für den Antrieb eines Raumschiffs keinen praktischen Nutzen hätte. Die Vorstellung von einem Raumfahrzeug, das sein eigenes Gravitationsfeld modifizieren und sich so unabhängig von der Wirkung lokaler Gravitationsfelder fortbewegen kann, hat mit der allgemeinen Relativitätstheorie nichts mehr zu tun. Außerdem gibt es in der allgemeinen Relativitätstheorie keinerlei Vorhersage bezüglich einer Verflechtung von gravitativen und elektrostatischen Feldern. Kurz vor seinem Tod muss Einstein von den Ergebnissen der Elektrogravitationsforschung gewusst haben, da er angestrengt daran arbeitete, in seiner Theorie die beiden Felder zu vereinheitlichen – doch er hatte nie Erfolg damit. Nach seinem Tod wurden einige einheitliche Feldtheorien erstellt, die eine Kopplung von Ladung und Masse vorhersagten. Diese Effekte sollten jedoch nur bei außerordentlich hohen Energiemengen beobachtet werden können, wie sie im Strahl von Teilchenbeschleunigern auftreten; die allerdings waren damals noch gar nicht erfunden.

Es gibt jedoch eine Theorie, nach der eine Kopplung des elektromagnetischen Feldes an die Gravitation bei verhältnismäßig geringen Spannungspotentialen möglich ist. Dabei handelt es sich um die physikalische Methodologie der *Subquantenkinetik*.[6,7] Der Subquantenkinetik zufolge existieren relativistische Effekte wie gravitative Zeitdilatation, gravitative Rotverschiebung, die Ablenkung von Sternlicht im Gravitationsfeld so-

---

5 LaViolette, P. A.: „The US Antigravity Squadron" in: Valone, T. (Hrsg.): „Electrogravitrics Systems: Reports on a New Propulsion Methodology" (Washington, DC: Integrity Research Institute, 1994)

6 LaViolette, P. A.: „An introduction to subquantum kinetics" in *International Journal of General Systems*, 1985, 11:281-345

7 LaViolette: „Subquantum Kinetics" (2003), a.a.O.

wie die Zunahme der Massenträgheit und Verlangsamung von Uhren bei steigender Geschwindigkeit. Demnach fasst die Subquantenkinetik also Phänomene zusammen, die man bislang dem Bereich der allgemeinen und der speziellen Relativitätstheorie zuordnete – aber mit einer völlig anderen Vorgehensweise. In der Subquantenkinetik resultiert die Gravitationskraft beispielsweise nicht aus der geometrischen Krümmung der Raumzeit durch massereiche Körper. Stattdessen vertritt sie die Theorie, dass sich nicht die räumliche Dimension, sondern die Länge eines Objekts im Raum verändert; ebenso, wie sich nicht die zeitliche Dimension, sondern die Laufgeschwindigkeit einer Uhr ändert. Massebehaftete Körper erzeugen in einem Gravitationsfeld potentielle Energie, wie angenommen, doch sie beeinflussen damit nicht die Geometrie des Raumes. Die Gradienten in diesen Gravitationsfeldern wirken laut Subquantenkinetik auf Körper in ihrer Umgebung mit Kräften, die ihre Wirkung aus physikalischen Vorgängen auf Subquantenebene beziehen – auf einer ätherischen Ebene. Wenn Techniker also in Zukunft mit Hilfe der Subquantenkinetik Raumfahrzeuge konstruieren werden, die sich mit Überlichtgeschwindigkeit fortbewegen können, werden sie nicht mehr von einem „Warp-Antrieb", sondern von einem *Gradienten*-Antrieb sprechen.

Der vom russischen Wissenschaftler Evgeny Podkletnov entwickelte Kraftfeld-Strahlenprojektor ist eine der vielversprechendsten Entwicklungen auf Elektrogravitationsbasis und könnte dazu führen, dass überlichtschnelle Raumfahrt ohne allzu großen technischen Aufwand möglich wird. Das Gerät erzeugt einen säulenformigen Gravitationsimpuls von etwa zehn Zentimetern Durchmesser, indem es einen Zwei-Millionen-Volt-Elektronenstrahl durch eine supraleitende Scheibe schickt.[8,9,10,11] Dieser Effekt wird von der Subquantenkinetik vorhergesagt: Die Elektronen der Entladung besitzen ein negatives elektrisches Potentialfeld und ein positives (abstoßendes) Gravitations-Potentialfeld. Wenn sie die Anode erreichen, kommen sie zum Stillstand, doch das sie begleitende Gravitionsfeld breitet sich weiter nach vorn aus. Podkletnov und seine Mitarbeiter haben demons-

---

8 Podkletnov, E. und Modanese, G.: „Impulse gravity generator based on charged YBa-2Cu3O7-y superconductor with composite crystal structure", Aug. 2001; als PDF unter: www.arxiv.org/abs/physics/0108005

9 Podkletnov, E. und Modanese, G.: „Investigation of high voltage discharges in low pressure gases through large ceramic superconducting electrodes" in *Journal of Low Temperature Physics*, 2003, 132:239-59; als PDF unter: www.arxiv.org/abs/physics/0209051

10 Podkletnov, E. und Modanese, G.: „Antigravity propulsion comes out of the closet" in *Jane's Defense Weekly*, 31.07.02

11 Cook, N.: „Airpower electric" in *Jane's Defense Weekly*, 24.07.02

triert, dass diese Gravitationsimpulse während ihres nur 200 Nanosekunden dauernden Durchgangs durch eine entfernte Testmasse vorübergehend eine Abstoßungskraft von 200.000 G ausüben können. Sie haben weiterhin festgestellt, dass der Impulsstrahl bei Entfernungen bis zu 200 Kilometern gebündelt und unvermindert stark bleibt. Selbst durch geerdete Metallbleche oder Ziegelmauern kann er nicht abgeschirmt werden. Versuche in einer für die Öffentlichkeit gesperrten staatlichen Anlage bei Moskau haben zudem gezeigt, dass die Impulse bei einer Steigerung der elektrischen Entladungsspannung auf 10 Millionen Volt heftig genug sind, um eine 1,25 cm dicke Stahlplatte einzudellen oder ein Loch von zehn Zentimetern Durchmesser durch einen Betonblock zu schlagen.[12]

Der im Hinblick auf einen Raumantrieb wohl wesentlichste Effekt ist jedoch der, dass der Podkletnov-Strahlenprojektor bei seinem Abfeuern keinen Rückstoß erzeugt; der Impuls der Elektronenentladung wird voll und ganz von seiner Fangelektrode – der Anode – absorbiert. Demnach wird die durch den austretenden Gravitationsimpuls erzeugte Schubkraft ohne den Nebeneffekt eines in die andere Richtung wirkenden Rückstoßes erzielt. Angenommen, wir befinden uns in einem Raumschiff, dessen Bug mit einer Masse aus Blei gefüllt ist. Wenn wir nun im hinteren Teil des Schiffs stehen und wiederholt eine Schrotflinte in den Bug abfeuern, werden wir feststellen, dass wir uns nicht bewegt haben. Die Position des Schiffes bleibt unverändert, weil der durch die Absorption der Schrotladung hervorgerufene Vorwärtsimpuls durch den vom Gewehrlauf erzeugten Rückstoß eins zu eins aufgehoben wird. Schicken wir jedoch einige Impulse von Podkletnovs Gravitationsstrahlenprojektor durch die Bleimasse im Schiffsbug, so stellen wir fest, dass unser Raumschiff allmählich beschleunigt. Verantwortlich dafür sind die Gravitationsfeld-Gradienten der kurzen Impulse, wenn sie die bleierne Trennwand im Bug durchqueren. Und das bedeutet, dass unser Schiff durch einen *Gradienten*-Antrieb vorwärtsbewegt wird.

Was würde nun passieren, wenn wir unseren Gravitationsstrahlenprojektor über einen unendlich langen Zeitraum feuern ließen? Theoretisch sollte das Schiff dadurch auf immer höhere Geschwindigkeiten beschleunigen. Podkletknovs Forschungsteam ist es gelungen, die Geschwindigkeit der Impulse zu messen und festzustellen, dass sie die Messgrenze der Versuchsanordnung sprengte und daher mehr als 64-fache Lichtgeschwindigkeit haben musste.[13] Da die Gravitationsimpulse selbst schneller als Licht

---

12 persönlicher Nachrichtenaustausch mit E. Podkletnov, 2003
13 Ebd.

sind, folgt daraus, dass sie unser Raumschiff irgendwann auf Überlichtgeschwindigkeit beschleunigen sollten. Angesichts neuer Forschungsergebnisse scheint es also nur plausibel, dass unsere Zivilisation eines Tages Raumschiffe konstruieren wird, die schneller als Licht reisen können.[14]

Die im Experiment erzielten überlichtschnellen Geschwindigkeiten können durch die Subquantenkinetik erklärt werden. Dieser Theorie zufolge löst die durch eine plötzliche elektrische Entladung erzeugte Stoßwelle nämlich einen Ätherwind aus, der sich zugleich mit der Stoßwelle überlichtschnell fortbewegt. Dazu muss man beachten, dass es – im Gegensatz zur Lichtgeschwindigkeitsgrenze – auf Subquantenebene, also auf der des Äthers, keine bekannte Geschwindigkeitsbegrenzung gibt. Folglich verstößt diese Hypothese gegen keine bekannten Naturgesetze. Die Stoßwelle, breitet sich relativ zum lokalen Äther-Bezugssystem, also dem Ätherwind-Bezugssystem, zwar mit Lichtgeschwindigkeit aus, bewegt sich aber relativ zum ruhenden Beobachter – dem Laborsystem – mit Überlichtgeschwindigkeit. Dazu stelle man sich einen Mann vor, der in einem Hochgeschwindigkeitszug nach vorn läuft. Betrachten wir nun sein Lauftempo in Relation zum Zug (= der lokalen Bewegung des Äthers), dann scheint er sich nicht besonders schnell fortzubewegen, doch in Relation zur umgebenden Landschaft (= dem ruhenden galaktischen Äther-Bezugssystem) würde er mit unglaublicher Geschwindigkeit vorankommen. Die von Podkletnovs Gerät erzeugten Impulse sind in einem Strahl konzentriert; da der Ätherwind ähnlich konzentriert wäre, würde sich seine Geschwindigkeit nicht verringern. Somit würde die Geschwindigkeit seiner Gravitationsimpulse auch mit zunehmender Enfernung konstant bleiben.[15]

Vorstellbar wäre auch, dass unsere Zivilisation eines Tages dazu imstande sein wird, Weltraumbahnhöfe zu errichten, in denen gigantische

---

14 Ich habe mit dem Forscher Alexis Guy Obolensky zusammengearbeitet, der ähnliche überlichtschnelle Impulse erzeugt hat, indem er von einer kuppelförmigen Elektrode stoßwellenartige elektrische Felder abstrahlte. In der Nähe der Elektrode konnten wir Impulsgeschwindigkeiten von bis zu zehnfacher Lichtgeschwindigkeit anmessen, die sich mit zunehmender Entfernung auf Unterlichtgeschwindigkeit verringerten. Die Subquantenkinetik sagt vorher, dass solche Impulse auf ein entferntes Pendel eine Abstoßungskraft ausüben sollten, ähnlich wie die Impulse aus Podkletnovs Projektor. Vorläufige Versuchsergebnisse bestätigen diese Vorhersage. Da die Elektronen-Entladungen von Obolenskys Gerät aber weniger leistungsstark sind, ist auch der durch ihre Wellenfront erzeugte Gravitationsschub wesentlich geringer.

15 Beim Obolensky-Experiment strahlen die Impulse hingegen von einer kuppelförmigen Elektrode nach außen ab; daher würde der sie begleitende Ätherwind sich auffächern und mit zunehmender Entfernung langsamer werden. Somit würde auch die Geschwindigkeit seiner Stoßwellen abnehmen und sich – wie beobachtet – der Lichtgeschwindigkeit annähern.

Gravitationsstrahlenprojektoren installiert sind. Deren Strahlen hätten solche Ausmaße, dass sie ein Raumschiff komplett umhüllen könnten, und sie wären jeweils auf bestimmte Sternensysteme ausgerichtet. Ein von einem solchen Schubstrahl beschleunigtes Schiff würde bald Überlichtgeschwindigkeit erreichen. Am Bestimmungsort würde dann ein weiterer Schubstrahl aktiviert, um das Schiff abzubremsen. Auf diese Art könnten Weltraumreisen über mehrere hundert Lichtjahre beispielsweise nur mehr wenige Tage in Anspruch nehmen. Vielleicht gibt es in unserer Galaxis ja bereits ein funktionierendes Netzwerk solcher Weltraumbahnhöfe ...

Weltraumnavigation

Wenn extraterrestrische Zivilisationen tatsächlich die überlichtschnelle Raumfahrt entwickelt haben, brauchen sie auch Mittel und Wege, ihren Kurs durchs Weltall festlegen zu können. Da drängt sich natürlich die Frage auf, ob das Pulsar-Netzwerk nicht in erster Linie der Weltraumnavigation dient. Es könnte wie unser irdisches Global Positioning System funktionieren – ein Netz von Satelliten, die Radiosignale ausstrahlen und in geosynchrone Umlaufbahnen abgeschossen wurden, damit sie stationär über bestimmten Punkten der Erdoberfläche stehenbleiben. Durch die Triangulation ihrer Signale können Autos, Schiffe, Flugzeuge und Wanderer ihre Position auf der Erdoberfläche genau bestimmen.

NASA-Wissenschaftler setzten das Pulsar-Netzwerk zu Navigationszwecken ein, als sie ihre Botschaft für die Außerirdischen entwarfen, die an Bord der Raumsonde Pioneer 10 auf Reisen ging. Wie im vorigen Kapitel beschrieben, hätte eine außerirdische Zivilisation bei der zufälligen Begegnung mit Pioneer 10 aus der außen befestigten Plakette auf die irdische Herkunft der Sonde schließen können – durch Identifikation der auf der Plakette angezeigten Pulsare und die anschließende Triangulation der Position unserer Sonne. Ähnlich könnte ein Raumschiff, das sein Navigationssystem auf den Empfang einiger Pulsarsignale eingestellt hat, seine *momentane Position* im All genau bestimmen. Genauso wichtig ist aber die Tatsache, dass das Schiff auf diese Art auch seine *momentane Geschwindigkeit* feststellen könnte, indem es die Frequenzerhöhung oder -verringerung der Pulsarsignale durch den Dopplereffekt misst. So wie der Ton eines Martinshorns dank Dopplereffekt höher oder tiefer klingt, je nach relativer Geschwindigkeit des Zuhörers, erhöht oder verringert sich die Pulsfrequenz eines

Pulsars relativ zu seiner Pulsfrequenz im ruhenden galaktischen Bezugssystem, abhängig von der Relativgeschwindigkeit des Raumschiffs.

Nehmen wir beispielsweise an, wir befänden uns an Bord eines Raumschiffs, das zu einem Stern in der Nähe des Krebsnebels im Sternbild Stier unterwegs ist. Vor dem Start stellen wir unser bordeigenes Radioteleskop auf den Pulsar im Krebsnebel ein und registrieren, dass er auf einer Radiofrequenz von 606 Megahertz eine Pulsperiode von 33,403 Millisekunden aufweist. Sein zeitlich gemitteltes Pulsprofil würde aussehen wie in Abbildung 18a.[16] Nehmen wir nun weiter an, dass unser Raumschiff in Richtung Krebsnebel beschleunigt und 33 Prozent Lichtgeschwindigkeit (0,33 c) erreicht. Beobachten wir nun wieder unser Funkfeuer, so werden wir feststellen, dass der Krebsnebel-Pulsar mittlerweile um 41 Prozent schneller pulsiert und eine Pulsperiode von 23,709 Millisekunden hat – siehe Abbil-

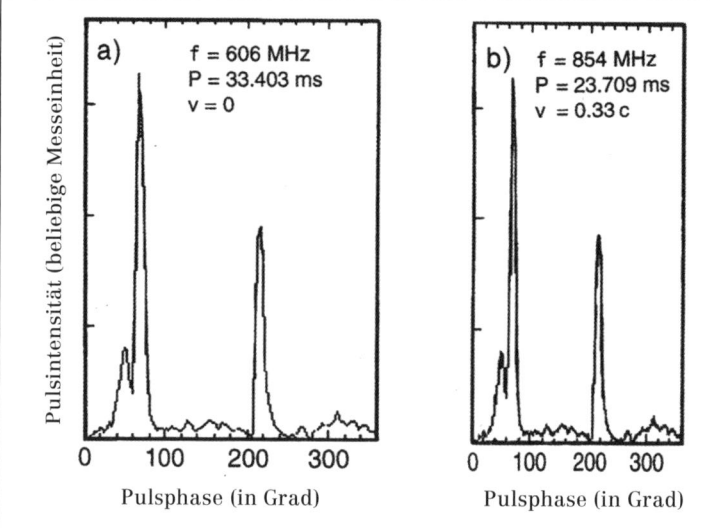

Abb. 18: Pulsperioden und Pulsprofile für den Pulsar im Krabbennebel, aus zwei verschiedenen Bezugssystemen betrachtet: (a) aus dem solaren Bezugssystem (v=0), angemessen auf einer Frequenz von 606 MHz; und (b) aus dem Bezugssystem während des Fluges (v=0,33 c), angemessen auf einer Frequenz von 854 MHz. (Diagramm links nach Moffet und Hankins, Astrophysical Journal, Abb. 2).

---

16 Realistischer wäre wahrscheinlich die Annahme, dass die Weltraumreisenden den Pulsar auf einer höheren Frequenz im Gigahertz-Frequenzbereich abhören würden, da die Radioteleskopantenne für den Empfang von 606-MHz-Signalen für eine Weltraumreise doch recht groß und sperrig wäre. Das Beispiel soll jedoch nur zur Veranschaulichung dienen.

dung 18b. Zudem bewirkt der durch unsere Bewegung in Richtung Pulsar entstehende Dopplereffekt eine scheinbare Erhöhung der Radiofrequenz um 41 Prozent, direkt proportional zur Verkürzung der Pulsperiode. Die Radiofrequenz, die das 606-MHz-Pulsprofil des Pulsars bildete, als wir uns im Ruhezustand befanden, scheint uns nun dank Blauverschiebung auf 854 Megahertz erhöht zu sein. Durch die gleichzeitige Beobachtung von Position und Pulsfrequenz von Pulsaren wäre es uns also möglich, sowohl unsere Richtung als auch unsere Reisegeschwindigkeit zu bestimmen.

Wollen wir aber unsere Geschwindigkeit in Relation zum galaktischen Ruhesystem genau bestimmen, so ist eine Zeitkorrektur erforderlich. Da wir nämlich mit 33 Prozent Lichtgeschwindigkeit unterwegs sind, ticken unsere an Bord befindlichen Atomuhren durch den relativistischen Effekt der Verlangsamung von bewegten Uhren um etwa sechs Prozent langsamer. Weil wir aber unsere genaue Geschwindigkeit nicht kennen, wissen wir auch nicht, um wie viel sich unsere Uhren verlangsamt haben, beziehungsweise, mit welcher Zeitkorrektur wir unsere Beobachtungen der Pulsperioden anstellen müssen.[17] Da wir die Pulsperioden aber nicht exakt interpretieren können, könnten wir auch unsere Geschwindigkeit nicht genau errechnen. Glücklicherweise gibt es einen Ausweg aus diesem Dilemma: Die Pulsar-Leuchtfeuer wurden so konstruiert, dass ihre Pulsperioden im Lauf der Zeit allmählich zunehmen. Wenn wir also wissen, mit welcher Geschwindigkeit sich ein bestimmter Pulsar im galaktischen Ruhesystem verlangsamt, so können wir durch die Messung seiner Verlangsamung von unserem Raumschiff aus genau berechnen, um wie viel langsamer unsere Uhren ticken. So hätten wir beispielsweise von unserem im Ruhezustand befindlichen Raumschiff aus feststellen können, dass die Pulsperiode des Krebsnebel-Pulsars sich täglich um 1,088 Millionstel erhöht. Bei einer Reisegeschwindigkeit von 0,33 c erschiene uns diese Erhöhung der Pulsperiode um 5,605 Prozent langsamer und läge bei etwa 1,030 Millionstel täglich. Mit diesem Wissen könnten wir nun die beobachtete Pulsperiode von 23,709 Millisekunden um 5,605 Prozent auf 22,380 Millisekunden verringern. Dadurch kämen wir zum Ergebnis, dass wir uns relativ zum galaktischen Ruhesystem mit

---

17 Wollte ein Weltraumreisender nur die Veränderung der Pulsperiode messen, so reichte dies nicht aus, um ihn seine exakte Geschwindigkeit bestimmen zu lassen, da seine Messung der Pulsperiode nicht nur durch seine Geschwindigkeit beeinflusst wird, sondern auch durch die Verlangsamung seiner Borduhr. Er könnte jedoch eindeutige Ergebnisse über seine Geschwindigkeit aufgrund der Pulsperiode erhalten, wenn er eine unabhängige Methode zur Berechnung seiner Uhrenverlangsamung verwendete – wie zum Beispiel die Messung der Pulsperiodenableitung.

0,33 c bewegen, also zwölf Prozent schneller, als wir vor der Zeitkorrektur angenommen hatten.

Das Pulsar-Netzwerk *eignet sich daher ideal zur Weltraumnavigation.* Pulsare sind leicht voneinander zu unterscheiden und bieten Raumschiffen die Möglichkeit, mittels Triangulation ihre Position genau zu bestimmen. Mit Hilfe des an den Pulsperioden feststellbaren Dopplereffekts lässt sich zudem die Geschwindigkeit errechnen; durch die Messung der Veränderungen in der Pulsperiodenableitung ergibt sich wiederum der genaue Faktor der Uhrenverlangsamung. Auch dank ihres breiten Frequenzspektrums sind diese Leuchtfeuer ideal als Navigationspunkte für interstellare Raumreisen mit hohen Geschwindigkeiten geeignet. Ihre Signale können von Schmalband-Empfängern an Bord von Raumschiffen mit beinahe beliebiger Reisegeschwindigkeit empfangen werden, ohne dass man auf den Grad der Frequenzverschiebung durch den Dopplereffekt Rücksicht nehmen muss.

Überlichtschnelle Kommunikation

Wenn man es nicht für möglich hält, dass Zivilisationen solch ungeheure Entfernungen im interstellaren Raum schneller als das Licht überwinden können, so akzeptiert man doch eventuell die Möglichkeit, dass sie einen überlichtschnellen Informationsaustausch untereinander pflegen. Aber ist eine solche Art der Kommunikation überhaupt denkbar? Vielleicht. 1991 gaben Thomas Ishii und George Giakos bekannt, dass sie Mikrowellen mit Überlichtgeschwindigkeit gesendet hatten.[18,19] Kurz danach, im Jahre 1992, schilderten Achim Enders und Günter Nimtz, zwei Physiker der deutschen Universität Köln, wie es ihnen gelungen war, Mikrowellen mit Überlichtgeschwindigkeit durch einen unterdimensionierten Hohlleiter zu führen.[20] Bekannter wurde die Arbeit der Forscher dann 1995, als es ihnen gelang, Mozarts 40. Symphonie durch einen unterdimensionierten, 11 Zentimeter langen Hohlleiter zu schicken – mit 4,7-facher Lichtgeschwindigkeit.[21] An-

---

18 Ishii, T.K. und Giakos, G.C.: „Radio Messages Faster Than Light" in *Microwaves & RF*, Aug. 1991, 30:114-9

19 Ishii, T.K. und Giakos, G.C.: „Rapid Pulsed Microwave Propagation" in *IEEE Microwave & Guided Wave Letters*, Dez. 1991, 1(12):374-5

20 Enders, A. und Nimtz, G.: „On superluminal barrier traversal" in *Physical Review E*, 1993, 48:632

21 Hawkes, N.: „Going faster than light" in *London Times*, 03.04.95, S. 14

dere Physiker haben daran gearbeitet, Information mit Hilfe quantenverschränkter Photonenpaare praktisch ohne Zeitverlust von einem Punkt des Raumes zu einem anderen zu übertragen.

Frühere Forscher hatten die weit weniger hochentwickelte Methode untersucht, Botschaften mt Hilfe von Longitudinal-Stoßwellen über große Entfernungen zu senden. Der Physiker T. Townsend Brown entwickelte beispielsweise ein Kommunikationsgerät, das seine Signale erzeugte, indem es einen Kondensator wiederholt auf Hochspannung auflud und ihn dann über eine Funkenstrecke entlud. Die dadurch erzeugten Energiestoßwellen wurden von einer elektrisch geladenen Kondensatorbrücke empfangen, die diese Wellen als Spannungstransienten registrierte und mit einem Messschreiber der Firma Brush aufzeichnete (Abb. 19). Seine ursprüngliche Kondensatorbrücke war mit Titandioxid-Kondensatoren ausgestattet. Ein Untersuchungsbeamter des Office of Naval Research [Forschungsbehörde der US Navy, Anm. d. Übers.] wurde im Jahr 1952 Zeuge eines Tests mit diesem Gerät und berichtete, dass die Signale erfolgreich zu einem Emp-

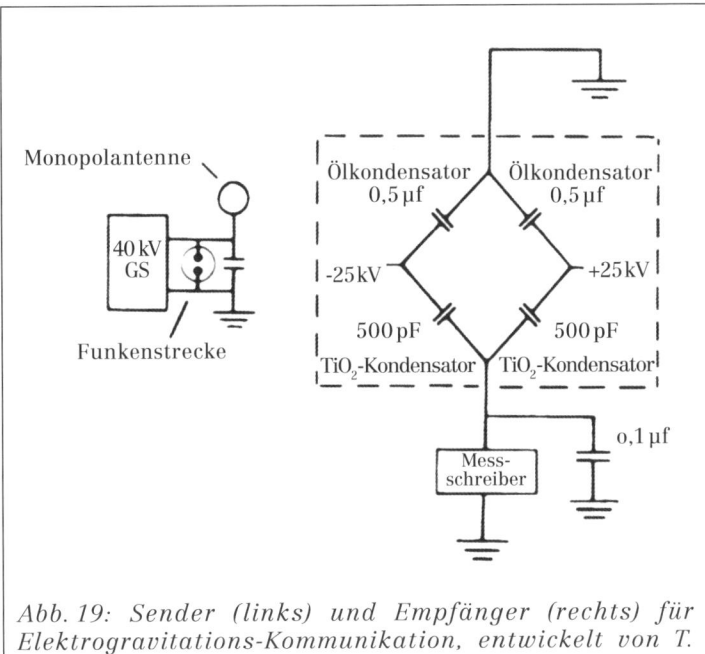

Abb. 19: Sender (links) und Empfänger (rechts) für Elektrogravitations-Kommunikation, entwickelt von T. Townsend Brown.

fänger gesendet werden konnten, der in einem Nebenraum stand und von einem elektrisch geerdeten Metallschild abgeschirmt wurde.[22]

In einer Patentoffenlegung vom September 1953 beschrieb Brown eine andere Version seines Kommunikationsgeräts, in der massive, elektrisch leitende Kugeln sowohl als Sende- als auch als Empfängerantennen dienten und die Signale auf Audiofrequenzen übermitteln sollte.[23] Ein 1956 in der Zeitschrift *Interavia* erschienener Artikel deutet Browns Vermutung an, die übertragenen Wellen unterlägen nicht der Beschränkung durch die Lichtgeschwindigkeit – aber er habe bisher keinen Beweis für diese These.[24] Da er festgestellt hatte, dass seine Kondensatorbrücke Gravitationsstörungen entdecken konnte, zog er daraus den Schluss, dass die von ihm übertragenen Signale keine elektromagnetischen, sondern Gravitationswellen sein mussten. Er schlussfolgerte, dass es sich bei diesen Wellen um die gravitativen Entsprechungen von Lichtwellen handelte und nannte sie in Ermangelung einer besseren Bezeichnung „Quasi-Licht". Als weitere Unterstützung seiner Gravitationshypothese fand er heraus, dass die Ersetzung der zwei Titandioxid-Kondensatoren auf seiner Kondensatorbrücke durch Keramikkondensatoren mit hoher Massendichte und Permittivität den Empfang noch verbesserte.

Browns Sendeanlage ähnelte stark den einpoligen Radiofrequenzgeneratoren, die der Wissenschaftler und Erfinder Nikola Tesla Ende des 19. und Anfang des 20. Jahrhunderts konstruiert hatte. Beide erzeugten Sägezahnschwingungen und strahlten ihre Signale von einer Hochfrequenzantenne ab, deren Spitze eine Metallkugel bildete. Außerdem konnten die Brown-Impulse – so wie die Tesla-Wellen – Abschirmungen in Form von Faradayschen Käfigen durchdringen. Wie schon Tesla stellte auch Brown die Theorie auf, dass die von ihm erzeugten Wellen nicht-Hertzscher Natur seien. Mit anderen Worten: Die üblichen elektromagnetischen Wellen werden produziert, wenn elektrische Ladungen seitlich hin und her oszillieren, etwa längs eines Antennen-Dipols; daher treten sie auch als Transversalwellen auf, die senkrecht zu ihrer Ausbreitungsrichtung schwingen. Browns Wellen wiederum werden durch das oszillierende Ansteigen und Abfallen elektrischer Ladungen in einer Monopolantenne produziert und bestehen daher aus Feldgradienten, die vor allem in Ausbreitungsrichtung, also *longitudi-*

---

22 Cady, W. M.: „An investigation relative to Thomas Townsend Brown" (Pasadena, Kalifornien: Office of Naval Research, Juni 1952), S. 1

23 Brown, T. T.: „Electrogravitational communication system", Patentoffenlegung vom Sept. 1953; online einzusehen bei www.soteria.com

24 Intel: „Towards flight without stress or strain ... or weight" in *Interavia*, 1956, 11(5):373-4

nal schwingen. Während sich elektromagnetische Hertz-Wellen im freien Raum mit Lichtgeschwindigkeit (der bei ihren Umlaufzeiten gemessenen Durchschnittsgeschwindigkeit) fortpflanzen, unterliegen Longitudinalwellen keiner solchen Beschränkung.[25]

Der Gravitationsimpulsstrahl von Podkletnov arbeitet ebenfalls mit Stoßwellen und kann – wie bereits erwähnt – Impulse mit mehr als 64-facher Lichtgeschwindigkeit senden. Da der Strahl nachgewiesenermaßen auch über große Entfernungen nicht an Stärke verliert, könnte er sich zudem als überlichtschnelle Kommunikationsvorrichtung über riesige Distanzen einsetzen lassen, mit deren Hilfe man Botschaften zwischen Sternensystemen übermitteln kann.

Zusammenfassend kann man also sagen, dass Experimente bereits Beweise für eine überlichtschnelle Kommunikation geliefert haben – zumindest unter Laborbedingungen. Gesetzt den Fall, dass wir Kommunikationsgeräte konstruieren können, die überlichtschnelle Signale über interstellare Entfernungen senden, wäre die Zeitverzögerung zwischen Sendung und Empfang der Botschaft minimal, wodurch ein integriertes galaktisches Internet im Bereich des Möglichen läge. Enthalten die elektromagnetischen Hertz-Wellen der Pulsare vielleicht sogar eine nicht-Hertzsche, bisher unbekannte Überlichtkomponente, die eine derart zügige Kommunikation zulässt? Oder gibt es ein völlig anderes Funkfeuer-Netzwerk, das für diese Art der Kommunikation zuständig ist?

---

25 Dea, J.: „Instantaneous interactions" in *Proceedings of the 1986 International Tesla Symposium* (Colorado Springs, Colo.: International Tesla Society, 1986): S. 4-39

4.

Der galaktische Imperativ

Botschaft in den Sternen

Wie wir in den vorangegangenen Kapiteln gesehen haben, gibt das Sternbild Sagitta – auch als Pfeil oder „Himmelspfeil" bekannt – recht genau den den nördlichen 1-Radiant-Markierungspunkt an. Dabei handelt es sich um jenen Punkt am galaktischen Äquator, der in einem Bogenmaß von ein Radiant vom galaktischen Zentrum entfernt ist. Wenn man sich die alten Überlieferungen über die Sternbilder genauer ansieht, findet man heraus, dass Sagitta aber auch Teil eines umfassenderen Sternbild-Codes ist, zu dem auch die Sternbilder Zentaur am südlichen Sternhimmel und das Kreuz des Südens sowie die Tierkreissternbilder und die astrologischen Mythen über sie gehören. Wie ich in meinen Büchern „Genesis of the Cosmos" und „Earth Under Fire" ausgeführt habe, beschreiben diese seit alter Zeit bekannten Sterngruppen und die damit zusammenhängenden Legenden metaphorisch die Tatsache, dass es vor langer Zeit eine Explosion im galaktischen Zentrum gegeben hat – und dass kosmische und andere Strahlung von diesem lang anhaltenden Ausbruch vor etwa 16.000 Jahren unser Sonnensystem erreicht und eine globale Klimakatastrophe herbeigeführt haben.[1,2] Durch die Kennzeichnung des nördlichen 1-Radiant-Markierungspunkts unserer Galaxis teilt uns diese Sternbild-Botschaft mit, wie die Energie aus der Explosion im galaktischen Zentrum sich radial durch die Galaxis ausgebreitet hat, um sich schließlich auf unser Sonnensystem auszuwirken.

Ich möchte im Folgenden kurz zusammenfassen, zu welchen Schlussfolgerungen ich in den erwähnten Büchern gelangt bin. Die zwölf Tierkreiszeichen und ihre uralten astronomischen Überlieferungen erweisen sich als physikalischer Code, der eine spontane Explosion beschreibt, bei der Materie und Energie erzeugt werden.[3] Durch bestimmte Hinweise in den Sternbildern weist der Tierkreis zudem darauf hin, dass das galaktische Zentrum der Ursprungsort dieses Energieausbruchs ist. Nach der Mythologie der Sternbilder zielt Sagittarius (der Schütze) mit seiner Pfeilspitze (Gamma Sagittarii) auf das „Herz des Skorpions", das durch Alpha Scorpii (einen Roten Überriesen und den hellsten Stern des Sternbilds Skorpion)

---

1   LaViolette, P. A.: „Earth Under Fire: Humanity's Survival of the Ice Age" (Rochester, Vt.: Bear & Co., 2005)

2   LaViolette, P. A.: „Genesis of the Cosmos: The Ancient Science of Continuous Creation" (Rochester, Vt.: Bear & Co., 2004)

3   Ebd.

symbolisiert wird. Wenn wir die Position dieser Sterne in der Vergangenheit berechnen, so sehen wir, dass der Pfeilschaft des Schützen um 13865 v. Chr. genau auf das Herz des Skorpions gewiesen hat. Die gedachte „Flugbahn" des Pfeils führt innerhalb eines Winkels von nur 0,35 Bogensekunden am galaktischen Zentrum vorbei (Abb. 20). Mit dem Wissen, dass Schütze und Skorpion gemeinsam als archetypische Symbole für den ersten dieser Materie- und Energieausbrüche stehen, weisen uns die Pfeilrichtung und das darin verschlüsselte Datum genau auf die Zeit hin, als die Explosion im galaktischen Zentrum für Beobachter auf der Erde sichtbar wurde – eben die Zeit, als die Energiesalve unser Sonnensystem zu durchqueren begann.

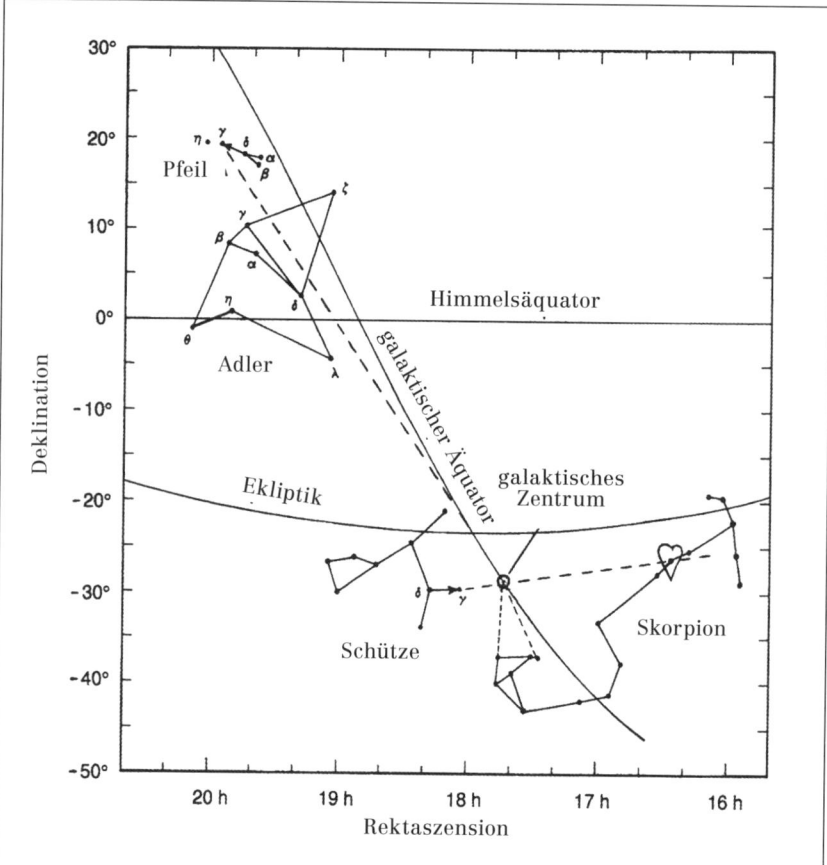

Abb. 20: Himmelskarte mit den Positionen der Sternbilder Schütze, Skorpion, Pfeil und Adler (aus LaViolette: „Genesis of the Cosmos", Abb. 9.20).

Der Himmelspfeil Sagitta, der so dargestellt wird, als würde er vom galaktischen Zentrum wegfliegen und als wäre seine Spitze nahe am nördlichen 1-Radiant-Markierungspunkt der Galaxis, ist dann der Pfeil des Schützen, der explosionsartig aus dem Herz des Skorpions geschleudert wurde – mit anderen Worten also aus dem galaktischen Zentrum hinaus. Angesichts der Tatsache, dass die Pfeilspitze Gamma Sagittae jener Stern der Konstellation ist, der dem nördlichen 1-Radiant-Markierungspunkt am nächsten ist, steht das Sternbild Pfeil symbolisch für einen energetischen Hagel aus kosmischer Teilchen- und Gammastrahlung, der seinen Ursprung im galaktischen Zentrum hatte und sich von dort aus radial ausgebreitet und die Entfernung von 23.000 Lichtjahren zu unserem Sonnensystem zurückgelegt hat. Dazu sollten wir uns in Erinnerung rufen, dass ein Kreisbogen, der im galaktischen Zentrum beginnt und sich im Winkel von ein Radiant auf der Himmelsebene erstreckt, eine Bogenlänge hat, die der Entfernung vom galaktischen Zentrum zur Erde entspricht.

Das wirft natürlich die Frage auf, ob die Millisekunden-Pulsarleuchtfeuer PSR 1937+21 und 1957+20, die ebenfalls das 1-Radiant-Konzept vermitteln, sich vielleicht auf dieselbe Explosion im galaktischen Kern beziehen. Hätte sich ein astronomisches Ereignis dieser Größenordnung ereignet, dann wäre es garantiert zum „Galaxisgespräch" geworden – ein Phänomen, über das extraterrestrische Zivilisationen mit Sicherheit diskutiert hätten, da es sich dabei um etwas gehandelt hätte, *das alle Zivilisationen der Milchstraße gleichermaßen betraf.*

Galaktische Superwellen

Mein Buch „Earth Under Fire" führt astronomische und geologische Beweise dafür an, dass sich kurz nach dem erwähnten Jahr 13865 v. Chr. eine langwierige globale Klimakatastrophe ereignet hat. Meine Forschungsergebnisse weisen darauf hin, dass die gigantische strahlende Masse im Kern unserer Galaxis alle 13.000 bis 26.000 Jahre in eine explosive Phase eintritt, die mehrere tausend Jahre dauern kann und in der sie einen Sturm aus kosmischer Teilchen- und Gammastrahlung erzeugt. Diese Strahlung bildet eine sich ausdehnende Kugelschale, auch *Superwelle* genannt, die sich mit annähernd Lichtgeschwindigkeit radial vom galaktischen Kern her ausbreitet und die umgebende Scheibe unserer Spiralgalaxis mühe-

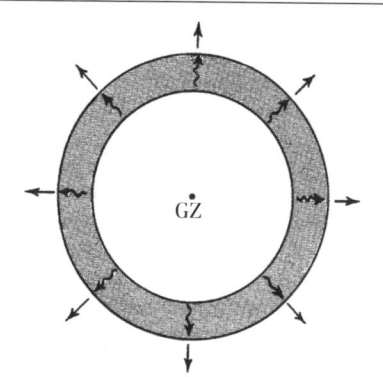

Abb. 21: Schematische Darstellung einer galaktischen Superwelle: Kosmische Teilchen- und Gammastrahlung breiten sich in Form einer Kugelschale vom galaktischen Zentrum her radial aus (aus LaViolette: „Earth Under Fire", Abb. 3.1).

los durchdringt, um danach weiter ins Universum vorzudringen (siehe Abb. 21).[4,5] Weniger starke Superwellen könnten häufiger auftreten, vielleicht alle 500 Jahre.

Astronomen wissen seit Mitte der 1960er Jahre, dass die supermassereichen Kerne von Galaxien regelmäßig in eine quasarartige Phase eintreten, während der sie sehr intensiv kosmische Teilchen- und Gammastrahlung emittieren. Als ich 1983 erstmals das Konzept der Superwelle zur Diskussion stellte, nahmen die Astronomen noch an, dass sich die Explosionen im Kern unserer Galaxis wesentlich seltener ereignen, und zwar nur etwa alle hundert Millionen Jahre. Sie glaubten auch, dass die vom Galaxiskern ausgestoßenen Teilchen nicht über eine Entfernung von wenigen hundert Lichtjahren hinauskämen; nur in manchen Fällen, wo eine größere Ausbreitung offensichtlich war, mutmaßten sie, dass die Partikel zu schmalen Strahlenbündeln konzentriert waren. Ich konnte mit Hilfe empirischer Beweise belegen, dass diese Annahmen falsch waren: Alles deutet darauf hin, dass die Ausbrüche wesentlich häufiger stattfinden und die dabei ausgestoßene kosmische Strahlung mit annähernd Lichtgeschwindigkeit die gesamte Galaxis durchquert. Mit Radioteleskopen durchgeführte Beobachtungen des galaktischen Zentrums haben dieses Modell einer weitreichenden radialen Ausbreitung erst vor Kurzem bestätigt – dabei wurde nämlich entdeckt, dass die aus dem galaktischen Kern kommende Synchrotronstrahlung vorwiegend *kreisförmig* polarisiert ist.[6] Kreisförmig polarisierte Synchrotronstrahlung wird jedoch nur dann erzeugt, wenn kosmische Strahlung

---

[4] LaViolette, P. A.: „Galactic explosions, cosmic dust invasions, and climatic change" (Ph.-D.-Dissertation, Portland State University, 1983); Neufassung auf CD-ROM: „Galactic Superwaves and Their Impact on the Earth" (2005)

[5] LaViolette, P. A.: „Cosmic-ray volleys from the Galactic center and their recent impact on the Earth environment" in *Earth, Moon, and Planets*, 1987, 37:241-86

[6] Bower, G. C., Falcke, H. und Backer, D. C.: „Circular polarization in Sagittarius A*": 195. Konferenz der American Astronomical Society, Jan. 2000

sich *mit annähernd Lichtgeschwindigkeit auf den Beobachter zubewegt*, auf einer spiralförmigen Flugbahn. Kommen aus dem galaktischen Kern also kreisförmig polarisierte Radiostrahlen-Emissionen, dann deutet das darauf hin, dass die kosmische Strahlung, die diese Emissionen erzeugt hat, sich radial vom galaktischen Zentrum her ausgebreitet hat.

Wenn so eine Superwelle durch die Galaxis fegt, hat das beträchtliche Auswirkungen auf die vielen Sonnensysteme, die sie durchquert. Normalerweise hält der von einem Stern kontinuierlich nach außen wehende Ionenwind die unmittelbare Umgebung des Sterns von interstellarer Materie frei. Wenn aber eine Superwelle durch das Sonnensystem zieht, die einen mehr oder weniger heftigen Hagel an kosmischer Strahlung mit sich bringt, und wenn dieses Ereignis viele Jahrhunderte lang dauert, dann werden Staub und Gase, die üblicherweise in Sonnennähe bleiben, abgedrängt und erhalten einen ausreichenden Impuls, um in die Planetenumgebung der Sonne einzudringen. Dringt dieses kosmische Material ins Innere des Systems ein und gerät in die Anziehungskraft des Sterns, so schlägt ein beträchtlicher Teil davon mit großer Wucht auf der Sonnenoberfläche ein. Die dabei freigesetzte Energie erhöht in Kombination mit der von der Sonne selbst erzeugten Energie die Leuchtkraft des Sterns. Auch der Staubnebel, der sich mittlerweile um den Stern gebildet hat, führt ihm Energie zu, indem er einen erheblichen Teil des abgestrahlten sichtbaren Lichts abfängt und einen Teil davon auf die Sonnenoberfläche reflektiert. Durch das Zusammenspiel dieser Wirkungen wird die Sonnenoberfläche mit Energie aufgeladen und zu heftigen Eruptionen angeregt. Und durch diese Sonneneruptionen wäre potentiell jeder Planet des Sonnensystems starker Strahlung ausgesetzt, die sich auf jede dort existierende Lebensform schädlich auswirkt.

Der kosmische Staub hat auch erhebliche Auswirkungen auf das Klima der betroffenen Planeten, da die Direktstrahlung von der Sonne abnimmt und stattdessen die Streu- und Rückstrahlung zunehmen. Durch diese indirekte Strahlungskomponente erwärmt sich ein Planet relativ gleichmäßig, als befände er sich in einem Treibhaus. Die Folgen dieser Erwärmung zeigen sich in den Polargebieten am stärksten, weil diese im Normalfall durch den Lichteinfall in einem flachen Winkel weniger Direktstrahlung erhalten. Demnach wird es in den Polarregionen in einem solchen Fall wärmer als sonst.

Da der Staub aber auch einen Teil des Sonnenlichts absorbiert und als Infrarotstrahlung wieder abgibt, wird das Sternspektrum röter, wodurch sich wiederum die Energiemenge ändert, die durch die Atmosphäre eines

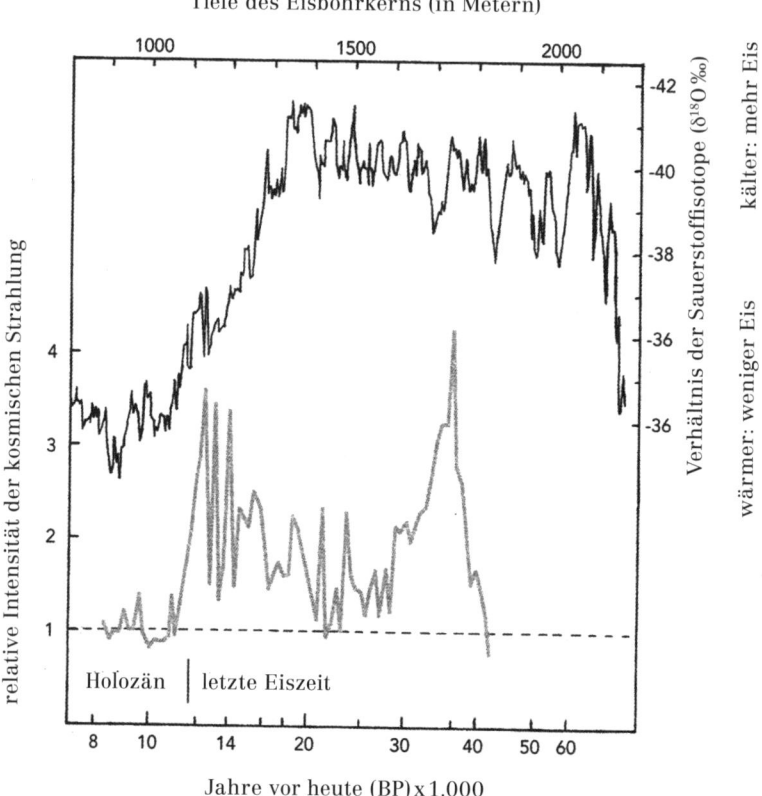

Abb. 22: Untere Kurve: die auf unser Sonnensystem einwirkende kosmische Strahlungsintensität (0–40.000 BP), normalisiert auf heutige Werte [basierend auf den Daten über die ^{10}Be-Konzentration aus dem Eisbohrkern der Byrd-Station, von Beer et al. („Nuc. Instrum. Meth. Phys. Res.", S. 204 und „The Last Deglaciation", S. 145), korrigiert im Hinblick auf unterschiedliche Eisablagerungsrate und Abschirmung durch den Sonnenwind]. Obere Kurve: Verhältnis der Sauerstoffisotope im Eisbohrkern, das Umgebungstemperatur und Dicke der gebildeten Eisschicht anzeigt (mit freundlicher Genehmigung von W. Dansgaard).

Planeten bis zu seiner Oberfläche dringt. Zusammen mit dem gesteigerten Strahlungsausstoß des Sterns könnte das entweder zu einer globalen Erwärmung oder zu einer globalen Abkühlung führen – das hängt von der Größenordnung der diversen Strahlungsvorgänge und den Absorptionseigenschaften der jeweiligen planetaren Atmosphäre ab. Berechnungen für unseren Planeten zeigen, dass die klimatischen Auswirkungen eines solchen Ereignisses beträchtlich wären und entweder eine Eiszeit oder das Ende einer Eiszeit hervorrufen könnten, abhängig von der Situation.[7]

Astronomische und geologische Zeugnisse weisen darauf hin, dass die bisher letzte große Superwelle unser Sonnensystem etwa gegen Ende der letzten Eiszeit durchquert haben muss.[8] Unterstützt wird diese Annahme durch Eisbohrkerne, die im antarktischen Forschungszentrum Byrd-Station zutage gefördert wurden. Die Daten aus den Bohrkernen lassen erkennen, dass die Intensität der auf die Erdatmosphäre auftreffenden galaktischen kosmischen Strahlung um 16.000 BP (Before Present – also „vor heute"; diese Datierung bezieht sich auf Altersangaben, die vom Jahr 1950 zurückgerechnet werden) auf ein gemäßigtes Niveau angestiegen ist. Einen Spitzenwert erreichte die Strahlung um 14.100±200 Jahre BP, dann wieder um 13.250±200 Jahre BP, um schließlich gegen 12.650±200 Jahre BP einen dritten Höhepunkt zu erleben; illustriert wird das in Abbildung 22 durch die untere Kurve.[9] Die letzte der drei Phasen war mit einer Dauer von etwa 1.500 Jahren die längste; die drei Spitzenwerte umfassen eine Zeitdauer von etwa 3.000 Jahren. Dieser Zeitraum erhöhter kosmischer Strahlungsintensität stimmt mit der Klimaerwärmungstendenz überein, die schließlich zum Ende der Eiszeit führte (siehe Isotopenkurve in Abb. 22 oben). Das Diagramm stellt die kosmische Strahlungsintensität – normalisiert auf heutige Werte – grafisch dar und beruht auf Messungen der Konzentration des radioaktiven Berylliumisotops ^{10}Be in Polareis.[10]

---

7   LaViolette: „Galactic explosions ...", Kap. 3

8   Ebd., Kap. 4 & 5

9   LaViolette: „Earth Under Fire", Kap. 3 & 10

10 ^{10}Be ist ein Isotop mit moderater Halbwertszeit, das beim Zusammenprall hochenergetischer kosmischer Teilchenstrahlung mit dem Stickstoff in der Atmosphäre entsteht. Ermittelt man nun die Menge des in der Atmosphäre erzeugten und anschließend auf der Erdoberfläche abgelagerten ^{10}Be, so kann man daraus auf die Intensität der auf die Erde auftreffenden galaktischen kosmischen Strahlung rückschließen. Durch die Schätzung der Sonneneruptionsaktivität in der Vergangenheit lässt sich zudem ermitteln, in welchem Maße der Sonnenwind das Eindringen galaktischer kosmischer Strahlung behindert hat; das ermöglicht wiederum Schlussfolgerungen über die ungeschwächte Intensität, mit der das einfallende Trommelfeuer aus kosmischer Strahlung auf unser Sonnensystem einwirkte.

Andere Belege, die in den Eisbohrkernen der Byrd-Station gefunden wurden, deuten darauf hin, dass unmittelbar vor dem Ende der letzten Eiszeit eine hohe Säurekonzentration in der Erdatmosphäre herrschte – höher als während jedes anderen Zeitraums der vergangenen 50.000 Jahre.[11] Diese Periode nennt man auch „Main Event" [Hauptereignis, Anm. d. Übers.]. Die Zufuhr von Salzsäure und Fluorwasserstoffsäure begann um 15.830 BP und dauerte bis etwa 15.735 BP; innerhalb dieses Jahrhunderts stieg und fiel die Säurekonzentration in regelmäßigen Abständen. 2005 legte ich dar, dass die Abstände zwischen den Säure-Spitzenwerten ungefähr dem elf Jahre dauernden Sonnenfleckenzyklus entsprechen, was darauf hindeutet, dass diese Säuren und die damit einhergehende Staubentwicklung einen kosmischen Ursprung gehabt haben müssen.[12] Satellitenbeobachtungen haben erwiesen, dass der Sonnenfleckenzyklus einen drastischen Einfluss darauf hat, welche Menge an interstellarer Materie derzeit ins innere Sonnensystem eindringen kann. Ich habe die These aufgestellt, dass genau das auch während dieses Eiszeit-Ereignisses der Fall gewesen sein muss – mit dem Unterschied, dass der Materiezustrom damals um ein Vielfaches stärker war als gegenwärtig. Anhand der im antarktischen Eis gemessenen Säurekonzentrationen konnte ich eine Schätzung über die Konzentration interstellarer Materie anstellen, die zum Zeitpunkt der Ablagerung dieser Stoffe in unserem Sonnensystem geherrscht haben muss. Daraus folgerte ich, dass die Staubwolke dicht genug war, um 18 Prozent der Direktstrahlung der Sonne zu absorbieren und als Infrarotstrahlung wieder abzugeben. Die Ergebnisse der Bohrkernuntersuchungen zeigten, dass dadurch das Klima signifikant beeinträchtigt worden war – was meine Modellschätzungen, die ich mehr als 20 Jahre zuvor erstellt hatte, faktisch bestätigte. Während des Ereignisses fielen die globalen Temperaturen anfangs um etwa ein Grad Celsius, erhöhten sich dann über einen Zeitraum von mehreren tausend Jahren jedoch schrittweise, bis sie zwischeneiszeitliches Niveau erreichten.[13] Diese langfristige Erwärmung war auf die Aufwärmwirkung durch den interplanetaren Treibhauseffekt ebenso zurückzuführen wie auf das Röterwerden des Sonnenspektrums.

---

11   Hammer, C.U.; Clausen, H.B. und Langway Jr., C.C.: „50.000 years of recorded global volcanism" in *Climatic Change*, 1997, 35:1-15

12   La Violette, P.A.: „Solar cycle variations in ice acidity at the end of the last ice age: Possible marker of a climatically significant interstellar dust incursion" in *Planetary & Space Science*, 2005, 53(4):385-93; als PDF unter: www.arxiv.org/abs/physics/0502019

13   La Violette, P.A.: „Evidence for a global warming at the Termination I boundary and its possible extraterrestrial cause", 2005; als PDF unter: www.arxiv.org/abs/physics/0503158

Die Leuchtkraft der Sonnenphotosphäre wurde durch den eindringenden kosmischen Staub und die damit zusammenhängende Erhöhung der Sonneneruptionsfrequenz gesteigert und trug wahrscheinlich ebenfalls zu dieser globalen Erwärmung bei. Tatsächlich ergab die Analyse von Mondgestein, dass die Periode am Ende der letzten Eiszeit, also zwischen 16.000 und 10.000 BP, sich durch intensive Sonneneruptionsaktivität auszeichnete.[14,15,16] Geologische Daten deuten darauf hin, dass sich die Erwärmung des eiszeitlichen Klimas der Erde vor etwa 14.700 Jahren drastisch beschleunigte und die Temperaturen in höhergelegenen Regionen für fast 2.000 Jahre annähernd die heutigen Werte erreichten.[17] Damit ging eine Phase des rapiden Abschmelzens des Eisschilds und der Überflutung weiter Landstriche einher. Es gibt keinen irdischen Vorgang, der eine so rasante Erwärmung des gesamten Planeten erklären könnte. Eine erhöhte Sonnenaktivität und ein mit Staub „verschmutzter" interplanetarer Raum würden jedoch voraussichtlich eine solche Klimaveränderung herbeiführen.

Der in Sedimenten aus der Eiszeit entdeckte Anstieg des bei der Radiokohlenstoffdatierung gemessenen ^{14}C-Niveaus zeigt, dass die Sonnenaktivität vor etwa 12.750 Jahren einen Höchstwert erreicht hat,[18] zu einer Zeit also, die mit dem schlimmsten Massenaussterben von Tierarten seit Millionen Jahren zusammenfällt.[19] In Kombination mit den Daten aus dem Mondgestein weist das darauf hin, dass Erde und Mond damals von einem äußerst starken koronalen Massenauswurf der Sonne eingehüllt waren, durch den die Erdoberfläche einer tödlichen Strahlenbelastung ausgesetzt wurde. Diese lange andauernde Katastrophe könnte der Ursprung vieler Mythen und Legenden sein, in denen Himmelsphänomene beschrieben werden – wie zum Beispiel der heftige Ausbruch einer zuvor verdunkelten Sonne, der die Erde versengte und Sintfluten auslöste, die weite Landstriche überschwemmten. In den alten Erzählungen waren es diese Ereignisse, die die menschliche Rasse beinahe ausgelöscht hätten.

---

14 Zook, H. A.; Hartung, J. B. und Storzer, D.: „Solar flare activity: Evidence for larce-scale changes in the past" in *Icarus*, 1977, 32:106-26

15 Gold, T.: „Apollo II observations of a remarkable glazing phenomenon on the lunar surface" in *Science*, 1969, 165:1345-9

16 Boeckl, B. S.: „A depth profile of ^{14}C in the lunar rock 12002" in *Earth and Planetary Science Letters*, 1972, 16:269-72

17 LaViolette: „Evidence for a global warming ..."

18 Hughen, K. A. et al.: „Deglacial changes in ocean circulation from an extended radiocarbon calibration" in *Nature*, 1998, 391:65-8

19 LaViolette: „Earth Under Fire", Kap. 7

Interessanterweise wurde in den irdischen Überlieferungen über die Sternbilder der Zeitpunkt dieses „Main Event" – der massive Einfall kosmischen Staubes – vorhergesagt. In meinem Buch „Genesis of the Cosmos" (1995) gab ich die Entdeckung dieses in den Tierkreismythen enthaltenen Datums erstmals bekannt; 1997 ging ich dann in „Earth Under Fire" näher darauf ein.[20,21] Zu jener Zeit war ich noch etwas verwirrt über die Tatsache, dass die Tierkreisüberlieferungen auf ein Datum hinwiesen, das vor dem Zeitpunkt lag, an dem sich der Großteil der betreffenden Ereignisse abspielen sollte. Die größte Klimaerwärmung, die Überflutungen und das Massenaussterben ereigneten sich nämlich erst ein- bis dreitausend Jahre nach diesem Datum, und ich wusste auch von keinen ungewöhnlichen Forschungsergebnissen, die mit diesem Datum zu tun hatten – abgesehen davon, dass um diese Zeit der langfristige Trend zur Klimaerwärmung begonnen hatte. 1997 veröffentlichten Hammer, Clausen und Langway ihre Studie über die erhöhte Säurekonzentration während des „Main Event" – und ich erfuhr erst im Jahr 2000 davon. In den darauffolgenden Jahren entdeckte ich dank der typischen Abweichungen durch den Sonnenfleckenzyklus den kosmischen Ursprung dieses Ereignisses. Diese Erkenntnis ist ein gutes Beispiel dafür, wie die Wissenschaft solche in alten Mythen verborgenen geologischen Informationen, die unbewusst von Generation zu Generation tradiert wurden, oft erst viel später verifizieren kann.

Die Kurve in Abbildung 23 stellt Daten aus dem Eisbohrkern der antarktischen Wostok-Station dar und liefert einen Langzeitüberblick zur relativen Intensität der kosmischen Strahlung, die unser Sonnensystem getroffen hat.[22] Wie in Abbildung 22 wurde die hier dargestellte Strahlungintensität aus Messungen der ^{10}Be-Ablagerungsrate und Schätzungen der Sonneneruptionsaktivität berechnet. Die Daten lassen erkennen, dass es während der letzten Eiszeit – die von 110.000 bis 11.550 BP dauerte – mehrere Male zu größeren Einwirkungen galaktischer kosmischer Strahlung gekommen sein muss. Am Ende der vorangegangenen Eiszeit, etwa um 132.000 BP, zeigt sich ein weiterer Spitzenwert. Die Höchststände um 14.150±200 Jahre BP und um 12.600±200 Jahre BP werden allgemein als letzte der großen kosmischen Strahlungsereignisse betrachtet; wobei es auch noch ein sehr

---

20 LaViolette, P.A.: „Genesis of the Cosmos: The Ancient Science of Continuous Creation" (Rochester, Vt.: Bear & Co., 2004)

21 LaViolette: „Earth Under Fire", Kap. 2

22 LaViolette: „Evidence for a global warming ..."

kurzes, weniger starkes Ereignis vor 5.350 Jahren gegeben haben könnte (siehe Abb. 23).

Der um 37.000 BP festgestellte Spitzenwert hat einige Aufmerksamkeit geweckt, da er sich in mehreren Eisbohrkernen zeigt. Das ist besonders

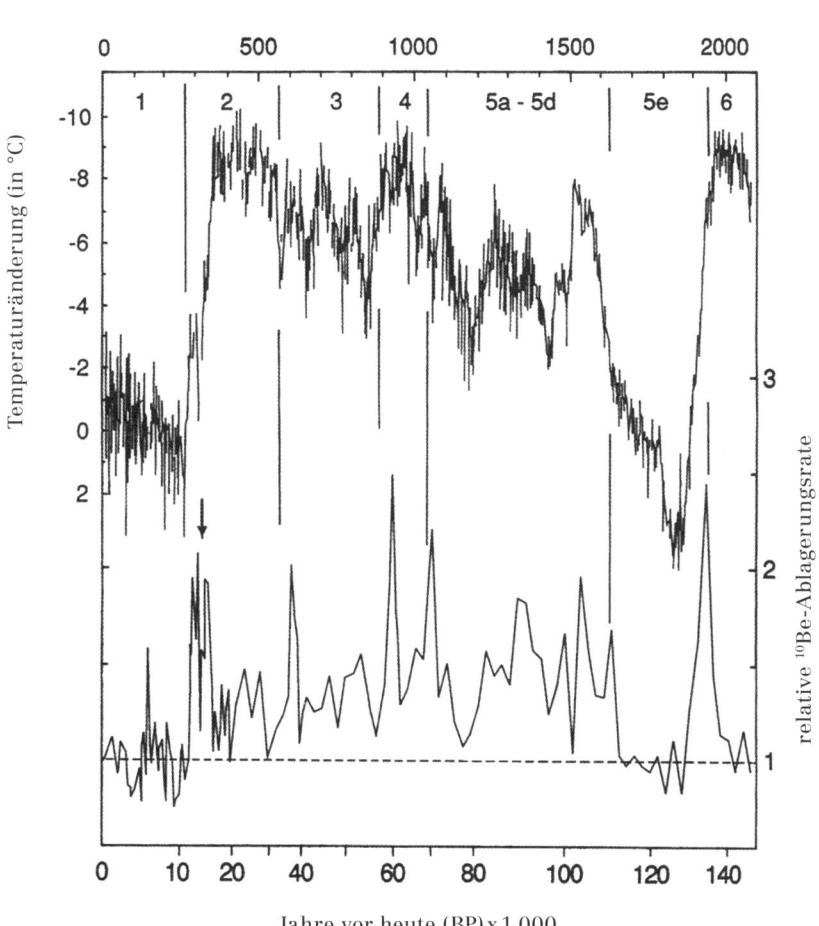

Abb. 23: Untere Kurve: die auf unser Sonnensystem einwirkende kosmische Strahlungsintensität (0–145.000 BP), normalisiert auf heutige Werte [basierend auf den Daten über die ^{10}Be-Konzentration aus dem Eisbohrkern der Wostok-Station, von Raisbeck et al. („The Last Deglaciation", S. 130), korrigiert im Hinblick auf unterschiedliche Eisablagerungsrate und Abschirmung durch den Sonnenwind]. Obere Kurve: Umgebungslufttemperatur, angezeigt durch den Deuteriumgehalt des Eisbohrkerns (aus Jouzel, Nature, S. 403).

interessant, weil dieser kosmische Strahlungssturm mit dem Aussterben des Neandertalers zusammenfällt. Die Wissenschaftsgemeinde ist sich mittlerweile einig, dass dieser Spitzenwert tatsächlich eine Periode intensiverer kosmischer Strahlung darstellt. Die aus Eisbohrkernen gewonnenen Daten weisen jedoch noch einige andere Höchstwerte auf. Zu deren Erklärung könnten galaktische Superwellen dienen, da sie sich oft genug ereignen – im Gegensatz zu den äußerst seltenen Supernova-Explosionen in der Nähe unseres Sonnensystems. Insbesondere der Durchgang einer Superwelle im Zeitraum zwischen 15.000 und 11.000 BP kann durch unabhängige astronomische Daten bestätigt werden.[23,24]

Die Spitzenwerte an kosmischer Strahlung, die gegen Ende der letzten Eiszeit erreicht wurden, lassen sich aus den Eisbohrkern-Rohdaten zur ^{10}Be-Konzentration aber nicht so ohne Weiteres erkennen. Daher sind sie den Eisbohrkernforschern bisher auch entgangen und haben in der wissenschaftlichen Literatur keine Erwähnung gefunden. Sie werden erst dann offenkundig, wenn man die Rohdaten so korrigiert, dass sie der unterschiedlich starken Eisablagerung in der Vergangenheit sowie dem Ausmaß der Abschirmung durch den Sonnenwind Rechnung tragen.[25] Das heißt: Eine Zunahme der jährlichen Schneefallmenge erhöht die Menge des abgelagerten Eises und führt somit zu einer relativen Verminderung der ^{10}Be-Konzentration; eine höhere Abschirmung durch den Sonnenwind bedeutet eine

---

23 LaViolette: „Galactic explosions ...", Kap. 4 & 5
24 LaViolette: „Earth Under Fire", Kap. 3 & 10
25 Bei der Erstellung dieses Diagramms wurden die Datenwerte, die die Intensität der auf die Erde auftreffenden galaktischen kosmischen Strahlung anzeigen, für den Zeitraum 15.000 bis 10.000 BP erheblich nach oben korrigiert, um die auf unser Sonnensystem einwirkende kosmische Strahlungsintensität genau darstellen zu können. Diese Berichtigung nach oben war notwendig, da mit Hilfe der Radiokohlenstoffdatierung gewonnene Daten zeigen, dass die Sonnenwindaktivität während dieser 5.000 Jahre zumindest um eine Größenordnung stärker war – was wiederum bedeutet, dass der durch den Sonnenwind erzeugte Abschirmungseffekt gegen die eintreffende galaktische Strahlung erheblich größer gewesen sein muss. Für frühere Spitzenwerte der kosmischen Strahlung wurden solche Korrekturen nicht vorgenommen, da für so weit zurückliegende Zeiten nur unzureichende Daten über die Sonnenaktivität vorliegen. Durch die Verwendung eines sehr detaillierten Eisbohrkern-Klimaprofils für die Jahre 20.000 BP bis zur Gegenwart war es möglich, am Wostok-Eisbohrkern genaue Datierungen vorzunehmen – mittels Korrelation mit dem gut ausgewerteten Datierungsprofil des Eisbohrkerns von Summit in Grönland. Dadurch konnten dann die Eisablagerungsrate und die ^{10}Be-Konzentration genau bestimmt werden. Einzelheiten zur wissenschaftlichen Herleitung der Diagramme in den Abbildungen 22 und 23 finden sich in meinen Publikationen „Galactic Superwaves and Their Impact on the Earth" und „Evidence for a global warming at the Termination I boundary and its possible extraterrestrial cause".

stärkere Ablenkung der galaktischen kosmischen Strahlung von unserem Sonnensystem und führt ebenfalls zu einer niedrigeren ^{10}Be-Konzentration.

Die Forschung hat bis dato einen beachtlichen Schatz an Wissen über Explosionen im galaktischen Kern gesammelt, allerdings in weit entfernten Galaxien. Es gibt auch anerkannte Hinweise darauf, dass sich solche Ausbrüche im Zentrum unserer Galaxis ereignet haben – doch das Phänomen der Superwelle ist nach wie vor nur schwer fassbar. Die Ruheperioden zwischen den Explosionen dauern so lange an, dass jedes Wissen über frühere Ereignisse längst verloren gegangen ist und bestenfalls in Form vereinzelter Mythen über ihre Auswirkungen auf die Erde überlebt hat. Der Elektronensturm der kosmischen Strahlung hinterlässt nach seiner Durchreise kaum nachweisbare Spuren in der Galaxis. Die Elektronen selbst sind unsichtbar und können nur durch ihre Synchrotronstrahlung nachgewiesen werden. Da diese Strahlung aber vom galaktischen Zentrum weg gerichtet ist, lässt sie sich nur mehr schwer messen, sobald die Superwelle einmal den Beobachter passiert hat. Dazu kommt, dass darauffolgende Superwellen praktisch ohne Vorankündigung eintreffen werden, weil sie sich mit Lichtgeschwindigkeit durch die Galaxis bewegen. Scheinbar haben einige uralte Zivilisationen aber irgendwann beschlossen, diese Spanne zu überbrücken und uns eine Botschaft in einer Zeitkapsel zu senden, um künftige Generationen vor dem Phänomen zu warnen. Und hätten wir diese Überlieferungen über die Sternbilder nicht, so wüssten wir heute tatsächlich nichts über den bisher letzten Ansturm der Superwelle.

Bezieht sich das Pulsar-Netzwerk vielleicht auch auf das Phänomen der galaktischen kosmischen Strahlung? Wie der Code in den alten irdischen Überlieferungen über die Sternbilder zeigen auch die in unsere Richtung abgestrahlten Pulsarsignale deutlich den nördlichen 1-Radiant-Bezugspunkt der Galaxis, wie er von unserer Position aus erkennbar ist. Damit teilen die extraterrestrischen Zivilisationen uns nicht nur mit, dass sie Kenntnis vom geometrischen 1-Radiant-Konzept haben, sondern auch, dass sie die Position des galaktischen Zentrums kennen und wissen, dass dort stattfindende Ereignisse sich auf unser Sonnensystem auswirken.

Dass die letzte galaktische Superwelle ein interstellares Gesprächsthema ist, verwundert nicht. Schließlich treffen die Folgen eines Superwellendurchgangs alle Welten einer Galaxis. Es ergibt durchaus Sinn, dass eine fremde Zivilisation ein solches Phänomen, das wir und andere Zivilisationen in derselben Richtung vom galaktischen Kern ähnlich erlebt haben, zum Inhalt ihrer interstellaren Kommunikation macht. So wie ein Vulkanausbruch oder ein schweres Erdbeben ausführlich in den Abendnachrichten behandelt werden, wäre die aktuelle Superwelle wahrscheinlich auch ein Hauptgesprächsthema für interstellare ETI-Übermittlungen.

Natürlich gibt es auch uneigennützige Motive für eine solche interstellare Konversation über Superwellen. Hochentwickelte Zivilisationen innerhalb der Galaxis könnten zum Beispiel andere warnen wollen, die über das frühere Auftreten dieses Phänomens nicht so gut Bescheid wissen. Sie könnten aber innerhalb ihres galaktischen Netzwerks auch Informationen über die Ankunft der nächsten Superwelle austauschen, vielleicht sogar mittels überlichtschneller Signale. Oder sie könnten anderen Zivilisationen Mittel und Wege erläutern, sich vor dem Anrollen einer Superwelle zu schützen – etwa, indem man Methoden entwickelt, die Flugbahnen näherkommender kosmischer Strahlen abzulenken.

Angesichts der Tatsache, dass die Himmelspositionen mehrerer einzigartiger Pulsar-Leuchtfeuer so nahe am bedeutenden Konstellationsstern Gamma Sagittae liegen, könnte man spekulieren, dass sowohl das Sternbild Pfeil als auch die Tierkreisüberlieferungen mit der in ihnen verschlüsselten Zeitkapsel extraterrestrischen Ursprungs sind. Dieser „Prä-Astronautik"-These zufolge haben hochentwickelte Wesen aus einem nahen Sonnensystem, die innerhalb des Pulsar-Netzwerks aktiv kommunizierten, unseren Planeten kurz nach dem verheerenden Durchgang der letzten großen Welle besucht. Es ist denkbar, dass sie für die Überlebenden auf der Erde jene Sternbild-Überlieferungen entwickelt haben, die künftige Generationen über die Superwelle und die durch sie verursachte Katastrophe informieren sollten. Und das könnten sie so eingerichtet haben, dass die Botschaft in der Zeitkapsel und die Botschaft aus dem galaktischen Pulsar-Netzwerk Querverweise aufeinander enthalten.

Tatsächlich gibt es Hinweise darauf, dass der Schöpfer der Tierkreismythen *eine äußerst hochentwickelte Wissenschaft* besessen haben muss. Bedenken wir folgende Beispiele: Der Pfeil des Schützen zielt genau auf das Herz des Skorpions. Das Sternbild Pfeil (Sagitta) gibt ziemlich genau den nördlichen 1-Radiant-Bezugspunkt der Galaxis an. Und das Kreuz des Südens markiert präzise den südlichen 1-Radiant-Bezugspunkt. Aus all dem können wir schließen, dass der unbekannte Schöpfer dieser Sternbildsystematik die Position des galaktischen Zentrums bis auf wenige Zehntel-Bogengrad genau kannte. Der modernen Wissenschaft ist es erst in den vergangenen Jahrzehnten gelungen, diese Genauigkeit mit Hilfe großer Radioteleskope zu übertreffen. Zudem stellt der Tierkreis symbolisch einen Temperaturgradienten im All dar, der sich stufenweise von einem Hitzepol in

Richtung des Sternbilds Löwe zu einem Kältepol in Richtung Wassermann erstreckt. Dies wurde erst vor Kurzem von zeitgenössischen Forschern bestätigt, als sie eine ähnliche dipolare Temperatur-Anisotropie [= Richtungsabhängigkeit; Anm. d. Übers.] in der kosmischen Drei-Kelvin-Strahlung – also der Hintergrundstrahlung – entdeckten.[26] Zu dieser Entdeckung gelangten sie mit Hilfe von Stratosphärenflügen, ausgeklügelter Elektronik und auf niedrigste Temperaturen gekühlten Mikrowellen-Messgeräten.

Dazu kommt, dass auch bei der Gestaltung des Sternbilds Jungfrau und der Mythen, die sich darum ranken, hochentwickelte Wissenschaft eine Rolle gespielt haben muss. Der Legende nach sät die Jungfrau Sterne im Universum aus. Das eigentliche Sternbild zeigt, wie sie mit der rechten Hand auf das Zentrum des Virgo-Superhaufens weist, während sie mit der Linken Sterne entlang des Superhaufen-Äquators ausstreut.[27] Der Virgo-Superhaufen ist die größte Ansammlung von Galaxien in unserem Teil des Universums; an seinem Rand liegt auch der Galaxienhaufen, in dem sich unsere Milchstraße befindet. Um die besonderen Eigenschaften dieser Position zu erkennen, hätte eine frühe irdische Zivilisation über ein optisches Teleskop mit einer Apertur von mindestens 15 cm Durchmesser verfügen müssen; nur damit hätte sie eine Auflösung erzielt, die diese fernen Galaxien sichtbar macht. Außerdem hätte ihre Wissenschaft weit entwickelt genug sein müssen, um die kosmologische Rotverschiebung der Spektrallinien zu verstehen; nur dann hätte besagte Zivilisation auch begriffen, dass sie keine lokalen Gaswolken, sondern weit entfernte Galaxien vor sich hatte.

In alten Schriften ist immer wieder von technisch unbegreiflichen Luftfahrzeugen und Kontakten mit außerirdischen Wesen die Rede.[28,29] Wenn wir akzeptieren, dass es solche Kontakte gegeben hat, dann ist auch die Idee von einer direkten Verknüpfung der irdischen Sternbild-Überlieferungen mit der symbolischen Botschaft, die über ein Netz interstellarer Kommunikations-Leuchtfeuer zu uns gelangt, gar nicht so weit hergeholt.

---

26 LaViolette: „Earth Under Fire", Kap. 1
27 LaViolette: „Genesis of the Cosmos", Kap. 9
28 Thompson, R. L.: „Alien Identities: Ancient Insights into Modern UFO Phenomena" (San Diego, Kalifornien: Govardhan Hill Publishing, 1993)
29 Plutarch: „Lucullus" in „Plutarch's Lives", Vol. 2, übers. von B. Perrin (Cambridge, Mass.: Harvard University Press, 1968), S. 495-7

5.
Superwellen-Warnleuchten

Die Supernovaüberreste Krebsnebel und Bleistiftnebel

Es gibt aber auch einen Teil der Pulsar-Botschaft, der sich noch ausdrücklicher auf den Ansturm galaktischer kosmischer Strahlung bezieht, der die Erde am Ende der letzten Eiszeit passierte. Er wird uns durch den Pulsar im Krebsnebel und den Vela-Pulsar übermittelt – zwei äußerst ungewöhnliche Pulsare, die nicht in der Nähe der 1-Radiant-Markierungspunkte liegen. Von den meisten anderen Pulsaren unterscheiden sie sich deutlich, weil sie mit Supernovaüberresten einhergehen. Und diese Verbindung zu Supernovae ist, wie wir noch erfahren werden, ausschlaggebend für die Entschlüsselung ihrer Botschaft über die Superwellen.

Der Pulsar im Krebsnebel (PSR 0531+21) steht in Verbindung mit dem Supernovaüberrest, der als Krebsnebel bekannt ist (siehe Abb. 24). Der Krebsnebel liegt in der Nähe des äußeren Rands der Milchstraße im Sternbild Stier (Taurus). Unser Sonnensystem ist etwa 23.000 Lichtjahre vom galaktischen Zentrum entfernt; der Krebsnebel liegt noch 6.585 Lichtjahre weiter außerhalb; der Radius der Galaxis beträgt ungefähr 35.000 Lichtjahre. Chinesische Astronomen beobachteten die Supernova 1054 (Krebsnebel-Supernova) im Jahr 1054 n. Chr. Es handelt sich also um eine der wenigen hell leuchtenden Supernovae im vergangenen Jahrtausend.

Der Vela-Pulsar (PSR 0833-45) liegt auf Sichtlinie mit dem Vela-Supernovaüberrest, der auch als Bleistiftnebel bekannt ist (siehe Abb. 25) und sich etwa 815±100 Lichtjahre von der Erde entfernt im Sternbild Vela (Segel des Schiffs) befindet. Wann diese Supernova explodiert ist, weiß man nicht so genau wie im Falle der Krebsnebel-Supernova, da das Ereignis sehr viel früher stattgefunden hat. Astronomen schätzen das Alter des Überrests jedoch auf etwa 10.000 bis 12.000 Jahre.[1] In den sumerischen Sternbildmythen ist von einem „großen Stern" (d. h. einer Supernova) die Rede, der einst in der Konstellation Vela auftauchte.[2] Bei den Sumerern stand dieses Sternbild für den Wassergott Ea, der auch als Gott der Weisheit gilt und den Menschen die Zivilisation brachte. In ihren Legenden über die Sintflut war Ea aber auch jener Gott, der Ziusudra (Noah) vor einer großen Flut warnte, die die Welt überschwemmen würde. Geologischen Forschungen zufolge gab es am Ende der letzten Eiszeit mehrere Perioden, in denen die Eisdecke

---

1   Tucker, W. H.: „Supernova in the sail" in *Star and Sky*, 1980, 2(1):36
2   Michanowsky, G.: „The Once and Future Star" (New York: Barnes & Noble, 1979)

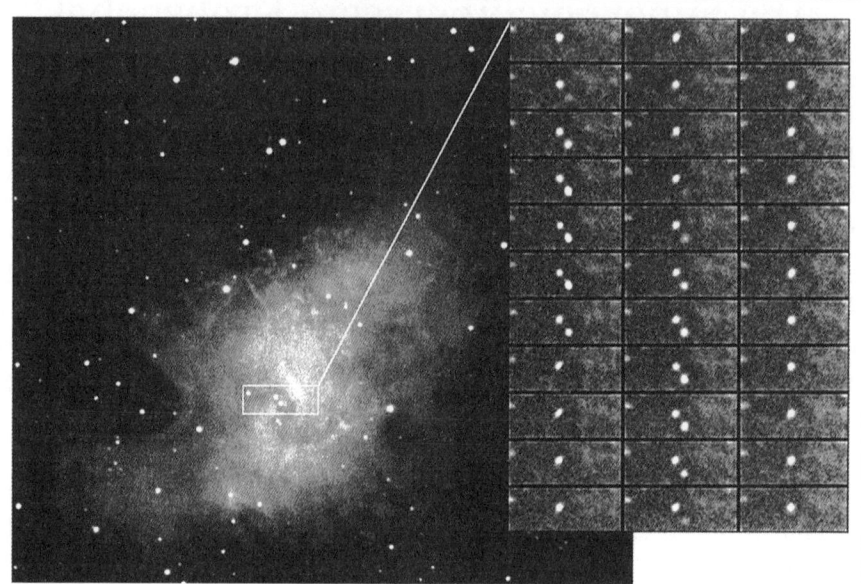

Abb. 24: Bild des Krebsnebels. Die Zeitreihe im vergrößerten Bildausschnitt zeigt die optischen Pulse des Krebsnebel-Pulsars im Laufe eines Zyklus. Jedes der 33 dargestellten Zeitintervalle dauerte etwa eine Millisekunde. Der hellere Hauptpuls des Pulsars ist in der ersten Spalte zu sehen, der schwächere, ausgedehntere Zwischenpuls in der zweiten. Aufnahme vom Kitt Peak National Observatory (mit freundlicher Genehmigung von N. Sharp, AURA, NOAO und NSF; Sharp: P. A. S. P., Abb. 9).

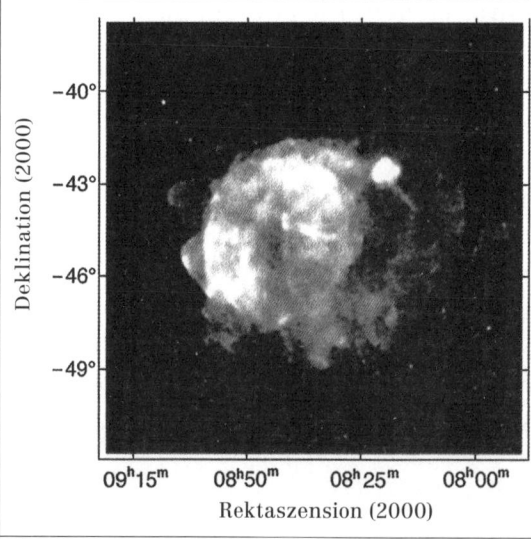

Abb. 25: Röntgendarstellung des Vela-Supernovaüberrests, aufgenommen vom ROSAT-Röntgensatelliten (mit freundlicher Genehmigung von B. Aschenbach, ROSAT und Nature).

sehr schnell schmolz und weite Landstriche überschwemmte. Die bedeutendste dieser Überschwemmungen ereignete sich um 10750±100 v. Chr. und fiel mit dem letzten großen Massenaussterben am Ende des Pleistozäns zusammen. Die Erforschung tierischer Überreste hat ergeben, dass diese Katastrophe wirklich mit verheerenden Überflutungen auf der ganzen Welt einhergegangen ist.[3] Wenn es sich dabei um die Sintflut aus den sumerischen Überlieferungen handelt, dann kann man auch die Zeit von Ea und der mit ihm in Zusammenhang stehenden Vela-Supernova auf etwa 10750 v. Chr. datieren – und das entspricht auch halbwegs dem allgemein geschätzten Alter des Supernovaüberrests. Da die Vela-Supernova in relativ geringer Entfernung zu unserem Sonnensystem explodierte, wäre sie sehr hell gewesen und hätte wahrscheinlich großen Eindruck auf Kulturen der Eiszeit gemacht.

Pulsare entstehen nicht durch Supernova-Explosionen

Die meisten anerkannten astronomischen Theorien gehen davon aus, dass es sich bei Pulsaren um rotierende Neutronensterne handelt, die durch die gigantischen Druckverhältnisse bei Supernova-Explosionen entstanden sind. Die überwiegende Mehrheit (97 Prozent) der mehr als 1.533 bekannten Radiopulsare weist jedoch keinerlei Verbindung zu Supernovaüberresten auf. Das liegt nach Meinung vieler Forscher daran, dass die sich ausdehnenden Überreste sich aufgrund des hohen Alters der Pulsare längst zerstreut haben. Träfe die Neutronensterntheorie aber zu, dann hätte man innerhalb der 231 bekannten Supernovaüberreste ebenfalls Neutronensterne entdecken müssen – und selbst wenn deren Synchrotronstrahlen nicht in unsere Richtung wiesen, hätten sie aufgrund der in alle Himmelsrichtungen gehenden Röntgenstrahlung ihrer heißen Oberflächen nachgewiesen werden müssen. Trotz alledem wurden bislang *nur 50 Supernovaüberreste* entdeckt, die mit Pulsaren zu tun haben. Bei den anderen konnten durch Beobachtungen mit Röntgenteleskopen kaum Beweise für kompakte Röntgenquellen entdeckt werden. Es bleibt daher bei 50 von 231 Überresten.

---

3   LaViolette, P. A.: „Earth Under Fire: Humanity's Survival of the Ice Age" (Rochester, Vt.: Bear & Co., 2005), Kap. 7

Der Mangel an Pulsarnachweisen unter den beobachtbaren Überresten wirkt auch auf Pulsar-Astronomen befremdlich. Joseph Taylor und Dan Stinebring schrieben zum Beispiel in ihrem 1986 erschienenen Überblicksartikel:

> Warum wurden nur in drei der etwa 150 bekannten Supernovaüberreste Pulsare entdeckt? Obwohl Pulsare eine Geschwindigkeit von einigen hundert Kilometern pro Sekunde haben, sind sie damit doch um einiges langsamer als der Auswurf von Supernovae, der üblicherweise mit einigen tausend Sekundenkilometern unterwegs ist. Daher sollte ein Pulsar, der bei der Explosion einer Supernova geschaffen wurde, sich deutlich innerhalb der Überreste befinden, solange diese sichtbar sind, und relativ leicht zu entdecken sein. Dennoch waren die bisherigen Bestrebungen, solche Pulsare zu finden, nicht von besonderem Erfolg gekrönt.[4]

Bei den Pulsaren, die innerhalb eines Supernovaüberrests entdeckt wurden, stellt sich immer noch die Frage, ob sie wirklich bei der Explosion der betreffenden Supernova entstanden sind. Man nehme nur den Vela-Pulsar: Mit seiner Position von $\ell = 263{,}55°$, $b = -2{,}79°$ liegt er in einem Winkel von nur etwa 1,3° vom Explosionszentrum der Vela-Supernovaüberreste mit den Koordinaten $\ell = 263{,}9 \pm 0{,}2°$ und $b = -1{,}8 \pm 0{,}2°$ (siehe Abb. 26). Da der Überrest am Himmel einen Gesamtwinkel von fünf Grad einschließt, liegt der Pulsar scheinbar innerhalb seiner Grenzen. Allerdings ist er laut Schätzungen

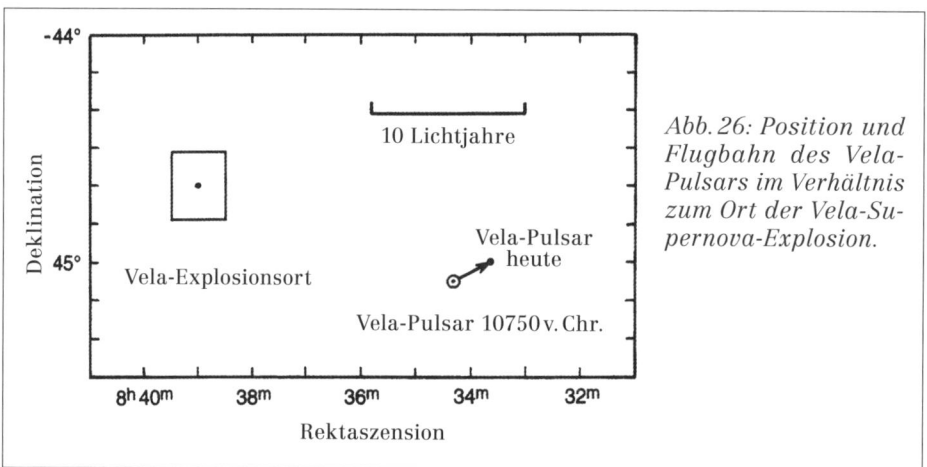

Abb. 26: Position und Flugbahn des Vela-Pulsars im Verhältnis zum Ort der Vela-Supernova-Explosion.

---

4   Taylor, J. H. und Stinebring, D. R.: „Recent progress in the understanding of pulsars" in *Annual Reviews of Astronomy and Astrophysics*, 1986, 24:303

doppelt so weit von uns entfernt wie der Supernovaüberrest – also etwa 1.600 Lichtjahre.[5] Es könnte sich beim vermuteten Zusammenhang also auch um einen bloßen Projektionseffekt handeln.

Selbst bei der Annahme, dass der Vela-Pulsar genauso weit von uns entfernt liegt wie der Vela-Überrest (d.h. 815 Lichtjahre), sprechen die bekannten Tatsachen dagegen, dass er bei der Explosion der Vela-Supernova entstanden ist. Dann hätte er sich nämlich in der Zeit seit der Explosion 18 Lichtjahre vom Explosionszentrum entfernen müssen, also mit einer Geschwindigkeit von etwa 440 Kilometern pro Sekunde. Messungen der Eigenbewegung des Pulsars haben jedoch ergeben, dass er sich, wäre er tatsächlich so weit entfernt wie der Nebel, *nur mit einem Siebentel dieser Geschwindigkeit* (62±4 km/s) bewegen würde, und das auf einer Flugbahn, die nicht vom Explosionszentrum ausgeht.[6] Es ist daher äußerst unwahrscheinlich, dass besagter Pulsar durch diese Supernova-Explosion entstanden ist. Und manche Forscher zweifeln genau aus diesem Grund daran, dass er tatsächlich mit dem Vela-Supernovaüberrest in Zusammenhang steht.[7]

Beim Pulsar im Krebsnebel gibt es jedoch Beweise dafür, dass er aus dem zugehörigen Supernova-Explosionsort hervorgegangen ist (siehe Abb. 27). Seine derzeitige Position auf der Himmelsebene ist ℓ = 184,56°,

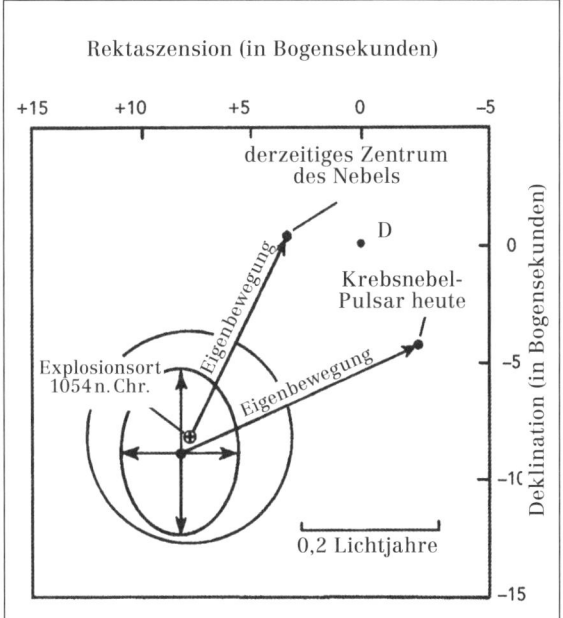

Abb. 27: Position und Flugbahn des Pulsars im Krebsnebel im Verhältnis zum Ort der Krebsnebel-Supernova-Explosion.

---

5   Gupta, Y., Rickett, B.J. und Lyne, A.G.: „Refractive Interstellar Scintillation in Pulsar Dynamic Spectra" in *Monthly Notices of the Royal Astronomical Society*, 1994, 269:1035
6   De Luca, A.; Mignani, R.P. und Caraveo, P.A.: „The Vela pulsar (PSR B0833-45) proper motion revisited with HST astrometry" in *Astronomy and Astrophysics*, 2000, 354:1011-3
7   Bignami, G.F. und Caraveo, P.A.: „On the birthplace of PSR 0833-45: Or, is the Vela pulsar associated with the Vela SNR?" in *Astrophysical Journal*, 1988, 325:L5-L7

b = -5,78°, also etwa 0,35 Lichtjahre vom Ort der Krebsnebel-Supernova-Explosion entfernt.[8] In Anbetracht der gegenwärtig beobachteten Eigenbewegung des Pulsars[9] können wir rechnerisch in der Zeit zurückgehen, um seine Position im Jahre 1054 n. Chr. – also zum Zeitpunkt der Explosion – zu bestimmen. Dabei stellen wir fest, dass die Position des Pulsars innerhalb der Messabweichung mit der des Explosionszentrums der Supernova übereinstimmt. Der Krebsnebel-Pulsar könnte also tatsächlich das Sternenkern-Relikt des Vorgängersterns der Krebsnebel-Supernova sein – ein äußerst dichter stellarer Kern, der einen Energiesturm kosmischer Strahlungselektronen abgibt und bei dem es sich um einen Neutronenstern handelt oder auch nicht. Der Pulsar im Krebsnebel ist also einer der wenigen Fälle, in denen es eindeutige Beweise für das Auftauchen am Ort einer Supernova-Explosion gibt. Da solche nachweislichen Zusammenhänge zwischen Pulsaren und Supernovaüberresten aber äußerst dünn gesät sind, dürfen wir die Theorie vom rotierenden Neutronenstern bezweifeln, nach der alle Pulsare bei Supernova-Explosionen entstehen.

Die Richtung der Eigenbewegung des Krebsnebel-Pulsars stimmt mit der Richtung zweier ihm naher, Linien emittierender Filamente an der Vorderseite der Supernovaüberrest-Hülle überein, die die höchste radiale Geschwindigkeit aller bekannten Nebelfilamente in Richtung auf unser Sonnensystem aufweisen. Da der Pulsar in Projektion fast dreimal näher am Explosionszentrum liegt, können wir vermuten, dass er sich – wie die erwähnten Filamente – etwa fünf Lichtjahre vom Explosionszentrum entfernt an der Vorderfront der Krebsnebel-Außenhülle befindet und sich mit mit annähernd derselben radialen Maximalgeschwindigkeit wie die Hülle fast direkt auf uns zubewegt. Seine Bewegungsrichtung weicht um nur zwei Bogengrad von unserer Blickrichtung ab. Die Randlage des Pulsars könnte erklären, warum die interstellare Dispersion seiner Radiosignale langsam zunimmt.[10] Befände er sich innerhalb des Supernovaüberrests, so müsste sich seine Signaldispersion wegen der zunehmenden Ausdehnung und Ausdünnung des Nebelplasmas um 0,07 Prozent im Jahr verringern. Dies ist jedoch nicht der Fall.

Ist es möglich, dass es sich beim Pulsar im Krebsnebel und beim Vela-Pulsar um sorgfältig platzierte ETI-Leuchtfeuer handelt, die jene Super-

---

8   Trimble, V.: „Motions and Structure of the Filamentary Envelope of the Crab Nebula" in *Astronomical Journal*, 1968, 73:535-47

9   Taylor, J. H.; Manchester, R. N. und Lyne, A. G.: „Catalog of 558 pulsars" in *Astrophysical Journal Supplement Series*, 1993, 88:553

10 Isaacman, R.: „NP0532 and a hole in the Crab Nebula" in *Nature*, 1977, 268:317-8

novaüberreste für uns markieren sollen? Und wenn ja, warum wurden sie markiert? Und warum ausgerechnet diese beiden Überreste? Einen ersten Hinweis liefert ihre einzigartige Position in Bezug auf unser Sonnensystem. Unter den jungen Supernovaüberresten – also solchen, die weniger als 20.000 Jahre alt sind – liegt Vela uns beispielsweise mit einer Entfernung von nur 815 Lichtjahren *am nächsten* (Abb. 28). Nur der Nordpolare Sporn, ein mehrere Millionen Jahre alter Supernovaüberrest mit

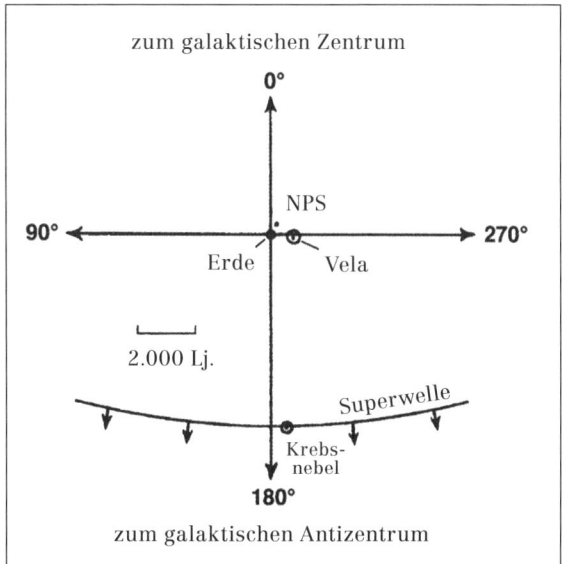

Abb. 28: *Die Positionen der Krebsnebel- und Vela-Supernova-Explosionen im Verhältnis zu unserem Sonnensystem.*

einem Explosionszentrum in etwa 400 Lichtjahren Entfernung, ist uns noch näher. Der weiter entfernte Krebsnebel-Überrest zeichnet sich dadurch aus, dass er unter den jungen Supernovaüberresten der unserem Sonnensystem *zweitnächste* und zudem der einzige Überrest ist, dessen Himmelsposition so nahe am galaktischen Antizentrum liegt. Das galaktische Antizentrum liegt der Richtung zum galaktischen Zentrum genau gegenüber; seine relative Position zu den Hintergrundsternen hängt davon ab, wo in der galaktischen Scheibe sich der Beobachter befindet. Das Zentrum des Krebsnebels hat die Koordinaten $\ell = 184{,}56°$, $b = -5{,}78°$, weicht also nur um $7{,}4°$ von der Position des Antizentrums ($\ell = 179{,}94°$, $b = 0{,}05°$) ab – siehe dazu auch Abbildung 28.

Der Krebsnebel ist zudem der auffälligste Supernovaüberrest an unserem Himmel. Während andere Überreste nur mit Radioteleskopen aufgespürt werden können, ist er als einziger mit einem optischen Amateurteleskop sichtbar. Ist es bloßer Zufall, dass von all den Supernovaüberresten der Galaxis ausgerechnet die zwei, die in Relation zu unserem Sonnensystem so einzigartig positioniert sind, durch Pulsare markiert sind – und noch dazu, wie wir gleich sehen werden, durch zwei sehr ungewöhnliche Pulsare?

Welle der Zerstörung

Durch Superwellen ausgelöste Supernovae. Um herauszufinden, warum jemand diese Supernovaüberreste mit ETI-Kommunikationsleuchtfeuern versehen haben könnte, müssen wir noch andere Kriterien in Erwägung ziehen als ihre Position. Wie wir gleich erfahren werden, scheinen beide dieser Supernovae durch dieselbe galaktische Superwelle ausgelöst worden zu sein, die für die große Katastrophe am Ende der letzten Eiszeit verantwortlich war. Wenn wir uns die galaktischen Koordinaten und das Alter der zwei Überreste ansehen, stellen wir fest, dass die zu ihrer Entstehung führenden Supernovae in einer zeitlich versetzten Verbindung zueinander stehen: Der Zeitpunkt ihrer jeweiligen Explosionen unterscheidet sich in etwa durch jene Dauer, die das Licht zur Überwindung der Distanz zwischen Vela und Krebsnebel benötigt. Es scheint also plausibel, dass ein Superwellen-„Ereignishorizont", der sich mit Lichtgeschwindigkeit vom galaktischen Zentrum nach außen bewegt und vor 14.130 Jahren die Erde erreicht hat, zuvor den relativ nahegelegenen Vela-Standort passiert und dort die Supernova ausgelöst hat, um dann – nach einer Reise von weiteren 6.300 Lichtjah-

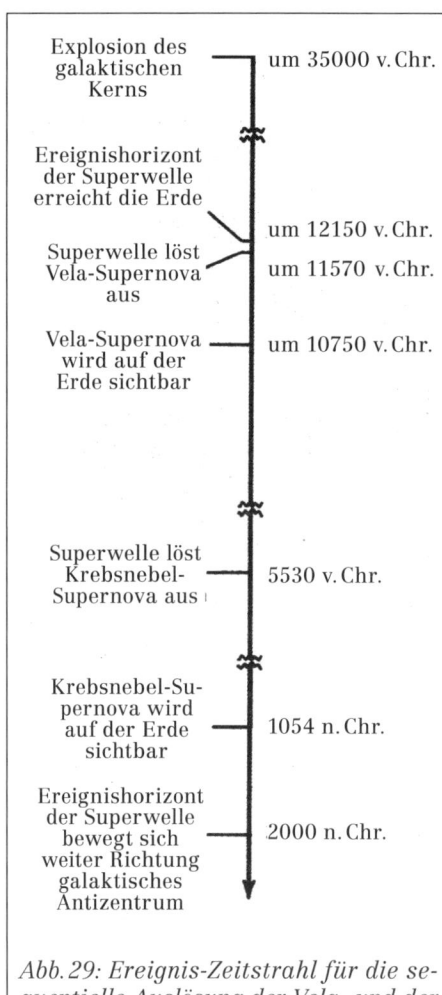

Abb. 29: Ereignis-Zeitstrahl für die sequentielle Auslösung der Vela- und der Krebsnebel-Supernova-Explosionen.

ren – den Standort des heutigen Krebsnebels zu erreichen, um dort ebenfalls die Explosion eines Sterns herbeizuführen (Abb. 28 und 29).[11,12]

Eine besonders heftige Superwelle könnte die Vorgängersterne dieser jetzigen Supernovaüberreste zur Explosion veranlasst haben, wenn die Sterne heiß, von vornherein instabil und in einer mit Staub angereicherten Umgebung waren.[13,14,15] Die kosmischen Strahlen der Superwelle hätten bei ihrer Ankunft den Sonnenwind des jeweiligen Sterns überwältigt und den Staub in Richtung Sternoberfläche abgedrängt. Sobald das Schwerefeld des Sterns den Staub dann angezogen und auf der Oberfläche abgelagert hätte, wäre die Energieleistung des Sterns durch die zusätzliche kinetische Energie abrupt angestiegen, was schließlich zu seiner Explosion geführt hätte. Möglicherweise enthielt die anrollende Superwelle aber auch ein Gravitationsfeld mit einem so hohen Gradienten, dass die dadurch ausgelöste Gezeitenreibung dem Stern so lange Energie zuführte, bis er explodierte.

Da die Supernova im Krebsnebel erst vor weniger als tausend Jahren beobachtet wurde, befindet sich die explosionsauslösende Superwelle wahrscheinlich noch in der Umgebung des Überrests und wirkt mit ihren kosmischen Strahlungselektronen auf ihn ein. Das ionisierte turbulente Plasma innerhalb des Supernovaüberrests würde diese Elektronen dann in seinem Magnetfeld einfangen und in enge, spiralförmige Bahnen zwingen, wobei sie kontinuierlich Synchrotronstrahlung in alle Richtungen abgäben. So erklärt sich auch, warum der gesamte Supernovaüberrest uns derzeit als starker Emittent von Synchrotronstrahlung auf Radio-, optischen und Röntgen-Wellenlängen erscheint. Auf optischen, Röntgen- und Gammastrahlungs-Wellenlängen ist er der *am hellsten strahlende* Überrest am Himmel, auf Radio-Wellenlängen der zweithellste. Viele Astronomen sind der Meinung, dass diese Strahlung von kosmischen Strahlungselektronen hervorgerufen wird, die im Supernovaüberrest gefangen sind. Die Radiowellen-Isolinienkarte in Abbildung 30 zeigt das Ausmaß der Synchrotronstrahlung des Nebels.

---

11 LaViolette, P. A.: „Galactic explosions, cosmic dust invasions and climatic change", Dissertation, Portland State University, 1983, Kap. 5

12 LaViolette: „Earth Under Fire", S. 287-8

13 LaViolette: „Galactic explosions ...", Kap. 5

14 LaViolette: „Subquantum Kinetics: A Systems Approach to Physics and Cosmology" (Niskayuna, NY: Starlane Publications, 2003), S. 225-6

15 LaViolette: „The planetary-stellar mass-luminosity relation: Possible evidence of energy nonconservation?" in *Physics Essays*, 1992, 5(4):536-44

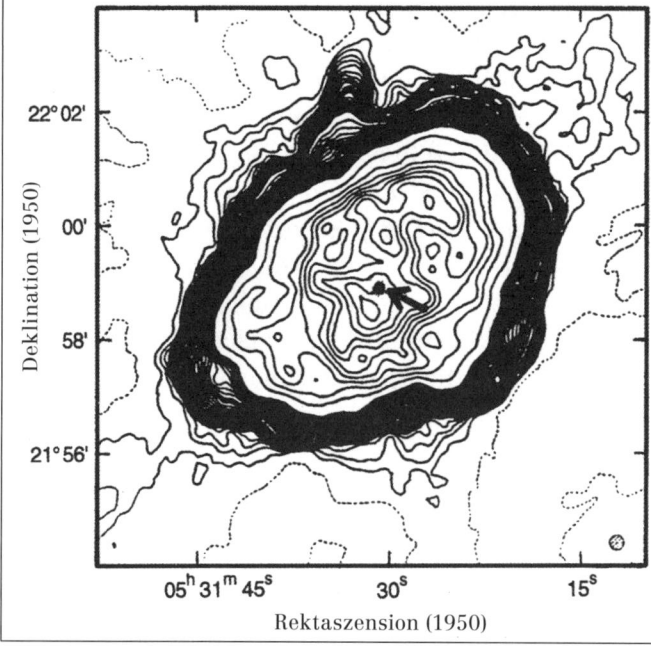

Abb. 30: Diese Radio-Isolinienkarte des Krebsnebels zeigt die Intensität seiner Radiowellen-Synchrotronstrahlung. Der Pfeil verweist auf die Position des Krebsnebel-Pulsars. (Nachdruck mit freundlicher Genehmigung von NRAO, Nature, und T. Velusamy, Nature, Abb. 2).

Astrophysiker sind sich des Superwellen-Phänomens nicht bewusst und glauben daher, dass die kosmische Strahlung, die den Krebsnebel „erleuchtet", vom Krebsnebel-Pulsar erzeugt wird, der sich ihrer Ansicht nach innerhalb des Überrests befindet. Der Großteil dieser Strahlung stammt jedoch wahrscheinlich von der vorbeiziehenden Superwelle und *nicht von dem Pulsar*.

Würden die Radio- und optischen Emissionen des Nebels ausschließlich von den Elektronen des Pulsars hervorgerufen, dann müsste die Synchrotronstrahlung des Krebsnebels ein sehr ähnliches differentielles Energiespektrum besitzen wie die seines Pulsars. Dies ist aber nicht der Fall. Der Radio- und der optische Spektralindex des Krebsnebel-Supernovaüberrests unterscheiden sich deutlich von denen des Krebsnebel-Pulsars, was auf *verschiedene* Arten kosmischer Strahlung hinweist.[16,17,18] Die Synchrotronstrahlung des Nebels weist im optischen Spektrum eine negative Neigung (abnehmende Intensität, zunehmende Frequenz) auf, während das optische Spektrum des Pulsars positiv geneigt ist. Das Synchrotron-Radiospektrum

---

16 Erickson, W. C. et al.: „Very long baseline interferometer observations of Taurus A and other sources at 121.6 MHz" in *Astrophysical Journal*, 1972, 177:101

17 LaViolette: „Galactic explosions ...", Kap. 5

18 LaViolette: „Earth Under Fire", Kap. 10

ist zwar sowohl beim Nebel als auch beim Pulsar negativ geneigt, doch die Neigung des Krebsnebel-Pulsars ist zehnmal steiler als die des Nebels, mit einem Spektralindex von -2,5 gegenüber -0,26. Das Radiospektrum des Krebsnebels passt somit viel besser zum nicht-thermischen Spektrum der *galaktischen Radiowellen-Hintergrundstrahlung* mit ihrer Neigung von -0,4. Diese diffuse Synchrotronstrahlung wird nach Meinung der Astronomen durch galaktische kosmische Strahlung hervorgerufen[19] und ist in allen Himmelsgegenden zu entdecken. Sie nimmt in Richtung auf die galaktische Ebene zu und erreicht ihre höchste Intensität in Richtung auf das galaktische Zentrum zu. Wie ich in meiner Dissertation aufgezeigt habe, lässt sich diese Radiowellen-Hintergrundstrahlung am genauesten als Kugelschale aus Superwellenstrahlung beschreiben, die sich mit dem Ereignishorizont der Superwelle von 12150 v.Chr. nach außen bewegt. Eine Isolinienkarte dieser Strahlung zeigt deutlich, dass die beobachtbare Intensität der Radiowellen sich entlang der galaktischen Längenkoordinate verändert, und zwar genauso, wie man das annehmen würde, wenn sie von der kosmischen Strahlung der Superwelle erzeugt worden wäre.[20,21]

Unter den jungen Supernovaüberresten finden sich noch zwei weitere, deren Alter, Position und Entfernung von unserem Sonnensystem genau bekannt sind: Cassiopeia A und der Überrest der Supernova 1572 (Tycho). Auch diese beiden liegen, wie der Krebsnebel-Überrest, mitten im Teilchenbeschuss durch die Superwelle; wo sie sich im Verhältnis zur Superwelle genau befinden, ist in Abbildung 31 – einer Aufsicht auf die galaktische Ebene – zu sehen. Der Ereignishorizont der Superwelle lässt sich nicht als Kugel darstellen, sondern als Ellipsoid, dessen Brennpunkte beim galaktischen Zentrum und der Erde liegen. Jeder Punkt an diesem Horizont wird durch die Summe zweier Werte definiert: 1) die Zeit, die die kosmische Strahlung der Superwelle benötigt, um vom galaktischen Zentrum bis zu diesem Horizont zu reisen; und 2) die Zeit, die die Synchrotronstrahlung benötigt, um von diesem Horizont mit Lichtgeschwindigkeit zurück zur Erde zu reisen, wo sie von uns wahrgenommen werden kann. (Eine genauere Erläuterung dazu finden Sie in meinen Buch „Earth Under Fire".)

Der Zeitpunkt der Supernova-Explosionen von Cassiopeia A und Tycho deutet darauf hin, dass sie von derselben Superwellenfront ausgelöst

---

19 Man darf diese Radiowellen-Hintergrundstrahlung nicht mit dem kosmischen Mikrowellen-Hintergrund verwechseln, der das thermische Spektrum eines schwarzen Körpers hat und intergalaktischen Ursprungs ist.
20 Ebd.
21 LaViolette: „Galactic explosions ...", Kap. 5

wurden, die auch die Vela- und Krebsnebel-Explosionen verursachte. Auf Grundlage der Zeit, die die Superwellenkugelschale aus kosmischer Strahlung für den galaktischen Radialabstand von unserem Sonnensystem zur Position der Krebsnebel-Supernova benötigte (6.520 Jahre), sowie der Zeit, die das Licht der dadurch entstandenen Supernova-Explosion zurück zur Erde brauchte (6.585 Jahre), und dem Jahr, in dem die Supernova auf der Erde sichtbar war (1054 n. Chr.), gelangen wir zum Ergebnis, dass der Ereignishorizont, der die Explosion auslöste, unser Sonnensystem um 14.600±60 BP passiert haben muss (siehe Tabelle 2).[22]

Mit derselben Berechnungsmethode für die Supernovaüberreste Cassiopeia A und Tycho gelangen wir zu Daten von 14.670±500 BP beziehungsweise 13.560±500 BP. Errechnen wir einen Mittelwert aus den Daten für Krebsnebel, Cassiopeia A und Tycho, so kommen wir auf 14.080±600 BP als beste Schätzung für die Zeit, als der intensivste Teil der galaktischen Superwelle die Erde passierte. Das passt auch sehr gut zum Datum 13.620±2.000 BP, als der Ereignishorizont der Welle für die Explosion der Vela-Supernova verantwortlich gewesen sein könnte. Und es korreliert auch halbwegs mit dem Maximum an kosmischer Strahlung um 14.050 BP, das in irdischen Eisbohrkernen festgestellt wurde. Daraus ergibt sich der Schluss, dass *all diese Supernovae vom Ereignishorizont derselben galaktischen Superwelle ausgelöst wurden*, deren Auftreffen auf der Erde durch erhöhte Werte kosmogener Berylliumisotopen im Polareis markiert wird.

Angesichts dessen könnte man sich schon die Frage stellen, ob der Pulsar im Krebsnebel und der Vela-Pulsar eventuell ETI-Leuchtfeuer sind, die bewusst an den Positionen der Krebsnebel- und Vela-Supernovae platziert wurden, um so unsere Aufmerksamkeit auf die Durchreise der bisher letz-

Tabelle 2: Hinweise darauf, dass eine einzige Superwelle vier Supernovae auslöste

Überrest	Entfernung von der Erde	Zeitpunkt der sichtbaren Explosion	Zeitpunkt, als Superwelle die Erde passierte
Krebsnebel	6.585±30 Lj.	1054 n. Chr.	14.000±60 BP
Cas A	9.450±300 Lj.	1658 n. Chr.	14.670±500 BP
Tycho	8.150±300 Lj.	1572 n. Chr.	13.560±500 BP
Vela XYZ	820±100 Lj.	10750±2000 v. Chr.	13.620±2.000 BP
Durchschnittswert von Krebsnebel, Cas A und Tycho:			14.080±600 BP

---

22 LaViolette: „Earth Under Fire", Kap. 10

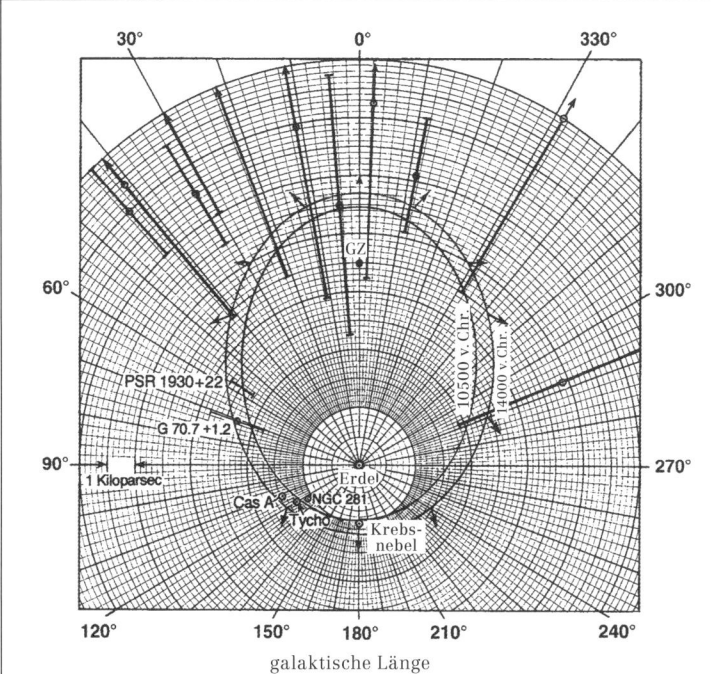

Abb. 31: Die Positionen mehrerer junger Supernovaüberreste im Verhältnis zu den Ereignishorizonten jener Superwellen, die unser Sonnensystem vor 12.500 bzw. 16.000 Jahren durchquert haben. Die Intensität der kosmischen Strahlung dürfte ihren Höhepunkt ziemlich genau in der Mitte zwischen diesen beiden Ereignisgrenzen erreicht haben. Die galaktische Ebene ist plan mit der Buchseite. GZ gibt die Position des galaktischen Zentrums an. (P. LaViolette: „Earth Under Fire", Abb. 10.4.)

ten galaktischen Superwelle zu richten, die ja diese Explosionen ausgelöst hat. Von all den durch diese Welle verursachten Explosionen ist der Überrest der Vela-Supernova der Erde am nächsten, während der Überrest der Krebsnebel-Explosion aus dem Jahre 1054 n. Chr. der Position des galaktischen Antizentrums am nächsten liegt. Durch die Hervorhebung dieser beiden Supernovaüberreste könnte uns ein Kollektiv aus galaktischen Intelligenzen darauf hingewiesen haben, dass sich eine Störfront mit annähernd Lichtgeschwindigkeit vom galaktischen Zentrum wegbewegt.

Super-Bugstoßwellen. Der Krebsnebel-Überrest ist insofern einmalig, als es sich bei ihm um den einzig bekannten Supernovaüberrest handelt, in dessen Inneren Bewegung erkennbar ist. In der Nähe des Krebsnebel-

Pulsars sind *leuchtende, büschelähnliche Gebilde* sichtbar, die sich schnell, aber mit Unterlichtgeschwindigkeit bewegen. Abbildung 32 zeigt aufeinanderfolgende Fotoaufnahmen des Pulsars im Krebsnebel, die im Abstand von zwei Monaten mit dem Hubble-Weltraumteleskop gemacht wurden. Darauf ist eine deutliche Aktivität der leuchtenden Region nördlich des Pulsars (im Bild oben) zu erkennen, wo phosphoreszierende Wellen sich mit bis zu halber Lichtgeschwindigkeit Richtung Norden bewegen. Eine natürliche Erklärung für diese Bewegung wäre die kosmische Strahlung der Superwelle, die sich mit annähernd Lichtgeschwindigkeit direkt auf den Überrest zubewegt (also ins Bild hinein) und auf eine blasenartige Bugstoßwelle trifft, die sich um den Pulsar gebildet hat (ähnlich wie in Abb. 16). Die kosmische Strahlung der Superwelle wird von diesem Hindernis abgelenkt, zu einem bedeutenden Teil jedoch vom Magnetfeld der Stoßwelle eingefangen. Und dieser Teil sendet dann die optische Synchrotronstrahlung aus, die wir als die leuchtenden, büschelähnlichen Gebilde wahrnehmen.

Da das Strahlungsepizentrum der Büschelbewegung nicht auf den Pulsar zentriert ist, sondern etwa 0,15 Lichtjahre weit weg davon, nehmen die Astronomen an, dass diese Aktivität sich in einiger Entfernung von dem Pulsar

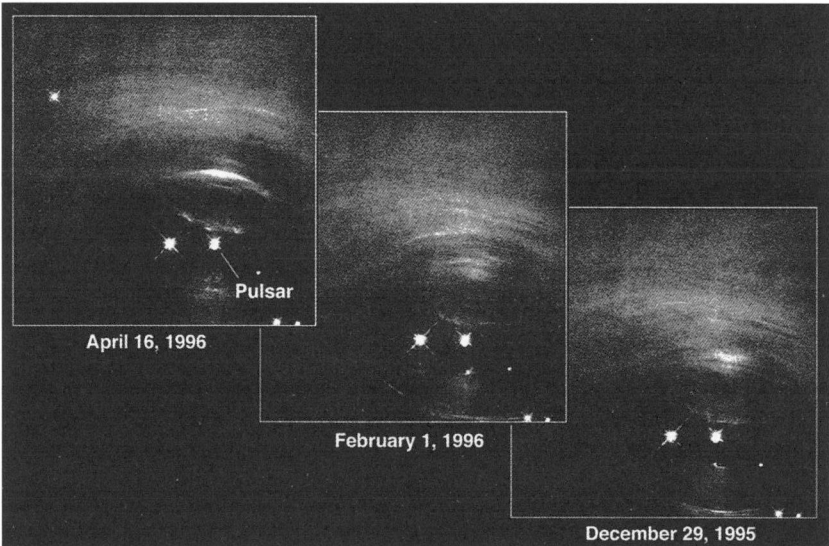

Abb. 32: Mit dem Hubble-Weltraumteleskop gemachte aufeinanderfolgende Aufnahmen des Krebsnebels, auf denen Veränderungen der leuchtenden Filamente in Pulsarnähe zu sehen sind. Das Bild ist gegen den Uhrzeigersinn gedreht, um die Längsachse des Nebels vertikal abzubilden. (Mit freundlicher Genehmigung von J. Hester, P. Scowen und NASA.)

abspielt. Sie wollen ihr Leuchturmmodell nur ungern aufgeben und haben daher versucht, das Phänomen auf einen stark gebündelten Teilchenstrahl zurückzuführen, der vom Pulsar ausgeht und auf den umliegenden Nebel einwirkt. Der Strahl soll entlang der Richtung der stationären Drehachse des Pulsars weisen und einen Winkel von 60 Grad zu unserer Sichtlinie einnehmen. Wäre er aber wirklich so ausgerichtet, dann würde auch der Synchrotronstrahl des Pulsars nicht in unsere Richtung weisen – und wir würden ihn bei der Rotation des Neutronensterns nicht wahrnehmen. Durch die versuchte Erklärung der Büschelaktivität funktioniert also das Neutronensternmodell, das die Pulse vom Krebsnebel-Pulsar erklären soll, nicht mehr ganz. Wahrscheinlich wird aber die Bewegung der büschelähnlichen Gebilde gar nicht durch den Pulsar hervorgerufen, sondern durch den Ansturm von Superwellen-Stoßfronten kosmischer Strahlung aus dem galaktischen Zentrum, die den Krebsnebel und sein Pulsar-Leuchtfeuer ständig aus unserer Sichtlinie bombardieren.

Diese Superwellensalve erklärt auch das breite Plateau diffuser Röntgenstrahlung, das etwa 0,7 Lichtjahre nordwestlich des Pulsars anmessbar ist. Bezeichnenderweise umschreibt dieses bogenartige Plateau aus Sychrotronstrahlung sowohl die Region mit der Büschelaktivität als auch die Lage jener zwei leuchtenden Filamente, die mit der höchsten Radialgeschwindigkeit auf das galaktische Zentrum zustreben. Genau das würde man von der direkten Ansicht einer Super-Bugstoßwelle auch erwarten.[23]

Es wurden bereits mehrere Studien zur Magnetfeldausrichtung des Krebsnebels gemacht.[24] Sie haben gezeigt, dass das Magnetfeld sehr gleichmäßig über die Oberfläche des Nebels und in einer Linie mit seiner Nebenachse, also senkrecht zur galaktischen Ebene ausgerichtet ist.[25] Das Magnetfeld weicht auch in unmittelbarer Nähe des Pulsars, wo es in etwa parallel zur Ausrichtung der leuchtenden Büschelformen läuft, kaum von seiner Ausrichtung ab. Das deutet darauf hin, dass es sich bei den Büscheln um Regionen handelt, in denen das Magnetfeld des Nebels recht stark ist und daher die kosmische Strahlung besser einfangen kann. Auffällig ist auch, dass die Magnetfeldrichtung des Nebels um etwa 50 Grad von der

---

23 LaViolette: „Galactic explosions ...", Kap. 5
24 Auf die Magnetfeldausrichtung des Nebels kann aus der Richtung geschlossen werden, in die seine optische Synchrotronstrahlung polarisiert ist. Kreisende Elektronen erzeugen immer eine Synchrotronstrahlung, deren Polarisationsebene parallel zu ihrer Rotationsebene und senkrecht zur Richtung des Magnetfelds ist.
25 Schmidt, G. D.; Angel, J. und Beaver, E.: „The small-scale polarization of the Crab Nebula" in *Astrophysical Journal*, 1979, 227:106-13

durchschnittlichen Feldrichtung des Krebsnebel-Pulsars abweicht, die für die Erzeugung seiner optischen Pulse verantwortlich ist. Diese Erkenntnis veranlasste den Astronomen William Cocke und seine Mitarbeiter zu dem Schluss, dass die optischen Signale des Pulsars und die seiner Nebelumgebung nichts miteinander zu tun haben:

> Zwischen der optischen Polarisation des Pulsars und der des Krebsnebels in seiner unmittelbaren Umgebung kann kein eindeutiger Zusammenhang hergestellt werden.[26]

Die fehlende Ähnlichkeit zwischen dem Pulsar und seiner unmittelbaren Umgebung, sowohl im Hinblick auf das Spektrum als auch auf die Polarisationsrichtung, spricht sehr gegen Theorien, denen zufolge der Pulsar seinen Nebel aktiv mit Energie versorgt, zumindest auf Radio- und optischen Wellenlängen – und für die Theorie, dass das Leuchten des Krebsnebels in erster Linie von außen, durch eine galaktische Superwelle erzeugt wird.

Hinweise auf eine durch eine Superwelle erzeugte Bugstoßwelle gibt es auch rund um den Supernovaüberrest Cassiopeia A. Abbildung 33 lässt erkennen, dass ein Großteil der Synchrotron-Radiostrahlung von der Westseite (rechts im Diagramm) des Überrests ausgeht, also der Seite, die zum galaktischen Zentrum und dem eintreffenden Superwellenansturm weist.[27,28,29] Wie man sieht, ist die Bugstoßwelle gegenüber dem Hauptteil des Überrests westwärts versetzt, wie man das auch erwarten würde, wenn sie ihn von der „windwärts" gelegenen Seite erreicht. Die Pfeile zeigen die Richtung an, aus der die kosmische Strahlung der Superwelle in diesem Teil der Galaxis käme. Bedenkt man die Nähe von Cassiopeia A zum Ereignishorizont der Superwelle, dann überrascht es keineswegs, dass dieser Supernovaüberrest *im Radiowellenbereich der am hellsten strahlende in der gesamten Galaxis ist*.

Aber auch der Tycho-Überrest strahlt sehr hell; er ist im Radiowellenbereich der vierthellste Supernovaüberrest unserer Galaxis. Beobachtungen seines Radiospektrums haben ergeben, dass seine Radiostrahlung von Elektronen erzeugt werden, die mit dem bisher gemessenen Spektrum der

---

26 Cocke, W. J.; Disney, M.; Muncaster G. und Gehrels, T.: „Optical polarization of the Crab Nebula pulsar" in *Nature*, 1970, 227:1327-9
27 LaViolette: „Galactic explosions ...", Kap. 5
28 LaViolette, P. A.: „Cosmic-ray volleys from the Galactic center and their recent impact on the Earth environment" in *Earth, Moon, and Planets*, 1987, 37:241-86
29 LaViolette: „Earth Under Fire", S. 283

Kapitel 5 • Superwellen-Warnleuchten

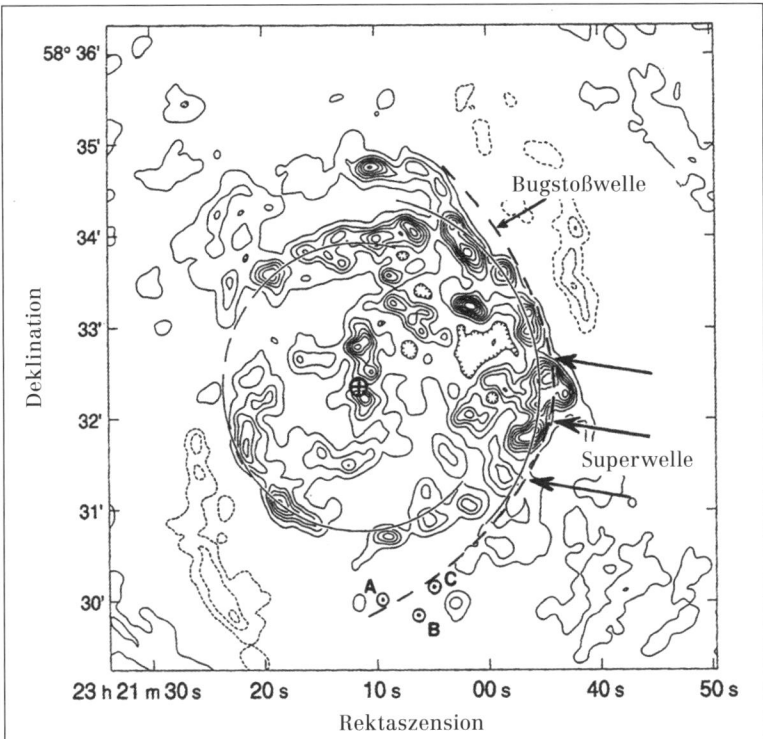

Abb. 33: Radio-Isolinienkarte von Cassiopeia A, aufgezeichnet auf einer Radiofrequenz von 2.695 Megahertz (basierend auf Astronomy and Astrophysics von Dickel und Greisen, Abb. 5). Das Kreuz in der Mitte zeigt das Explosionszentrum der Supernova an. Der gestrichelte Bogen markiert die Bugstoßwelle der auftreffenden Superwelle (angezeigt durch die Pfeile).

galaktischen kosmischen Strahlung übereinstimmen.[30] Das bedeutet aber nicht automatisch, dass Supernova-Explosionen für die galaktische Hintergrundstrahlung verantwortlich wären (wie manche Forscher vermuten), sondern weist viel eher darauf hin, dass diese Supernovaüberreste von außen durch Elektronen kosmischer Strahlung, die aus dem galaktischen Kern stammen, mit Energie aufgeladen werden.

Warnbojen. Krebsnebel und Vela gehören zur kleinen Gruppe jener Supernovaüberreste, deren Entstehung scheinbar auf die bisher letzte große

---

30 Reynolds, S. P. und Ellison, D. C.: „Electron acceleration in Tycho's and Kepler's supernova remnants: Spectral evidence of Fermi shock acceleration" in *Astrophysical Journal*, 1992, 399:L75-L78

galaktische Superwelle – die stärkste der vergangenen 30.000 Jahre – zurückzuführen ist. Angesichts ihrer für uns bedeutungsvollen Positionen kann es kein bloßer Zufall sein, dass von ihnen auch sehr intensive Pulsarsignale ausgehen. Vieles spricht dafür, dass der Krebsnebel- und der Vela-Pulsar als *Bojen* am Himmel platziert wurden, die uns auf diese Katastrophe aufmerksam machen sollen. Regelmäßige Blinksignale sind ja auch auf unserem Planeten ein allgemeingültiges Signal, das vor Gefahren warnen soll – man denke nur an die gelben Signallampen, die uns auf Straßenbauarbeiten hinweisen. Ein solches Blinken weckt unsere Aufmerksamkeit viel wirksamer als ein gleichmäßiges Leuchten. Folglich wäre ein pulsierendes Leuchtfeuer wohl auch das ideale Signal für eine galaktische Gemeinschaft, die junge Zivilisationen vor der Existenz einer galaktischen Gefahr warnen will. Der Vela-Pulsar lässt seine Warnung derzeit 11,2 Mal pro Sekunde aufblitzen; wenn wir uns dem Ereignishorizont der Superwelle nähern, sehen wir den Pulsar-Krebsnebel, der 29,8 Mal pro Sekunde pulsiert und uns damit schon eine deutlichere Warnung zukommen lässt. Die Theorie von den Warnsignalen wird noch glaubhafter, wenn wir uns vor Augen halten, dass diese beiden Pulsare auf optischen, Röntgen- und Gammastrahlungs-Wellenlängen die hellsten aller bekannten Pulsare sind und auf Radio-Wellenlängen zu den vier hellsten gehören.

Im Folgenden möchte ich mich etwas ausführlicher mit den einmaligen Eigenschaften befassen, die den Pulsar im Krebsnebel und den Vela-Pulsar zum „Königspaar" der Pulsar-Familie machen.

Das Königspaar unter den Pulsaren

Hell strahlende Signalfeuer auf allen Wellenlängen. Der Vela-Pulsar und der Pulsar im Krebsnebel unterscheiden sich in mehrfacher Hinsicht vom Rest der bekannten Pulsar-Population. Zum einen geben beide sehr starke Strahlungsenergie ab. Auf Radiofrequenzen erscheint der Vela-Pulsar als hellster am Himmel; er strahlt mehrere hundert Mal heller als andere Pulsare. Der Krebsnebel-Pulsar wiederum ist der mit der stärksten Leuchtkraft und außerdem der vierthellste, wenn man ihn auf Radiofrequenzen (zum Beispiel 400 Megahertz) anmisst. Zum anderen sind die zwei Pulsare auch sehr ungewöhnlich, weil sie Pulse in den optischen, Röntgen- und Gammastrahlungs-Spektralbereichen abstrahlen, wo nur wenige andere Pulsare feststellbare Energiemengen aussenden. Neben dem Vela-

und dem Krebsnebel-Pulsar sind nur drei andere bekannt, die optische Pulse abstrahlen – einer davon ist der Millisekunden-Pulsar, der den galaktischen 1-Radiant-Bezugspunkt markiert. Der Vela- und der Krebsnebel-Pulsar gehören außerdem zu der Gruppe von nur acht Radiopulsaren, die Röntgenpulse abgeben, und zu den sieben bekannten Pulsaren, die Gammastrahlenpulse aussenden. Auf Gammastrahlungs-Wellenlängen ist der Vela-Pulsar der hellste am gesamten Himmel, während der Krebsnebel-Pulsar an vierter Stelle rangiert. Nimmt man all diese Spektralbereiche zusammen, dann müssen Vela- und Krebsnebel-Pulsar wohl als einzigartig gelten, da sie unter allen bekannten Pulsaren die einzigen sind, die in allen vier Bereichen pulsieren: Radiowellen, optische Signale, Röntgen- und Gammastrahlung.

Zwischenpulse. Der Pulsar im Krebsnebel und der Vela-Pulsar zeichnen sich auch dadurch aus, dass sie zu dem einen Prozent der Pulsar-Population gehören, das Zwischenpulse aussendet – Sekundärpulse zwischen zwei Hauptpulsen. Der Vela-Pulsar sendet diese Zwischenpulse ausschließlich in höheren Spektralbereichen aus, vom optischen bis zum Gammastrahlen-Bereich, während der Krebsnebel-Pulsar sie auch auf Radio-Wellenlängen abgibt. Übrigens ist auch der Millisekunden-Pulsar eines der wenigen Puls/Zwischenpuls-Leuchtfeuer am Himmel.

„**Giant Pulses**". Bemerkenswert sind der Vela- und der Krebsnebel-Pulsar auch deshalb, weil sie zu den nur zehn Pulsaren gehören, die „Giant Pulses" abstrahlen – Radiowellenpulse, die die durchschnittliche Pulsintensität um ein Vielfaches übertreffen (Abb. 34). Der Millisekunden-Pulsar und der bedeckungsveränderliche Millisekunden-Pulsar im Sternbild Sagitta (Pfeil) sind ebenfalls Teil dieser kleinen Gruppe; wobei die Giant Pulses des Krebsnebel- und des Vela-Pulsars jedoch um einiges stärker sind. Giant Pulses werden nur auf Radio-Wellenlängen beobachtet und können – beim Krebsnebel-Pulsar – bis zu 1.600 Mal stärker sein als ein normaler Puls.[31] Zehn Mal so starke Pulse wie normal ereignen sich etwa alle 30 Sekunden, hundert Mal so starke etwa einmal pro Stunde; tausend Mal so starke Giant Pulses viel seltener.

Im Jahr 2003 veröffentlichte eine Gruppe von Radioastronomen ihre Entdeckung, dass einzelne Subpulse, aus denen die Giant Pulses des Pulsars im

---

31 Heiles, C.; Campbell, D.B. und Rankin, J.M.: „Pulsar NP 0532; Properties and systematic polarization of individual strong pulses at 430 MHz" in *Nature*, 1970, 226:529-31

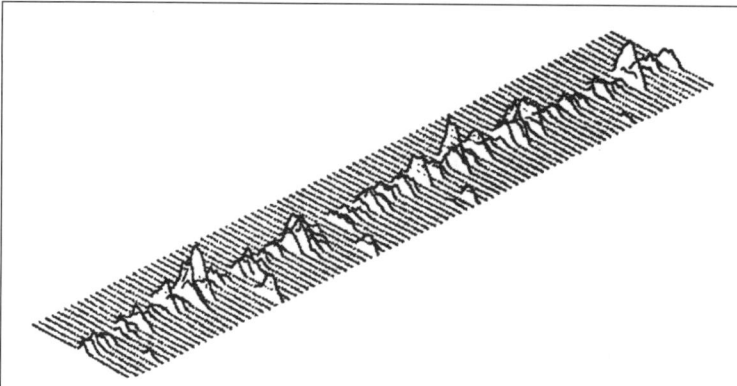

Abb. 34: Gestapelte Pulsfrequenz, die eine vierstündige Beobachtungsphase des Krebsnebel-Pulsars und seiner Giant Pulses abbildet. 92 Prozent davon ereignen sich während des Hauptpulses; die restlichen acht Prozent tauchen während des Zwischenpulses auf. (Mit freundlicher Genehmigung von Gower und Argyle: Astrophysical Journal, Abb. 1.)

Krebsnebels bestehen, nur zwei Nanosekunden lang dauern.[32] Diese kurze Dauer lässt darauf schließen, dass sie aus einer Region von weniger als 60 Zentimeter Durchmesser abgestrahlt werden müssen. Das Forscherteam gelangte dadurch zu dem Schluss, dass seine Untersuchungsergebnisse die meisten bisherigen Pulsar-Radiostrahlungsmodelle entkräften. Andererseits unterstützen die Ergebnisse aber die bereits im Jahr 2000 geäußerte These, nach der die Pulsarsignale künstlichen Ursprungs sind und von teilchenentschleunigenden, nahe an die Oberfläche einer stellaren kosmischen Strahlungsquelle projizierten Energiefeldern erzeugt werden. Früher war ich noch der Ansicht, dass diese Felder einen Durchmesser von 50 bis 500 Metern aufweisen dürften; doch um die Giant Pulses des Krebsnebel-Pulsars erklären zu können, müssten die künstlich erzeugten Energiefeldscheiben viel kleiner sein – bis zu einem halben Meter Durchmesser.

Wenn der Pulsar im Krebsnebel einen Giant Pulse abstrahlt, wird er nicht nur zum hellsten Radiopulsar am Himmel, der sogar die Intensität des Vela-Pulsars übertrifft, sondern mit seinen zwei Nanosekunden dauernden Giant-Subpulsen angeblich sogar zur am hellsten strahlenden Radioquelle im ganzen Universum. Ohne seine Giant Pulses würde man den Krebsnebel-Pulsar auf Radiofrequenzen nur schwer ausmachen können, da die

---

32 Cordes, J. M. et al.: „The brightest pulses in the universe: Multifrequency observations of the Crab pulsar's giant pulses" in *Astrophysical Journal*, 2004, 612:375-88

Radiowellen-Emissionen des ihn umgebenden Nebels hundert Mal stärker sind als die durchschnittliche Radiopuls-Spitze des Pulsars und damit sein Signal verdecken. Die Astronomen entdeckten den Krebsnebel-Pulsar daher auch erst wegen seiner Giant Pulses.

Die Giant-Pulse-Eigenschaften des Vela-Pulsars sind ebenfalls durchaus interessant. Der Himmelskörper erzeugt Giant-Mikropulse, die normalerweise 40 bis 100 Mikrosekunden lang dauern und kurz vor Beginn seines Hauptpulses beginnen; daneben gibt es auch breitere Mikropulse von 50 bis 400 Mikrosekunden Länge, die an der Rückflanke seines Pulsprofils auftauchen.[33,34] Durch die betreffenden wissenschaftlichen Studien konnte erstmals nachgewiesen werden, dass der Vela-Pulsar ein Mikropuls-Verhalten aufweist. Der Vela-Pulsar ist an sich schon der auf Radio-Wellenlängen hellste Pulsar am Himmel, kann aber seine Intensitätsspitzen bei einem Giant Pulse noch bis zum Vierzigfachen übertreffen. Seine Giant Pulses ähneln denen des Millisekunden-Pulsars insofern, dass sie stets in einer bestimmten Phase des Pulszyklus abgestrahlt werden, wohingegen sie beim Krebsnebel-Pulsar in einer beliebigen Phase innerhalb des Pulsfensters auftauchen.

Angesichts der Tatsache, dass Krebsnebel-, Vela- und Millisekunden-Pulsar zu den ganz wenigen gehören, die Giant Pulses erzeugen (weniger als 0,7 Prozent der Gesamtpopulation), und zudem drei der fünf Pulsare sind, die optische Pulse abstrahlen, ist man geneigt, eine starke assoziative Verknüpfung zwischen ihnen zu vermuten. Die 1-Radiant-Symbolik des Millisekunden-Pulsars suggeriert einen „Pfeil", der vom galaktischen Zentrum wegfliegt und eine Entfernung zurücklegt, die dem Radialabstand vom galaktischen Zentrum zu unserem Sonnensystem entspricht. Da nun auch die assoziative Verknüpfung zum Vela-Pulsar und dem Pulsar im Krebsnebel hergestellt ist, lässt sich diese symbolische Metapher weiter ausbauen – und weist nun auf die lichtschnelle Reise der Superwelle aus dem galaktischen Zentrum heraus hin. Die Welle durchquerte unser Sonnensystem, führte ungefähr zu dieser Zeit zur Explosion der Vela-Supernova und bewegte sich dann weiter in Richtung galaktisches Antizentrum, wo sie später die Krebsnebel-Supernova zur Detonation brachte und derzeit die Position ihrer Überreste-Außenhülle markiert. Auf der einen Seite haben wir also den Millisekunden-Pulsar, der Giant Pulses abstrahlt und dank seiner strate-

---

33 Johnston, S. et al.: „High-time resolution observations of the Vela pulsar" in *Astrophysical Journal*, 2001, 549:L149

34 Kramer, M.; Johnston, S. und van Straten, W: „High-resolution single-pulse studies of the Vela pulsar" in *Monthly Notices of the Royal Astronomical Society*, 2002, 334:523

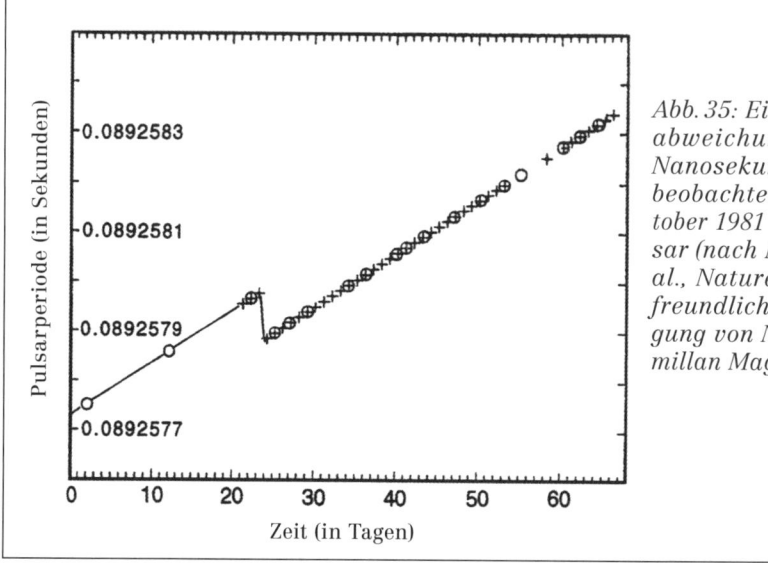

Abb. 35: Eine Periodenabweichung von 102 Nanosekunden Dauer, beobachtet am 10. Oktober 1981 am Vela-Pulsar (nach McCulloch et al., Nature, Abb. 1; mit freundlicher Genehmigung von Nature, Macmillan Magazines Ltd.).

gischen 1-Radiant-Position den Kamm der auswärts fliegenden Superwelle symbolisiert; während auf der anderen Seite der Pulsar im Krebsnebel steht, der ebenfalls Giant Pulses aussendet und die derzeitige Vorderfront des weiterhin nach außen drängenden Ereignishorizonts der Superwelle anzeigt.

Der Krebsnebel-Pulsar strahlt auch während seiner Zwischenpulsphase Giant Pulses ab, wenn auch viel seltener als in der Hauptpulsphase. Die Anhänger des Leuchtturmmodells haben lange darüber gerätselt, warum die Giant Pulses der Zwischenpulsphase und die der Hauptpulsphase nicht im selben Pulszyklus auftreten und auch sonst in keiner erkennbaren Wechselbeziehung zueinander stehen. Noch verwirrender ist die Tatsache, dass die Giant Pulses weder auf optischen noch auf Röntgen- oder Gammastrahlungswellen angemessen werden können, obwohl der Pulsar synchron zu seinen Radiopulsen auch Pulse auf diesen hohen Energieniveaus abstrahlt. Ein derart „unnatürliches" Verhalten ist jedoch genau das, was außerirdische Zivilisationen in ihre Signale einbauen würden, damit man ihre Kommunikationsleuchtfeuer nicht mit natürlichen Strahlungsquellen verwechseln kann.

Periodenabweichungen. Der Pulsar im Krebsnebel und der Vela-Pulsar sind nicht nur ungewöhnlich, weil sie über eine große Bandbreite des elektromagnetischen Spektrums hinweg hohe Strahlungsmengen aussenden, sondern auch, weil ihre präzisen, uhrwerkartigen Pulse sich gelegentlich drastisch verändern. Normalerweise zeichnen sich Pulsare durch extrem regelmäßige Pulsperioden aus, die bis auf mehrere Kommastellen genau vorhersagbar sind. Ihre Perioden steigen im Lauf der Zeit zwar langsam an, aber auch das mit einer äußerst konstanten und vorhersagbaren Geschwindigkeit. Der Krebsnebel- und der Vela-Pulsar gehören aber der kleinen Minderheit (insgesamt 45 Pulsare aus der bekannten Population) an, bei der dieser vorhersagbare Anstieg sich gelegentlich abrupt ändert. Während einer solchen sogenannten „Periodenabweichung" wird die Pulsrate plötzlich schneller und klingt danach über einen Zeitraum von mehreren Wochen langsam wieder auf den Wert vor der Abweichung ab; das heißt, der Pulsar setzt dann den Anstieg seiner Periode konstant fort. Abbildung 35 zeigt eine derartige Periodenabweichung für den Vela-Pulsar: Die Pulsperiode verkürzt sich um einen Teil pro Million, das bedeutet eine Änderung von 102 Milliardstelsekunden. Diese 1981 gemessene Abweichung war die fünfte, die seit der Entdeckung des Pulsars im Jahre 1968 beobachtet wurde. Ingesamt hat der Vela-Pulsar in den 25 Jahren nach seiner Entdeckung neun solcher Abweichungen aufgewiesen.[35] Der Pulsar im Krebsnebel wies in einem vergleichbaren Zeitraum eine ähnliche Anzahl von Periodenabweichungen auf, bei denen es allerdings um wesentlich geringere Zeitverschiebungen in der Größenordnung von nur einer Milliardstelsekunde ging.

Es hängt ganz vom beobachteten Pulsar ab, in welcher Weise sich eine Periodenabweichung und die darauffolgende Normalisierung der Periode abspielen. Vela- und Krebsnebel-Pulsar scheinen jedoch sehr ähnliche Normalisierungsmuster aufzuweisen. Es gibt nur einen Pulsar, der ein ähnliches Muster zeigt, nämlich PSR 0525+21[36] – der bemerkenswerterweise der nächste Nachbar des Krebsnebel-Pulsars ist; die beiden Pulsare sind nur 340 Lichtjahre voneinander getrennt. Reiner Zufall? Bei näherer Betrachtung stellen wir fest, dass der betreffende Pulsar ungefähr so weit von der Erde entfernt liegt wie der Krebsnebel-Pulsar und auf der Himmelsebene nur durch 1,3 Bogengrad von ihm getrennt ist (siehe Abb. 36). Es gibt nur einen weiteren Pulsar, der sich innerhalb eines Winkels von fünf Grad vom Krebsnebel-Pulsar befindet, doch der liegt mehrere tausend Lichtjahre weiter weg, hinter dem Krebsnebel. Die Wahrscheinlichkeit, dass zwei Pulsare einander im Weltraum so nahe sind und noch dazu das sehr

---

35 Lyne, A.G.; Pritchard, R.S., Graham-Smith, F. und Camilo, F.: „Very low braking index for the Vela pulsar" in *Nature*, 1996, 381:497-8

36 Lyne, A.G. und Graham-Smith, F.: „Pulsar Astronomy" (London: Cambridge University Press, 1998), S. 63

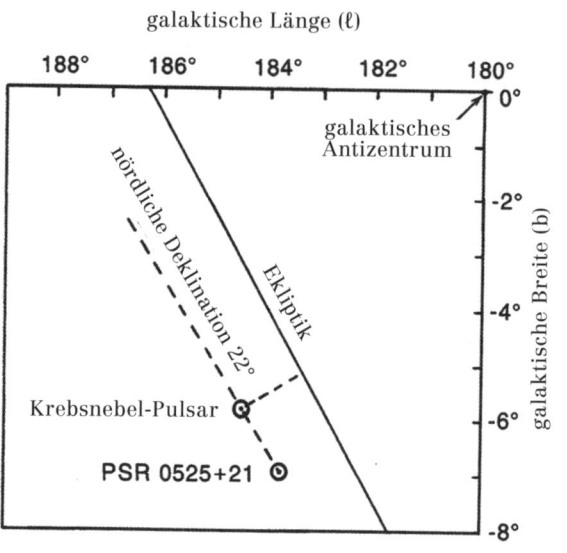

Abb. 36: Galaktische Koordinatenkarte mit den Positionen des Pulsars im Krebsnebel und von PSR 0525+21. Zieht man eine Linie durch die beiden Himmelskörper, so weicht diese nicht einmal 0,01 Grad von einer exakten Parallele zum Himmelsäquator und nur wenige Grad von einer Parallele zur Ekliptik ab. Ihre Positionen stimmen mit der nördlichen Deklination 22° überein.

seltene Phänomen der Periodenabweichung aufweisen, liegt bei weniger als 1:44.000. Die Wahrscheinlichkeit, dass sie auch noch ähnliche Normalisierungsmuster aufweisen (wie sie nur in zwei anderen Pulsaren mit Periodenabweichung festzustellen sind) und so nahe beim galaktischen Antizentrum liegen, ist noch um einiges geringer, etwa eins zu einer Milliarde. Wenn wir jetzt noch einkalkulieren, dass einer der beiden Pulsare – nämlich der im Krebsnebel – eine derart ungewöhnliche und seltene Eigenschaft aufweist wie das Abstrahlen von Giant Pulses sowie Pulsen im optischen, Röntgen- und Gammastrahlungs-Frequenzbereich, dann gelangen wir zum extrem unwahrscheinlichen Ergebnis von weniger als $1:3 \times 10^{18}$.

Periodenabweichungen gehören zu den vielen Signal-Einordnungskriterien der Pulsare, die den Astronomen Kopfschmerzen bereiten. Da die Theoretiker ja von der beschwerlichen Annahme ausgehen, dass die Pulse eines Pulsars vom „Leuchtfeuer" eines rotierenden Neutronensterns erzeugt werden, mussten sie gezwungermaßen zum Schluss kommen, dass eine Beschleunigungsabweichung durch den plötzlichen Anstieg der Rotationsgeschwindigkeit des Neutronensterns hervorgerufen wird. Sie glauben, dass der „Spin-Up" auf die plötzliche Radiusschrumpfung des Neutronensterns zurückzuführen sei, die wiederum eine Zunahme seines Drehimpulses und seiner Rotationsgeschwindigkeit herbeiführt. Wie könnte ein solches „Sternbeben" aber ohne bedeutende Auswirkung auf die langfristige „Spin-Down"-Geschwindigkeit des Sterns bleiben? Abbildung 35 zeigt deutlich, dass die Pulsperiode des Vela-Pulsars schon kurze Zeit nach der Periodenabweichung wieder beinahe im selben Maße anstieg wie zuvor. Wie könnte die Pulsperiode eines Pulsars so präzise festgelegt sein, wenn sie jeden Augenblick eine so drastische Veränderung durchmachen kann? Die derzeitigen Neutronensternmodelle liefern keine befriedigende Antwort auf diese Fragen. Dazu kommt, dass PSR 0525+21 eine besondere Herausforderung für die Leuchtturmmodell-Theoretiker darstellt, da Astronomen zu dem Schluss gekommen sind, dass seine Periodenabweichung nicht auf Sternbeben zurückzuführen sein kann und daher eine andere Erklärung vonnöten ist.

Wenn Pulsare aber tatsächlich extraterrestrische Kommunikations-Funkfeuer wären, ergäben gelegentliche Periodenabweichungen schon viel mehr Sinn. Derart ungewöhnliche Veränderungen könnten absichtlich integriert sein, um einerseits unsere Aufmerksamkeit auf den Pulsar zu richten und andererseits all unsere Versuche scheitern zu lassen, ihn als natürliches Phänomen abzutun. Wenn ein sich wiederholendes Signal von derart großer Regelmäßigkeit plötzlich seine Periode ändert, wenn auch nur um einen winzigen Sekundenbruchteil, nur um unmittelbar darauf den präzisen Anstieg seiner Periode wiederaufzunehmen, dann muss das aufmerksamen Astronomen einfach auffallen. Dies gilt auch für eine weitere merkwürdige Entdeckung: Astronomen haben festgestellt, dass schwache Pulse kosmischer Strahlung von 100 Billionen Elektronenvolt auf die Erde niedergehen, die ihren Ursprung ausgerechnet in der erwähnten Himmelsregion haben und deren Periode jener von PSR 0525+21 sehr ähnelt.[37] Soll uns diese Botschaft aus kosmischer Strahlung vor einem bevorstehenden Ereignis warnen?

Der Pulsar im Krebsnebel ist an sich schon einmalig und aufsehenerregend. Dass es in seiner Nähe aber einen weiteren Pulsar gibt, dessen Periodenabweichungen sehr ähnlich sind, weckt unser Interesse noch mehr. Wie wir bald sehen werden, befinden sich diese beiden Pulsare in einer besonderen Ausrichtung zur Bahnebene und dem Himmelsäquator der Erde. Und das ist nur einer der vielen „Zufälle" um den Krebsnebel und „seinen" Pulsar, um die es im nächsten Kapitel gehen wird.

---

[37] Bhat, C. L.; Sapru, M. L. und Kaul, C. L.: „A nonrandom component in cosmic rays of energy greater than or equal to 10 to the 14th eV" in *Nature*, 1980, 288:146-9

Warnung vor einer kommenden Superwelle?

Im Herbst 2003 entdeckte der Radioastronom Scott Hyman vom Sweet Briar College eine sehr ungewöhnliche transiente Radioquelle, die die Bezeichnung GCRT J1745-3009 erhielt.[38] Diese Quelle liegt nur 1,1 Grad südwestlich des galaktischen Zentrums auf den galaktischen Koordinaten $\ell = 358{,}891 \pm 0{,}001°$ und $b = -0{,}542 \pm 0{,}001°$. Sie ist etwa so weit von uns entfernt wie das galaktische Zentrum, befindet sich also sehr nahe am galaktischen Kern. Hyman berichtete, dass er innerhalb eines etwa sechsstündigen Beobachtungszeitraums fünf Radiowellen-Emissionen von der Quelle aufgefangen hat. Sie wiederholen sich etwa alle 77 Minuten und dauerten jeweils zehn Minuten. Die auf einer Frequenz von 330 MHz angemessenen Pulse hatten eine Intensität von geringfügig mehr als 1.500 MilliJansky, was sie zum zweitstärksten Radio-Funkfeuer am Himmel macht. Als Astronomen jedoch versuchten, das Signal wieder aufzufangen, mussten sie feststellen, dass es nicht mehr da war. Bei der Suche in früheren Datensätzen stellte sich heraus, dass es nur eine weitere Aufzeichnung eines einzelnen Pulses gab. Es muss sich daher um eine transiente Radioquelle handeln, die sich die meiste Zeit in einem Aus-Zustand befindet.

Die Pulsperiode von 77 Minuten für diese Radioquelle ist um ein Vielfaches länger als die längste bisher für einen Radiopulsar angemessene, die 11,7 Sekunden beträgt. Die ungewöhnliche Regelmäßigkeit der Pulsperiode wurde bisher aber bei keiner anderen transienten Radioquelle festgestellt und erinnert sehr an einen Pulsar. Noch eigentümlicher mutet die Tatsache an, dass es keine Nachweise für begleitende Röntgen- oder Gammastrahlung gab, wie man sie von anderen transienten Radioquellen kennt. Ein weiteres Alleinstellungsmerkmal ist, dass die Breitband-Radiosignale der Quelle kohärent sind und damit denen eines Radiopulsars oder Freie-Elektronen-Lasers ähneln.

All diese Eigenschaften machen GCRT J1745-3009 zu einem äußerst ungewöhnlichen Himmelsobjekt, das sich wie der Millisekunden-Pulsar durch seine Einmaligkeit auszeichnet. Da es nur relativ wenige Daten gibt, lässt sich nicht mit Sicherheit sagen, ob das Signal der Radioquelle dieselbe hochkomplexe Informationsanordnung enthält, wie man sie von Pulsaren

---

38 Hyman, S. D. et al.: „A new radio detection of the bursting source GCRT J1745–3009", 2005, als PDF unter: www.arxiv.org/abs/astroph/0508264

kennt. Ordnet man die Quelle jedoch in dieselbe Klasse ein wie die Pulsare und sieht sie als künstliches Funkfeuer, so wäre sie jenes, das dem galaktischen Zentrum am nächsten liegt. Handelt es sich also nur um eine äußerst ungewöhnliche Radioquelle, die rein zufällig so nahe am galaktischen Zentrum liegt – oder um eine bewusst platzierte Warnmarkierung, die unsere Aufmerksamkeit auf die Superwellen-Botschaft der Pulsare lenken soll?

6.

Sternenkarten einer Himmelskatastrophe

Eine Karte des Sternbilds Pfeil?

Jeder Pulsar hat eine einzigartige Pulsperiode. Sie kann von extrem kurzen eineinhalb Millisekunden bis zu 11,7 Sekunden dauern; die meisten sind jedoch einige Zehntelsekunden lang. Zusätzlich weist jeder Pulsar eine einzigartige Veränderungsrate seiner unverwechselbaren Pulsperiode P auf – also den Wert, um den die Periode im Lauf der Zeit länger andauert. Diese sogenannte *Periodenableitung* wird durch die mathematische Formel dP/dt bzw. das Symbol $\dot{P}$ dargestellt. Periodenableitungen können von 0,05 Pikosekunden pro Jahr ($\dot{P}=1,5 \times 10^{-21}$ Sekunden pro Sekunde) bis etwa 10 Millisekunden pro Jahr ($\dot{P}=4,2 \times 10^{-10}$ Sekunden pro Sekunde) betragen. Trotz dieser Bandbreite ändert sich die Periode jedes individuellen Pulsars äußerst konstant; die Periodenableitungen sind manchmal bis auf acht signifikante Stellen genau. Die Pulsperioden der meisten Pulsare nehmen langsam zu, d. h. die Rotationsgeschwindigkeit der betreffenden Pulsare verlangsamt sich. Bei einer kleinen Untergruppe – 24 der bekannten 1.533 Pulsare – erhöht sich die Geschwindigkeit jedoch. Um die unterschiedlichen zeitlichen Abläufe anschaulich zu machen, tragen Astronomen die Pulsperioden und Periodenableitungen verschiedener Pulsare oft in ein logarithmisches Koordinatensystem ein, wie es in Abbildung 37 sichtbar ist.

Die drei Pulsarkoordinaten, die als kleine Quadrate in der linken oberen Ecke des Diagramms eingezeichnet sind, markieren die logarithmisch dargestellten Pulsperioden und Periodenableitungen ($\log P$ und $\log \dot{P}$) für den Krebsnebel-Pulsar, den Vela-Pulsar und den Vulpecula-Pulsar (PSR 1930+22). Diese Pulsare stehen alle in Zusammenhang mit Supernovaüberresten und gehören zudem zu den relativ schnellen Pulsaren, mit Pulsperioden von 33,4 beziehungsweise 89,3 und 144,5 Millisekunden. Interessanterweise erinnert die Anordnung der drei Pulsare an das Aussehen des Sternbilds Pfeil (Sagitta). Setzen wir nun die galaktische Länge ℓ mit $\log P$ gleich und lassen wir $\log P$ auf der waagerechten Achse von rechts nach links ansteigen (also umgekehrt wie in Abbildung 37), um das Diagramm mit Abbildung 15 vergleichen zu können, auf der die galaktische Länge in gleicher Weise von rechts nach links zunimmt. Setzen wir sodann die galaktische Breite mit $\log \dot{P}$ gleich und lassen wir diesen Wert b auf der senkrechten Achse wie $\log \dot{P}$ (von oben nach unten in Abbildung 37) zunehmend negativ werden. Sofort lässt sich erkennen, dass der relative Abstand der drei P-$\dot{P}$-Punkte zueinander und deren Anordnung in Bezug auf die $\dot{P}$-Achse den Abständen zwischen Delta, Gamma und Eta Sagittae

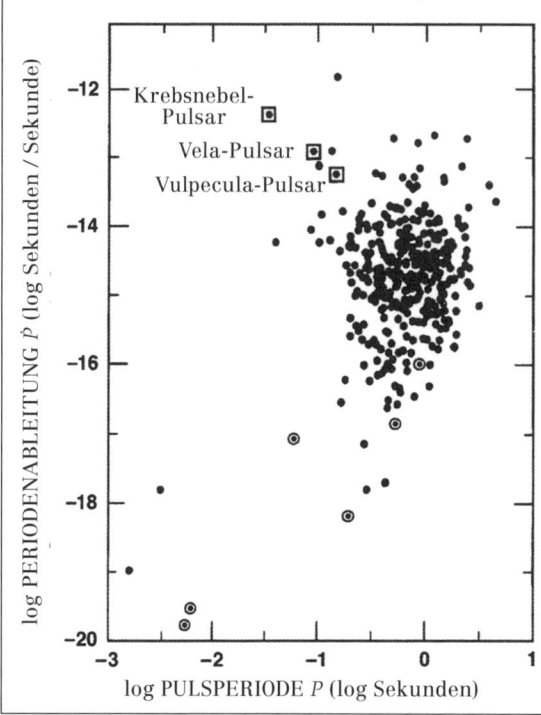

Abb. 37: Pulsperiode P (horizontale Achse), aufgetragen gegen Periodenableitung Ṗ (vertikale Achse), in einer logarithmischen Darstellung für 305 Pulsare (nach Dewey et al., Astrophysical Journal, Abbildung 2b). Die Quadrate markieren die Koordinaten des Krebsnebel-, des Vela- und des Vulpecula-Pulsars.

und deren Anordnung in Bezug auf den galaktischen Äquator sehr ähnlich sind. Die Sterne Delta und Gamma Sagittae bilden den Schaft des Himmelspfeils; Eta Sagittae ist der Stern, auf den der Pfeil zufliegt. Setzt man nun die P-$\dot{P}$-Koordinaten für den Krebsnebel-Pulsar und den Vela-Pulsar mit den derzeitigen Koordinaten für die galaktische Länge und Breite (ℓ, b) von Delta Sagittae und Gamma Sagittae gleich, so können wir daraus eine mathematische Relation ableiten, mit deren Hilfe sich P-$\dot{P}$-Koordinaten in galaktische Koordinaten umrechnen lassen. Näheres dazu erfahren Sie im Textkasten weiter unten.

Der Vulpecula-Pulsar (PSR 1930+22) hat nicht annähernd so viele besondere Merkmale wie der Krebsnebel- oder der Vela-Pulsar. Er strahlt auf Radio-Wellenlängen nur durchschnittlich stark und im optischen, Röntgen- oder Gammastrahlungs-Bereich des Spektrums gar nicht; außerdem weist er keine Periodenabweichung auf. Andererseits markiert er, wie der Krebsnebel-Pulsar, die Außenseite einer Supernovaüberrest-Kugelschale und liegt in der Nähe des Ereignishorizonts von 12150 v. Chr. – also jener ellipsoiden Sphäre, deren Außenseite, von der Erde aus gesehen, den der-

Umrechnung von P-$\dot{P}$-Koordinaten in galaktische Koordinaten

Zieht man die P- und $\dot{P}$-Werte heran, die diese Pulsare am 1. Mai 1992 hatten (siehe Tabelle 3), so gelangt man zu folgender mathematischer Relation:*

$$\ell° = 63{,}3687 + 5{,}1495 \times \log P$$
$$b° = 39{,}6429 + 3{,}4766 \times \log \dot{P}$$

Nehmen wir nun die P- und $\dot{P}$-Werte für PSR 1930+22 aus Tabelle 3 und setzen sie in die obigen Gleichungen ein, so sollte das Resultat uns zeigen, wie genau diese „Pulsarkarte" die galaktischen Längen- und Breitenkoordinaten für Eta Sagittae im Sternbild Pfeil prognostiziert. Tatsächlich erhalten wir einen Koordinatenpunkt von $\ell = 59{,}04°$, $b = -6{,}39°$, der nur um 0,2 Grad von der faktischen Himmelsposition Eta Sagittaes von 59,18°, -6,23° abweicht. Erstellen wir unsere Pulsarkarte aber stattdessen mit den P- und $\dot{P}$-Werten, die Krebsnebel- und Vela-Pulsar 23 Jahre zuvor – also 1969 – hatten, so stellen wir fest, dass die Pulsarkarte denselben Koordinatenpunkt für Eta Sagittae prognostiziert, obwohl sich die P- und $\dot{P}$-Werte für den Krebsnebel wie den Vela-Pulsar in der dazwischenliegenden Zeit in beträchtlichem Ausmaß geändert haben.

Tabelle 3: Pulsperioden und Periodenableitungen für drei einzigartige Pulsare

Pulsar	Pulsperiode(n)	Periodenableitung(en)	Datum
Krebsnebel	0,033403347	$4{,}209599 \times 10^{-13}$	1. Mai 1992
Vela	0,089298530	$1{,}258 \pm 0{,}008 \times 10^{-13}$	1. Mai 1992
Vulpecula	0,144457105	$5{,}75318 \times 10^{-14}$	1. Mai 1992

* Der jeweilige Wert der Konstanten, mit denen P und $\dot{P}$ in ℓ und b umgerechnet werden, hängt von der verwendeten Zeiteinheit zur Messung der Pulsperioden und von der Basis des verwendeten Logarithmus ab. Zur Erstellung einer Pulsarkarte ist es nicht von Bedeutung, welches Einheitensystem wir verwenden, sondern vielmehr, dass wir durchweg dasselbe Einheitensystem verwenden. Unseren Berechnungen liegen Sekunden als Zeiteinheit und die Basis 10 für die Logarithmusberechnung zugrunde, in Übereinstimmung mit Abbildung 37. Die Umrechnungskonstanten beruhen zudem auf den P- und $\dot{P}$-Werten, die der Krebsnebel- und der Vela-Pulsar am Julianischen Datum 2.448.743 (1. Mai 1992) hatten.

zeitigen Standort des Energiesturms kosmischer Superwellenstrahlung anzeigt, die unseren Planeten vor 14.150 Jahren passierte (siehe Abb. 31).[1,2] Da der Supernovaüberrest im Hintergrund des Vulpecula-Pulsars jedoch mindestens 300.000 Jahre alt ist, kann die Supernova-Explosion, die ihn erzeugt hat, nicht durch diese spezielle Superwelle ausgelöst worden sein.

Bezeichnend für den Vulpecula-Pulsar ist auch, dass sein Standort nur 0,13 Grad vom 1-Radiant-Längenmeridian des galaktischen Zentrums entfernt ist, er also diesem Bezugspunkt näher liegt als jeder andere Pulsar. Insofern passt es auch sehr gut, dass dieser Pulsar auf der P-$\dot{P}$-Karte Eta Sagittae (η Sge) repräsentiert, da es sich dabei genau um den Stern handelt, auf den im Sternbild Pfeil der Himmelspfeil zufliegt. Zeichnet man die gesamte bekannte Pulsarpopulation in ein Diagramm ein, dann drängen sich in der Nähe der P-$\dot{P}$-Punkte für den Vela- und den Vulpecula-Pulsar mehrere andere Pulsar-Koordinatenpunkte zusammen, die die „Pfeil-Sternkarte" etwas schwerer erkennbar machen. Dennoch sind Krebsnebel-, Vela- und Vulpecula-Pulsar markant genug, um sich vom Rest der eingezeichneten Pulsare abzuheben.

Ereignis-Chronometer

Wie ich in Kapitel 4 dargelegt habe, ist das Sternbild Sagitta (Pfeil oder Himmelspfeil) ein wichtiger Teil des von alters her überlieferten Sternbild-Codes. Es setzt nämlich das Radiant-Konzept dazu ein, dem Beobachter zu vermitteln, dass ein Ausbruch kosmischer Strahlung in Form einer Superwelle sich vom galaktischen Zentrum zu unserem Sonnensystem bewegte und dort zu dem Zeitpunkt ankam, den der Pfeil des Schützen anzeigt. Mit diesem Verständnis liegt die Frage nahe, ob die Darstellung von Sagitta auf der Pulsarkarte uns ebenfalls eine Botschaft über diese vor relativ kurzer Zeit durchgereiste galaktische Superwelle zukommen lassen will – und ob sie vielleicht ebenfalls ein *Ereignis-Chronometer* sein könnte, so wie der Pfeil des Schützen. Wir erinnern uns: Der Pfeil des Schützen weist nicht nur auf die Position des galaktischen Zentrums hin, sondern fungiert auch als Chronometer, der uns das Datum angibt, als die jüngste große Superwelle

---

1 LaViolette, P.A.: „Galactic explosions, cosmic dust invasions, and climatic change", Dissertation, Portland State University, 1983, S. 291 und 304
2 LaViolette, P.A.: „Earth Under Fire: Humanity's Survival of the Ice Age" (Rochester, Vt.: Bear & Co., 2005)

die Erde erreichte (siehe Kapitel 4). Das heißt, der Schütze zielt mittlerweile nicht mehr auf sein vorbestimmtes Ziel, das „Herz des Skorpions", da die Himmelspositionen der nahegelegenen Sterne, die den Pfeil des Schützen bilden (γ Sag und δ Sag), sich langsam ändern, weil diese Sterne im Verhältnis zu weiter entfernten Hintergrundsternen wandern. Berechnen wir jedoch die Positionen dieser Sterne in der Vergangenheit, so stellen wir fest, dass der Pfeil vor ungefähr 16.000 Jahren genau auf sein Ziel gewiesen hat – und das ist auch der Zeitraum, in dem eine Explosion im galaktischen Zentrum für einen Beobachter auf der Erde erstmals sichtbar geworden wäre.[3]

Der Koordinatenpunkt für den Vela-Pulsar, der auf der Pulsarkarte die Spitze des „Pfeils" markiert, weicht auf der P-$\dot{P}$-Karte etwas nach rechts ab. Das liegt an der allmählichen Zunahme der Vela-Pulsperiode um $1{,}25 \times 10^{-13}$ Sekunden pro Sekunde. Auch hier drängt sich ein Blick in die Vergangenheit auf, um die Frage zu beantworten: *Zu welchem früheren Zeitpunkt hatte der Vela-Pulsar eine Pulsperiode, die der heutigen Periode des Krebsnebel-Pulsars entspricht?* Wir wissen, dass der Vela-Pulsar heute 2,67 Mal langsamer pulsiert als der Krebsnebel-Pulsar (11,2 Pulse pro Sekunde verglichen mit 29,8 Pulsen pro Sekunde). Zudem kennen wir die Rate, mit der sich der Vela-Pulsar verlangsamt. Mit diesen Werten lässt sich eine einfache Rechenoperation durchführen, die uns verrät, dass Vela vor 14.100±100 Jahren eine Pulsperiode hatte, die der aktuellen des Krebsnebel-Pulsars entspricht.[4] Bemerkenswert daran ist, dass die Superwelle, die sowohl die Supernova-Explosion im Sternbild Vela als auch die im Krebsnebel auslöste, zu dieser Zeit die Erde passiert haben muss.

Wie wir bereits erfahren haben, zeigen aus polaren Eisbohrkernen gewonnene Daten, dass die Intensität der kosmischen Strahlung außerhalb unseres Sonnensystems vor 14.150±150 Jahren einen Höhepunkt erreichte und bereits einige Jahrhunderte vorher – vor etwa 14.300±200 Jahren – stark anzusteigen begann. In Anbetracht der Tatsache, dass dieser Strahlungshöchstwert einer der auffallendsten der bisher letzten Eiszeit war, können wir vermuten, dass der Vela- und der Krebsnebel-Pulsar äußerst

---

[3] LaViolette, P. A.: „Earth Under Fire: Humanity's Survival of the Ice Age" (Rochester, Vt.: Bear & Co., 2005), S. 36-9

[4] Diese Zeitspannenberechnung geht davon aus, dass die Periodenableitung des Vela-Pulsars ($\dot{P}$) im Lauf der Zeit unverändert bleibt. Obwohl dessen Ableitung mit der Zeit eigentlich abnimmt, stellt sie sich sehr schnell wieder auf einen höheren Wert um, sobald sich eine Periodenabweichung ereignet. Da dieses Phänomen aber nur sehr unregelmäßig auftritt, muss mehr Datenmaterial gesammelt werden, bevor man ermitteln kann, ob der durchschnittliche Wert von $\dot{P}$ auf lange Sicht gleich bleibt oder nicht.

genaue, von außerirdischen Intelligenzen installierte Chronometer sind, die an ihren Standorten im All platziert wurden, um uns diese wichtigen Superwellendaten zu vermitteln.

Aus geologischen Aufzeichnungen geht hervor, dass sich um die Zeit, als diese Superwelle unseren Planeten passierte, auch einige andere Dinge ereigneten.[5] So begann sich beispielsweise das Erdklima um etwa 12700 v. Chr. rapide zu erwärmen und erreichte um das Schlüsseldatum 12150 v. Chr. ein Temperaturmaximum – dieser ungewöhnlich warme Zeitabschnitt innerhalb einer Kaltzeit wird Bölling-Interstadial genannt. Die damalige Erwärmung könnte durch interstellaren Staub und Gase ausgelöst worden sein, die durch die Superwelle in unser Sonnensystem befördert wurden, dort die Sonnenaktivität ankurbelten und auch die Sonneneinstrahlung durch Streulicht auf der Erde erhöhten. Weitere Daten weisen darauf hin, dass zu dieser Zeit die Gletschereisschilde mit ihrer höchsten Geschwindigkeit abschmolzen, was zu großflächigen Überflutungen der Kontinente führte. Das obige Datum markiert auch den Beginn einer großen Säugetier-Aussterbewelle, die 1.500 Jahre später ihren Höhepunkt hatte. Wie in Kapitel 4 erwähnt, war diese Aussterbewelle wahrscheinlich auf Sonneneruptionen zurückzuführen, die durch die Erhöhung der kosmischen Strahlung ausgelöst wurden. Außerdem ist der magnetische Nordpol der Erde um 12200 v. Chr. abrupt nach Süden gesprungen, wo er mehrere Jahrzehnte lang verblieb. Auch dieses Ereignis wurde wahrscheinlich durch die starken Eruptionen unserer überhitzten Sonne verursacht.

Eigentlich ist es sehr passend, dass der Krebsnebel-, der Vela- und der Vulpecula-Pulsar, die sich sämtlich an Positionen befinden, wo große kosmische Detonationen stattgefunden haben, dazu eingesetzt werden, uns ein Bild von Sagitta zu übermitteln – jenes Sternbilds, das in unseren Überlieferungen über den Himmel die Passage einer durch eine Explosion im galaktischen Kern erzeugten vernichtenden Superwelle durch unser Sonnensystem symbolisiert.[6] Da eine Supernova auch den Tod eines Sterns bedeutet, können Pulsare, die mit einem solchen Ereignis zu tun haben, als warnende Leuchtfeuer interpretiert werden. Da wäre es auch logisch, dass außerirdische Zivilisationen Kommunikationsleuchtfeuer einsetzen, die mit Hilfe kosmischer Strahlen Synchrotronstrahlung aussenden – die-

---

5   LaViolette, P. A.: „Earth Under Fire: Humanity's Survival of the Ice Age" (Rochester, Vt.: Bear & Co., 2005), S 61-6
6   Ebd., Kap. 2

selbe Art Strahlung, die von der kosmischen Strahlung einer Superwelle abgegeben wird.

Himmlisches Mahnmal einer irdischen Katastrophe

Eine der wohl verblüffendsten Entdeckungen ist die Tatsache, dass die derzeitige Form des Supernovaüberrests Krebsnebel in einem proportionalen Verhältnis zur Form des Ereignishorizonts der Superwelle von 12150 v. Chr. steht, wie er sich uns vor 950 Jahren – zum Zeitpunkt der Supernova-Explosion des Krebsnebels – dargestellt hätte. Der Krebsnebel scheint also eine gigantische dreidimensionale Himmelskarte zu sein, die den damaligen Ellipsoid-Umriss der Superwellenfront genau abbildet. Man vergleiche dazu die Form des Nebels aus Abbildung 30 mit dem ovalen Ereignishorizont aus Abbildung 31. Wie der Ereignishorizont der Superwelle hat auch der Krebsnebel die Form eines Rotationsellipsoids und sieht eher langgezogen aus, wie ein amerikanischer Football, als zusammengepresst wie ein Diskus. Darüber hinaus weisen die Hauptachse und die Nebenachse des Nebels in etwa dasselbe Längenverhältnis auf wie Haupt- und Nebenachse des Ereignishorizont-Ellipsoids der Superwelle. Der Krebsnebel hat eine Ausdehnung von etwa 13,8 x 10,6 Lichtjahren und damit ein Achsenverhältnis von 1,30. Der Ereignishorizont der Superwelle von 12150 v. Chr. hat im Vergleich dazu ein derzeitiges Achsenverhältnis von 1,27. Im Jahre 1054 n. Chr. hätte das Achsenverhältnis dieses Ereignishorizonts jedoch 1,295 betragen, was schon sehr viel näher an den 1,30 des Krebsnebels liegt.[7] Folglich entspricht der Krebsnebel einem maßstabsgetreuen Modell (im Verhältnis 1:4.500) jener Form, die der Superwellen-Ereignishorizont 1054 n. Chr. gehabt haben muss.

Die Hauptachse des Nebels ist darüber hinaus noch parallel zur galaktischen Ebene und *senkrecht* zur Achse zwischen galaktischem Zentrum

---

[7] Das Verhältnis der Hauptachse zur Nebenachse dieses Ereignishorizonts nimmt mit voranschreitender Zeit seit der Erdpassage des Ereignishorizonts einen immer geringeren Wert an. Genauer gesagt, wird dieses Verhältnis so angegeben: $(23+t)/(46t+t^2)^{1/2}$, wobei t die Zeit seit der Passage der Superwelle in Jahrtausenden angibt. Diese Formel geht davon aus, dass das galaktische Zentrum 23.000 Lichtjahre (~7,1 Kiloparsec) von uns entfernt liegt. Nehmen wir für das galaktische Zentrum jedoch eine Entfernung von 26.000 Lichtjahren an, dann ändert sich das Achsenverhältnis für das Jahr 1054 n. Chr. auf 1,34 und für die Gegenwart auf 1,31.

und Antizentrum ausgerichtet, die sich von $\ell = 0°$ bis $\ell = 180°$ erstreckt. Die Hauptachse des Superwellen-Ereignishorizonts verläuft (von der Erde aus gesehen) wiederum parallel zur galaktischen Achse zwischen Zentrum und Antizentrum. Das heißt, dass dieses „maßstabsgetreue Ellipsoid-Modell" gedreht ist, sodass seine Hauptachse fast genau senkrecht zur Hauptachse des Superwellen-Ereignishorizonts steht. Kann das bloßer Zufall sein? Wäre die Hauptachse des Krebsnebels nicht genau so positioniert, dann würde uns dieser Supernovaüberrest als Kreis erscheinen und wir könnten seine ellipsoide Form nur schwer erkennen. Da die Hauptachse des Krebsnebels aber senkrecht zu unserer Blickrichtung angeordnet ist, ist die einzigartige Ellipsenform des Nebels *ausgerechnet von unserem Beobachtungsstandort am besten wahrnehmbar.*

Der Krebsnebel: ein maßstabsgetreues Modell des Superwellen-Ereignishorizonts

Der Supernovaüberrest Krebsnebel kann aus folgenden Gründen als maßstabsgetreues Modell des Ereignishorizonts der Superwelle von 12150 v. Chr. dienen:

- Er hat die Form eines verlängerten Rotationsellipsoids, wie der Ereignishorizont.

- Er hat dasselbe Achsenverhältnis von 1,30, das der Ereignishorizont zum Zeitpunkt der Krebsnebel-Supernova-Explosion gehabt haben muss.

- Die Nebenachse des Nebels steht senkrecht zur galaktischen Ebene, ebenso wie die Nebenachse des Ereignishorizonts. Die Hauptachse des Nebels verläuft parallel zur galaktischen Ebene, ebenso wie die Hauptachse des Ereignishorizonts, ist aber zur Hauptachse des Ereignishorizonts um 90 Grad gedreht, sodass sie aus unserer Blickrichtung von der Seite sichtbar ist.

- Der Supernovaüberrest Krebsnebel gibt – wie der Ereignishorizont – Synchrotronstrahlung von kosmischen Strahlen einer Superwelle ab, die sich vom galaktischen Zentrum nach außen bewegen.

Da der Supernovaüberrest Krebsnebel aus Material besteht, das von einem Explosionszentrum weg nach außen geschleudert wurde, kann er als adäquate symbolische Darstellung der galaktischen Superwelle dienen, deren kosmische Strahlung ebenso explosionsartig ausgestoßen wurde. Überdies strahlen die kosmischen Elektronen, die im Magnetfeld der ellipsoiden Hülle des Krebsnebels gefangen sind, ein sehr ähnliches Synchrotronstrahlungs-Kontinuum ab wie die Elektronen, die sich in der ellipsoiden Außenschale des Superwellen-Ereignishorizonts vom galaktischen Zentrum wegbewegen. Von unserem Standort im Inneren der Superwellen-Außenschale nehmen wir diese Radiostrahlung der Superwelle als diffuse Hintergrundstrahlung wahr, die von den Astronomen als galaktische Radiowellen-Hintergrundstrahlung bezeichnet wird.

Wie bereits erwähnt, haben der Pulsar im Krebsnebel, der Vela-Pulsar und der Millisekunden-Pulsar zudem einige Gemeinsamkeiten, die bei Pulsaren äußerst selten zu finden sind – und die uns dazu veranlassen, eine gedankliche Verbindung zwischen diesen drei Pulsaren herzustellen. Die 1-Radiant-Symbolik des Millisekunden-Pulsars in Kombination mit dem Krebsnebel- und dem Vela-Pulsar, die eine P-$\dot{P}$-Kartierung des Sternbilds Pfeil mit dem Datum 12100 v. Chr. ermöglichen, wecken die Vorstellung der Radialbewegung vom galaktischen Zentrum weg, die der Ereignishorizont der Superwelle mit Lichtgeschwindigkeit durchführte. Bekräftigt wird diese Vorstellung noch durch die Daten, an denen die Krebsnebel- und die Vela-Supernovae detonierten. Alles in allem untermauert diese Symbolik die Theorie, dass der Krebsnebel eine kartografische Darstellung des Superwellen-Ereignishorizonts von 12150 v. Chr. ist.

Könnte es sich bei diesen Ähnlichkeiten in Form und Ausrichtung von Krebsnebel und dem Superwellen-Ereignishorizont um eine bloße Aneinanderreihung natürlich entstandener Zufälle handeln? Oder weisen sie vielleicht darauf hin, dass die Krebsnebel-Supernova absichtlich erzeugt wurde, dass sie sozusagen ein kosmisches Feuerwerk zugunsten unserer Zivilisation ist? Letztere Möglichkeit stellt unsere Phantasie auf die Probe. Eine Supernova auszulösen und die dabei entstehende Explosion auch noch so zu formen, dass sie präzise mit den Maßen des schwer fassbaren Superwellen-Ereignishorizonts übereinstimmt – das würde darauf schließen lassen, dass diese kosmischen Künstler die Fähigkeit beherrschen, natürliche Energieprozesse auf einem unfassbar hohen Niveau zu manipulieren. Und es ruft uns die gigantische technische Meisterleistung in Erinnerung, die nötig war, um den bedeckungsveränderlichen Millisekunden-Pulsar an seine einmalige Himmelsposition zu bringen und genau auszurichten.

Denken wir auch daran, dass die Krebsnebel-Supernova an einer einzigartigen Position in Bezug auf unser Sonnensystem detonierte. Wie bereits erwähnt, ist der Krebsnebel unter den sehr jungen Supernovaüberresten – also solchen, die weniger als 2.000 Jahre alt sind – der Nachbarschaft unserer Sonne am nächsten und liegt auch dem galaktischen *Antizentrum* am nächsten (Abb. 28). Das galaktische Antizentrum liegt der Richtung zum galaktischen Zentrum bekanntlich genau gegenüber; seine Richtung in Relation zu den Hintergrundsternen hängt davon ab, wo in der galaktischen Scheibe sich der Beobachter befindet. Zieht man die Position des Krebsnebels zusätzlich zu seiner ungewöhnlichen Helligkeit, seiner unverwechselbaren ellipsoiden Form und seiner sorgfältigen Ausrichtung – parallel zur galaktischen Ebene und senkrecht zu unserer Blickrichtung – in Betracht, so ist nur schwer vorstellbar, dass es sich bei alledem um puren Zufall handeln soll.

Der Krebsnebel ist auch bezüglich einiger wichtiger Konstellationshimmelskörper sehr wohldurchdacht positioniert. Er liegt im Sternbild Stier sehr nahe an der Verbindungslinie zwischen den beiden Sternen, die die Spitzen der Stierhörner markieren, und nur um etwas mehr als ein Grad von der südlichen Hornspitze des Stiers entfernt (Abb. 38). Wie ich in meinem Buch „Earth Under Fire" nachgewiesen habe, steht der angreifende Himmelsstier in alten ägyptischen Mythen und minoischen Überlieferungen für die galaktische Katastrophe, die vor langer Zeit die Erde verwüstete.[8] Der Stier, der auf das galaktische Antizentrum zustürmt, symbolisiert die galaktische Superwelle, die vom galaktischen Zentrum wegstrebt; die Spitzen seiner Hörner stehen für die vorderste Front der Superwelle. Orion, der sich dem Stier mit erhobenem Schild entgegenstellt und mit seiner Keule auf das galaktische Antizentrum weist, wird traditionell als himmlisches Denkmal betrachtet, das zu Ehren jener Lebewesen errichtet wurde, die in der globalen Katastrophe ihr Leben lassen mussten. Dass der Krebsnebel in dieser symbolischen bildhaften Nachstellung der Begegnung der Menschheit mit der galaktischen Superwelle so passend positioniert wurde, ist äußerst interessant. Er nimmt nicht nur eine Himmelsposition an der Spitze des angreifenden Stiers ein, sondern befindet sich derzeit auch an der Spitze der Superwelle und wird von auswärts strebender galaktischer kosmischer

---

8   LaViolette, P. A.: „Earth Under Fire: Humanity's Survival of the Ice Age" (Rochester, Vt.: Bear & Co., 2005), S. 76-88

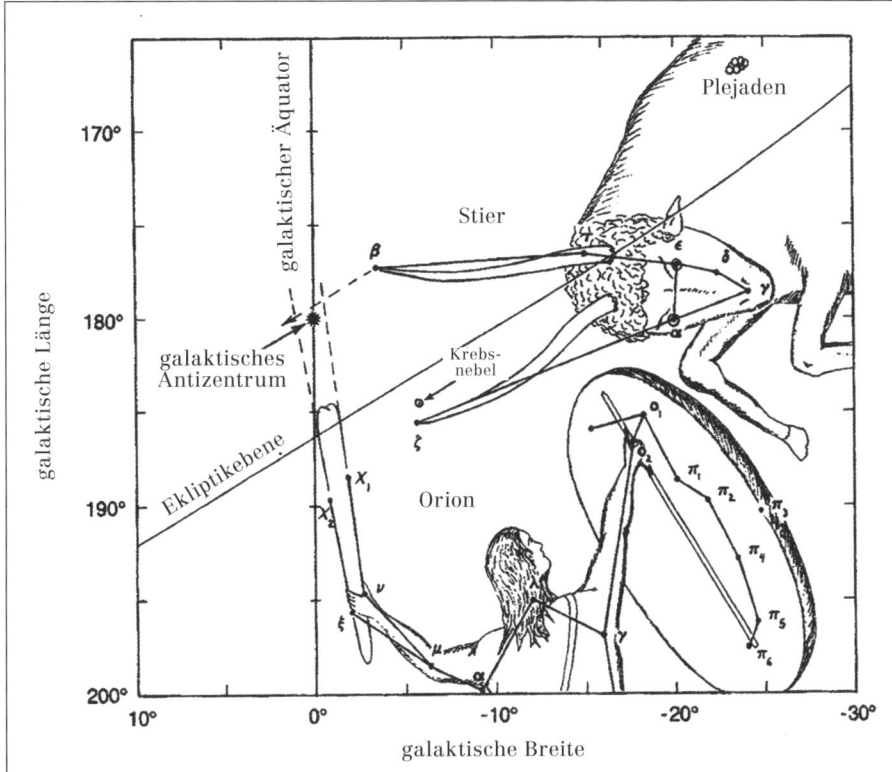

Abb. 38: Himmelskarte mit der Darstellung der Sternbilder Stier und Orion; die Position des Krebsnebels befindet sich nahe der unteren Hornspitze des Stiers. (LaViolette: „Earth Under Fire", Abb. 3.3.)

Strahlung bombardiert. Hat eine hochentwickelte außerirdische Kultur im Altertum unseren Planeten besucht und unseren Vorfahren die Überlieferungen über die Sternbilder Stier und Orion (Osiris) gelehrt, weil sie genau wusste, dass diese sorgsam arrangierte Supernova, die um 5530±30 v. Chr. stattfand, erst 6.585 Jahre später auf der Erde zu sehen sein würde?

Der Krebsnebel zeichnet sich auch dadurch aus, dass er der einzige Supernovaüberrest außerhalb unseres galaktischen Kerns ist, der so nahe an der Bahnebene der Erde liegt. Wieder nur purer Zufall? Der Krebsnebel-Pulsar liegt nur 1,29 Grad unterhalb dieser Ekliptikebene. Auch die unmittelbare Nähe des Nebels zum Pulsar PSR 0525+21 ist im Hinblick auf seine Position zur Ekliptikebene interessant. Wie wir im vorangegangenen Kapitel erfahren haben, liegen diese Pulsare nicht nur ungewöhnlich nah beieinander, sondern weisen auch beide das seltene Phänomen der Periodenabweichung auf – und zwar von einer Art, die man nur von zwei weiteren Pulsaren kennt. Schon die Wahrscheinlichkeit, dass zwei Pulsare mit derartigen Periodenabweichungen so nahe beieinander liegen, beträgt weniger als eins zu einer Milliarde; daher ist es nur selbstverständlich, dass wir uns ihre Lage zueinander etwas genauer ansehen.

Dabei gelangen wir zu bemerkenswerten Resultaten. Wenn man eine Linie durch die Position der beiden Pulsare zieht, so ist diese nur um wenige Grad davon entfernt, eine Parallele zur Ekliptik zu sein (Abb. 36). Außerdem *weicht diese Linie derzeit um nur 0,01 Grad von einer exakten Parallele zum Himmelsäquator des Jahres 2000 n. Chr. ab* (im Jahr 2100 n. Chr. wird sie exakt parallel sein). Ferner sind die zwei Pulsare gegenwärtig durch 1,31 Bogengrad voneinander getrennt, also nur 0,02° mehr als die Breitenabweichung des Krebsnebel-Pulsars von der Ekliptik, die derzeit 1,29° beträgt. Könnte es sein, dass PSR 0525+21 absichtlich so nahe beim Krebsnebel-Pulsar installiert wurde, um uns auf die Position des Supernovaüberrests Krebsnebel bezüglich der Bahnebene der Erde aufmerksam zu machen?

Diese ungewöhnliche Anordnung drängt die Überlegung auf, ob die durch den Krebsnebel markierte Supernova-Explosion vorsätzlich für die Betrachtung durch uns genau so positioniert wurde – und nicht allgemein für Zivilisationen, die in unserer galaktischen Umgebung beheimatet sind. Wenn das tatsächlich der Fall ist, müssen wir uns aber auch fragen, ob die Menschheit für die galaktische Gemeinschaft tatsächlich so wichtig ist, dass derart gewaltige Anstrengungen unternommen wurden, um ausgerechnet für uns eine so riesige Nebel-Himmelskarte herzustellen.

Durch die Position des Krebsnebels wurde seine Botschaft an uns aber möglicherweise noch auf andere Art „individualisiert". Die Erde liegt 6.585±30 Lichtjahre vom Krebsnebel entfernt. Die Zeit, die das Licht braucht, um diese Entfernung zurückzulegen, beträgt etwa ein Viertel der Zeitspanne, in der die Präzession der Erdachse einen vollen Kegelumlauf zurücklegt, also etwa 26.000 Jahre. Der Ereignishorizont der Superwelle von 12130 v. Chr. benötigte wiederum 6.520 Jahre, um den vom galaktischen Zentrum aus gemessenen Radialabstand zwischen unserem Sonnensystem und dem Vorgängerstern des Krebsnebels zurückzulegen. Rechnet man diese 6.520 Jahre zu den 6.585 Jahren hinzu, die das Licht von der Krebsnebel-Supernova-Explosion zurück zu uns brauchte, dann kommt man auf eine Rundreisezeit von 13.105±60 Jahren. Nur zum Vergleich: 12130 v. Chr., als der Ereignishorizont, der zur Explosion von Supernovae führte, gerade unser Sonnensystem passierte, betrug die Zeitspanne, die die Erdachse für einen halben Kegelumlauf – also 180 Grad – benötigte – im Durchschnitt 13.070 Jahre.

Wenn die Detonation absichtlich so arrangiert wurde, dann heißt das auch, dass ihre Verursacher *nicht nur über die Ebene der Erdumlaufbahn um die Sonne Bescheid wussten, sondern auch die genaue Präzessionsrate der Erdachse kannten*. Auf den ersten Blick wirkt die Vorstellung einer bewusst positionierten Supernova absurd; lässt man jedoch all die erwähnten „Zufälle" Revue passieren, dann scheint sie schon um einiges überlegenswerter.

Untersuchen wir die Position des Krebsnebels im Verhältnis zur Ekliptik also auch im Hinblick darauf, ob sie vielleicht eine bewusst gesetzte Zeitmarkierung darstellt. Die Pole der Erde verändern ihre Position dank der Präzession mit sehr hoher Regelmäßigkeit. Diese polare Bewegung führt wiederum dazu, dass sich die Himmelskonstellationen zu Beginn und Ende der Jahreszeiten verändern. Die Astronomen antiker Kulturen verzeichneten die Position des beweglichen Frühlingsäquinoktiums in Relation zu fixen Markierungspunkten wie den Grenzen zwischen den Sternbildern und konnten so das Vergehen der Tierkreiszeichen-Zeitalter und die Daten bedeutender Ereignisse, die sich vor Jahrtausenden ereigneten, genau bestimmen. Eine galaktische Gemeinschaft hätte dank ähnlicher Berechnungsmethoden die Krebsnebel-Supernova so detonieren lassen können, dass damit ein bestimmter Zeitpunkt innerhalb des „Platonischen Jahres" [ein voller Durchlauf durch alle Tierkreiszeichen im Zyklus der Präzession, Anm. d. Ü.] markiert worden wäre.

Wie wir bereits gesehen haben, weist die einzigartige Position des Krebsnebels darauf hin, dass sie absichtlich gewählt worden sein könnte – als hätten die Himmelskünstler die Lage des Supernova-Vorgängersterns sorgfältig ausgesucht, um uns dadurch mitzuteilen, dass sie die Bahnebene unseres Planeten und den Präzessionszyklus unserer Pole genau kannten. Wenn dem wirklich so war, dann haben sie diesen besonderen Standort auch vielleicht deswegen gewählt, weil seine Längengrad-Position zur Erd-Ekliptik uns auf einen bestimmten Zeitpunkt in der Vergangenheit hinweisen könnte. Wenn wir uns an die übliche Methode halten, das Frühlingsäquinoktium als Zeitanzeige innerhalb des Platonischen Jahres zu benutzen, dann gelangen wir zum Ergebnis, dass es sich im Jahr 4120±25 v.Chr. auf der ekliptischen Länge des Krebsnebels (84,1°) befunden hat. Von einem astronomischen oder geologischen Standpunkt her ist dieses Datum nicht besonders bedeutend – abgesehen davon, dass es 1.400 Jahre nach dem Zeitpunkt liegt, an dem 6.520 Lichtjahre von uns entfernt die Krebsnebel-Supernova explodierte. Das Interessante daran ist aber, dass es innerhalb eines Zeitraums von 120 Jahren vom Jahr 4240 v. Chr. liegt, also dem Jahr null des ersten altägyptischen Sothis-Zyklus.[9]

Betrachten wir stattdessen das Datum, das im Zyklus der Präzession drei Platonische Monate vorher kam – also die Zeit, als die Wintersonnenwende mit dem Krebsnebel-Markierungspunkt auf der Ekliptik übereinstimmte und das Frühingsäquinoktium zwischen den Sternbildern Jungfrau und Löwe lag. So erhalten wir ein wesentlich aussagekräftigeres Datum, nämlich 10740±50 v. Chr. Dieses Datum fällt mit dem Höhepunkt des großen Massenaussterbens am Ende des Pleistozäns (10750±100 v. Chr.) zusammen – der bedeutendsten Aussterbewelle großer Tierarten seit dem Untergang der Dinosaurier. Diese Aussterbewelle hatte nicht etwa mit den Aktivitäten übereifriger steinzeitlicher Jäger zu tun, wie manche Forscher meinen, sondern forderte auch immens viele Menschenleben. Sowohl geologische Befunde als auch Legenden deuten darauf hin, dass die Erde zur Zeit dieser Katastrophe eine Periode extremer Hitze durchmachte, die auf den Kontinenten zu verheerenden Überschwemmungen durch Gletscherschmelzwasser führte. Eine Theorie dazu besagt, dass dieser Weltbrand passierte, als die Erde von einem gefährlichen koronalen Massenauswurf der Sonne eingehüllt wurde.[10] Diese Sonneneruption setzte unseren Planeten einem

---

9   Die Ägypter hatten zwei Kalender. Ihr Sothis-Kalender beruhte auf dem heliakischen („zur aufgehenden Sonne gehörenden") Aufgang des Sterns Sirius und bemaß das Jahr korrekt mit 365,25 Tagen. Ihr „bürgerliches Jahr" hatte hingegen einen ganzzahligen Wert von 365 Tagen. Diese Differenz führte dazu, dass die zwei Kalender nur alle 1.460 Jahre am selben Tag begannen. Die Ägypter feierten an diesem Tag der kalendarischen Übereinstimmung ihr Neujahr im heiligen Tempel der Hathor in Dendera. Das erste dieser Neujahrsfeste fand 4240 v. Chr. statt, am Beginn des ersten Sothis-Zyklus (Schwaller de Lubicz: „Sacred Science" [Rochester, Vt.: Inner Traditions, 1982], S. 174). Der an der Decke des Tempels abgebildete Tierkreis zeigt zwischen den Sternbildern auch eine zeitliche Markierung für das Neujahr – dargestellt als Kuh mit einem Stern zwischen den Hörnern. Diese Kuh symbolisiert Hathor, die kuhköpfige Göttin, die später viele ihrer Funktionen an die Göttin Isis abtrat; der Stern stellt vermutlich Hathors Stern Sothis (Sirius) dar. Hatten die alten ägyptischen Priester etwa prophetische Gaben, dass sie ihr Neujahr ausgerechnet als Kuh abbildeten, die einen Stern zwischen den Hörnern trägt – wobei das erste Neujahr im Sothis-Kalender sehr nahe an dem Datum liegt, das die Position der Krebsnebel-Supernova auf der Ekliptik markiert; einer Supernova, die sich zwischen den Hörnern des Sternbilds Stier ereignete? Oder hatten sie Besucher aus dem All, die ihnen erzählten, dass sich die Bedeutung dieses Sterns den Menschen erst in 3.000 Jahren erschließen würde?

10 LaViolette, P. A.: „Earth Under Fire: Humanity's Survival of the Ice Age" (Rochester, Vt.: Bear & Co., 2005), S. 160, 171-2

Bombardement kosmischer Teilchenstrahlung aus, das auch für die Instabilität des irdischen Magnetfelds während dieses Zeitraums sowie für die hohen Radiokohlenstoffwerte in der Atmosphäre und die Intensität der von der Sonne ausgehenden kosmischen Strahlung (50 Mal höher als der Normalwert, wie durch Untersuchungen von Mondgestein festgestellt wurde) verantwortlich gewesen sein könnte. Die Sonne scheint durch interstellaren Staub und interstellare Gase, die von einer durchziehenden Superwelle ins Sonnensystem eingeschleust wurden, zu diesem Aktivitätszustand „gereizt" worden zu sein. Es handelte sich dabei genau um dieselbe Superwelle, die derzeit den Krebsnebel mit Energie anreichert.

Zur Zeit dieses Massenaussterbens lag das Frühlingsäquinoktium an der Grenze zwischen den Sternbildern Jungfrau und Löwe, die durch die Grenzsterne Omega Virginis und Denebola markiert wird. Unsere Vorfahren schrieben diesem Ereignis eine derart große Bedeutung zu, dass sie ihm ein Denkmal setzten, indem sie die Position des Frühlingsäquinoktiums zu diesem Zeitpunkt mit Hilfe der Sternbilder kennzeichneten. Die alten Ägypter und die alten Griechen wählten diese Grenzlinie in der Ekliptik beispielsweise als Beginn des Platonischen Jahrs in ihrem Präzessionskalender. In einem Sintflutmythos der alten Griechen heißt es, dass Zeus die Menschheit mit einer großen Überflutung bestrafte, nachdem die Erntegöttin Astraea die Erde verlassen hatte. Da diese Göttin durch das Sternbild Jungfrau symbolisiert wurde, weist ihre Rückkehr in den Himmel auf die Zeit hin, als das Zeitalter der Jungfrau zu Ende war und das Frühlingsäquinoktium kurz vor dem Übertritt ins Sternbild Löwe stand.[11] Auch der Mosaikboden in der Gebetshalle der Bet-Alpha-Synagoge aus dem sechsten Jahrhundert nach Christus erinnert an diese Grenzlinie zwischen Jungfrau und Löwe: Er zeigt einen Tierkreis, in dem das Frühlingsäquinoktium genau an dieser Grenze dargestellt ist. In der Mitte des Tierkreises sitzt der Sonnengott Helios auf einem Wagen, der von vier Pferden gezogen wird – er erinnert an den Verbrennungsmythos vom Sturz des Phaeton und des Sonnenwagens durch einen von Zeus geschleuderten Blitz.

Der Krebsnebel könnte also durch seine einzigartige Himmelsposition an der Spitze des südlichen Horns des Stiers an eine der schlimmsten Perioden des Massenaussterbens in der jüngeren Erdgeschichte erinnern, die Legenden zufolge auch viele Menschenleben gefordert haben soll. Der Krebsnebel ist aber auch die Heimat eines einzigartigen Pulsars, der einen Teil der phänomenalen interstellaren Superwellen-Botschaft darstellt,

---

11 Ebd., S. 235-8

die wir auf den vorangegangen Seiten untersucht haben. Sollten Pulsare also tatsächlich von einem Netzwerk galaktischer Zivilisationen geschaffen worden sein, dann müssen besagte Zivilisationen auch über die durch die Sonneneruption hervorgerufene Überschwemmungskatastrophe Bescheid gewusst haben, die unseren Planeten traf, als die bisher letzte Superwelle unser Sonnensystem durchquerte.

Ein Superwellen-Schild?

Eines der mysteriösesten Merkmale des Supernovaüberrests Krebsnebel ist der röhrenförmige Jet aus ionisiertem Gas, der aus seiner Nordseite strahlt (Abb. 39). Diese gigantische Röhre erstreckt sich etwa zweieinhalb Lichtjahre über die Grenze des Nebels hinaus und hat einen Durchmesser von etwa eineinhalb Lichtjahren. Ihre ungewöhnlich geradlinigen und parallel zueinander verlaufenden Ränder unterscheiden sich deutlich von den unregelmäßig verdrehten und gewundenen Filamenten, die den Rest des Nebels ausmachen.

Die Astronomen Theodore Gull und Robert Fesen veröffentlichten 1982 im *Astrophysical Journal* einen Artikel über diesen „rätselhaften Jet", in dem sie eine Reihe verblüffender Fragen aufwarfen:

> Erstens: Warum ist der Jet die einzige fadenförmige Struktur außerhalb eines ansonsten deutlich abgegrenzten Nebels? Zweitens: Warum zeichnet er sich in diesem großteils chaotischen und amorph wirkenden Supernovaüberrest durch einen derart geordneten Aufbau aus? Die Erscheinung des Jets lässt nicht den Schluss zu, dass er denselben physikalischen Prozessen unterliegt wie der Rest des Nebels. Seine Form lässt zwar auf eine Entstehung durch eine Energieentladung schließen, doch ist nicht eindeutig, dass der Jet in einer direkten Beziehung zum Supernova-Ereignis von 1054 n. Chr. steht, da er sich weder in einer radialen Ausrichtung mit dem Expansionszentrum noch mit dem Pulsar befindet. […] Wir benötigen also […] weitere Informationen über die physikalischen Eigenschaften des Jets, bevor wir realistische Aussagen über seine Struktur und seine Entstehung treffen können.[12]

---

12 Gull, T. R. und Fesen, R. A.: „Deep optical imagery of the Crab Nebula's jet" in *Astrophysical Journal*, 1982, 260:L75-L78

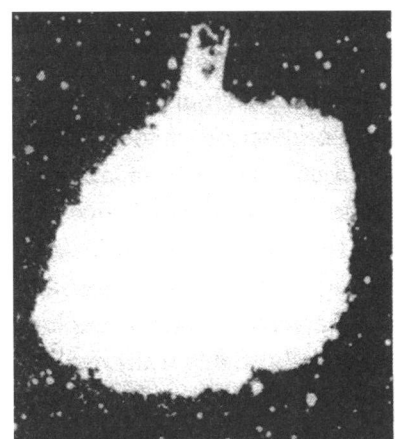 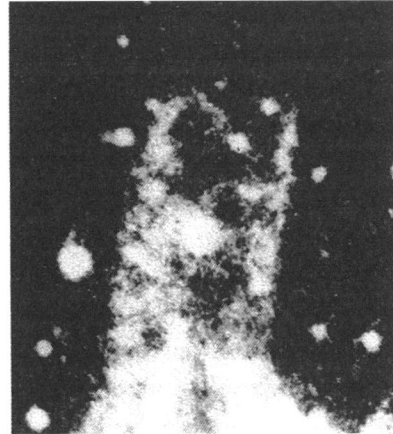

Abb. 39: Der Krebsnebel und sein optischer Jet, abgebildet mit speziellen Grün- und Rotfiltern, die Licht durchlassen, das von doppelt ionisiertem Sauerstoff sowie von ionisiertem Wasserstoff und Stickstoff abgestrahlt wird. Das Bild rechts zeigt einen vergrößerten Ausschnitt. (Gull und Fesen, Astrophysical Journal, Abb. 2b, 2c.)

Beobachtungen zum Material in der nördlichen Spitze des Jets haben zudem ergeben, dass es sich mit einer relativ geringen Geschwindigkeit von 100 bis 150 Sekundenkilometern von uns wegbewegt – ein deutlicher Gegensatz zur hohen Geschwindigkeit der Außenhülle des Nebels, die sich mit 1.500 bis 2.200 Sekundenkilometern ausdehnt. Astronomen schließen daraus, dass der Jet nahezu an der Himmelsebene ausgerichtet sein muss, wodurch das meiste ausgestoßene Material sich senkrecht zu unserer Sichtlinie bewegt.[13] Langzeitbeobachtungen von 14 leuchtenden Filamenten im Jet haben jedoch gezeigt, dass sich das Material direkt vom Expansionszentrum des Nebels wegbewegt, so wie die Filamente in anderen Teilen des Nebels, und nicht in Richtung der Längsachse des Jets. Die Astronomen, die nach einer vernünftigen Erklärung für den Jet suchen, sind durch diese Beobachtungen stutzig geworden – immerhin weist jetzt alles darauf hin, dass der Jet nicht durch die Explosion des Nebels entstanden sein kann. Die Astronomen Robert Fesen und Bryan Staker merkten in ihrem Artikel aus dem Jahr 1993 für *Monthly Notices* Folgendes dazu an:

> Die Ausdehnungsrichtungen der 14 vermessenen Jet-Komponenten lassen auf eine einfache radiale Expansion aus dem Zentrum des

---

13 Ebd.

Überrests schließen. [...] Alle verfügbaren Bilddaten scheinen also auf eine radialartige Expansion hinzudeuten, in direktem Widerspruch zu den erwarteten nicht-radialen Bewegungen, die aufgrund des optischen Erscheinungsbildes des Jets zu erwarten gewesen wären. [...] Wenn diese Beobachtungen korrekt sind, dann folgt daraus, dass die Struktur des Jets mit seinen parallel verlaufenden Rändern nicht das Resultat einer besonderen, nicht-radialen Kinematik an der nördlichen Begrenzung des Krebsnebels ist.[14]

Daraus ersehen wir, dass die Astronomen in Bezug auf die Frage, warum der Jet nicht auf das Expansionszentrum des Nebels ausgerichtet ist, völlig ratlos sind. Wäre er auf das Zentrum ausgerichtet, dann könnte man seine Entstehung problemlos mit der normalen Ausdehnung des Nebels erklären. Dass er es nicht ist, könnte aber darauf hindeuten, dass ETI-Zivilisationen hinter seiner Ausrichtung stecken; so könnten sie sichergestellt haben, dass die Empfänger ihrer Botschaft kein natürliches Phänomen dahinter vermuten. Wie wir gesehen haben, hat der Krebsnebel ja zumindest unter den Astronomen einiges an Aufmerksamkeit erregt ...

Sehen wir uns die Ausrichtung des Jets, der in einem Winkel von etwa 40 Grad zur Hauptachse des Nebels steht, aber etwas genauer an, dann erkennen wir, dass er vorsätzlich so positioniert worden sein könnte. Sein östlicher Rand (auf dem Foto links) *zielt direkt auf den südlichen Brennpunkt des Nebel-Ellipsoids* (siehe Abb. 40). Für eine solche Ausrichtung gibt es keine natürliche Erklärung, da die Auswürfe von Explosionen sich stets vom Explosionszentrum aus nach außen bewegen – und nicht von einem der Brennpunkte des Ellipsoids, das durch die Explosion geformt wurde.

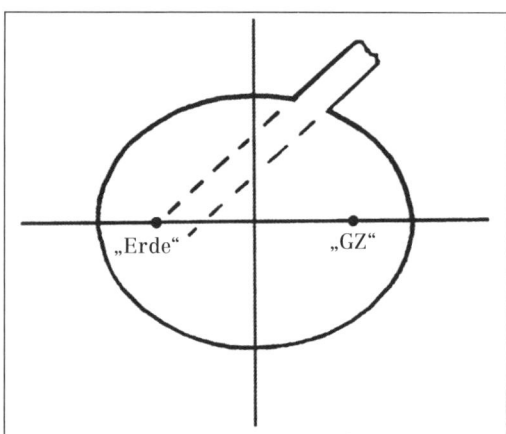

Abb. 40: Die Skizze zeigt die Lage der Brennpunkte des Krebsnebel-Ellipsoids und die relative Ausrichtung seines optischen Jets.

---

14 Fesen, R.A. und Staker, B.: „The structure and motion of the Crab nebula jet" in *Monthly Notices of the Royal Astronomical Society*, 1993, 263:69-74

Noch ist unklar, ob die Lage des Jets im Hinblick auf die oben erläuterte Theorie relevant ist, dass der Krebsnebel ein maßstabsgetreues Modell sei. Rufen wir uns in Erinnerung, dass die Brennpunkte des Ellipsoids das galaktische Zentrum beziehungsweise die Erde repräsentieren. Wenn wir den südlichen Brennpunkt des Ellipsoids also als Repräsentation der Erde auslegen, dann folgt daraus, dass das Modell zeigt, wie der Jet symbolisch auf die Erde zielt.

Wenn die Detonation der Krebsnebel-Supernova tatsächlich von einer hochentwickelten außerirdischen Kultur inszeniert wurde, dann ist ein so ungewöhnliches Merkmal keine wirkliche Überraschung. Es stellt sich nur die Frage, wie der Jet so konstruiert werden konnte. Handelt es sich bei ihm etwa um das Beispiel für einen zylindrischen Kraftfeld-Schild, der dazu eingesetzt wird, die kosmische Strahlung einer Superwelle zu blockieren? Beobachtungen mit dem Radioteleskop haben ergeben, dass der Jet wirklich polarisierte Synchrotronstrahlung abgibt – und das deutet darauf hin, dass er von kosmischer Strahlung aufgeladen wird, die er in seinem Magnetfeld einfängt (siehe dazu den Radiowellen-Jet in Abb. 30).[15] Wollte die Zvilisation, die den Supernovaüberrest Krebsnebel mit seinem einzigartigen Pulsar-Leuchtfeuer geschaffen hat, uns auch eine Technologie demonstrieren, die uns eines Tages vor dem Ansturm der nächsten Superwelle retten könnte? Man beachte, dass das Krebsnebel-Modell uns zeigt, wie dieser Jet oder „Schild" symbolisch zwischen Erde und galaktisches Zentrum tritt. Vielleicht wollen uns die Himmelskünstler damit sagen, dass wir uns darauf einstellen sollen, selbst einen solchen Schild herzustellen, um uns vor der Gefahr aus dem galaktischen Zentrum zu schützen.

Diese Schild-Metapher wurde auch in unseren Überlieferungen über die Sternbilder hinterlassen. Wie wir in Abbildung 38 sehen, hält Orion einen Schild hoch, um den Himmelsstier (die galaktische Superwelle) abzuwehren, der aus dem galaktischen Zentrum kommt und auf das galaktische Antizentrum zustürmt. Auch im Sternbild Zentaur taucht ein Schildsymbol auf. Die Sternbilder Pfeil (Sagitta) und Kreuz des Südens, die auf gegenüberliegenden Seiten des galaktischen Zentrums liegen, vermitteln uns ihre jeweilige 1-Radiant-Metapher. Wenn wir nun diese beiden 1-Radiant-Vektoren um den „Drehpunkt" galaktisches Zentrum in unsere Richtung „falten", überschneiden sich die beiden Punkte in unserer unmittelbaren galaktischen Umgebung – und bilden einen Vektor, der vom galaktischen Zentrum direkt auf unser Sonnensystem weist. In dieser Darstellung sehen

---

15 Velusamy, T.: „Radio detection of a jet in the Crab Nebula" in *Nature*, 1984, 308:251-2

wir Zentaur unmittelbar vor unserem Sonnensystem, mit erhobenem Schild dem galaktischen Zentrum zugewandt, als wollte er uns vor dem Ansturm der kosmischen Strahlung der galaktischen Superwelle bewahren, der wiederum durch den nach außen fliegenden Himmelspfeil symbolisiert wird.

Wollen die Außerirdischen uns damit sagen, dass sie uns im Notfall – also während einer Superwellen-Katastrophe – beistehen und einen ähnlichen Schild um unser Sonnensystem aktivieren würden, wenn wir sie darum ersuchen? Oder müssen sie sich an die „Oberste Direktive" halten, die ihnen untersagt, sich offen in menschliche Angelegenheiten einzumischen, auch wenn es ums Überleben geht? Ist das Eintreffen einer galaktischen Superwelle etwa nur ein Test, der zeigen soll, wie entwickelt eine Kultur ist? Wenn eine planetengebundene Zivilisation sich erfolgreich vor einer solchen galaktischen Katastrophe schützen und danach als friedliche Gesellschaft überleben kann, ohne wieder in ein chaotisches „dunkles Zeitalter" zurückzufallen – ist sie dann würdig, aus ihrer Quarantäne entlassen und Teil der galaktischen Föderation zu werden? Oder will man uns einfach nur vor dem Superwellen-Phänomen warnen und uns mitteilen, dass es eine Technologie gibt, mit deren Hilfe wir uns davor schützen können? In Kapitel 8 werden wir uns damit befassen, ob es überhaupt machbar ist, modernste und derzeit in Entwicklung befindliche Kraftfeld-Strahltechnik für den Einsatz eines Weltraumschilds zu nutzen, wie er uns in nächster Nähe des Krebsnebels vorgeführt wird.

Kosmische Synchronizität?

Wenn Mitglieder der galaktischen ETI-Gemeinschaft wirklich solche Anstrengungen unternommen haben, um die Krebsnebel-Himmelskarte für uns zu konstruieren, dann müssen sie auch gewusst haben, dass unser Planet bewohnt ist. Nehmen wir einmal an, dass die Heimat dieser Himmelskünstler unweit des Krebsnebels liegt und dass sie durch überlichtschnellen Nachrichtenaustausch mit anderen Mitgliedern des galaktischen „Clubs", die in der Nähe unseres Sonnensystems lebten, von unserer Existenz erfahren haben. Vielleicht beherrschen sie aber auch die überlichtschnelle Raumfahrt und konnten in sehr kurzer Zeit so große Entfernungen zurücklegen. Sollten unsere Annahmen korrekt sein, dann kannten sie vielleicht sogar unsere Erdgeschichte und wussten über die verheerenden

Überflutungen des Jahres 10750 v. Chr. Bescheid, die Legenden zufolge eine blühende weltumspannende Zivilisation ausgelöscht haben sollen.

Ein Punkt an der Krebsnebel-ETI-Hypothese ist jedoch nach wie vor mysteriös: die Jahrtausende, die zwischen der Erschaffung dieser Himmelskarte und dem Zeitpunkt vergangen sind, an dem ein irdischer Beobachter ihre Botschaft wahrnehmen konnte. Der Krebsnebel ist etwa 6.585 Lichtjahre von uns entfernt. Die Detonation der Supernova ereignete sich um 5530 v. Chr.; erst ca. 6.585 Jahre später, also im Jahr 1054 n. Chr., wurde sie auf der Erde sichtbar. 5530 v. Chr. befand sich die Menschheit aber noch in der jungsteinzeitlichen Periode; das Alte Reich Ägyptens entstand erst um 3100 v. Chr. Wenn die galaktische Gemeinschaft über den relativ niedrigen Entwicklungsstand der Menschheit zu dieser Zeit informiert war, wie konnte sie dann sicher sein, dass der Mensch 7.500 Jahre später technisch weit genug sein würde, den Krebsnebel und seinen Pulsar analysieren zu können? Die einzigartigen Merkmale des Krebsnebels lassen sich schließlich nur mit Hilfe großer optischer Teleskope und Radioteleskope hinreichend gut wahrnehmen. Und um die Superwellen-Warnbotschaft des Krebsnebels zu verstehen, sind fortgeschrittene Kenntnisse der galaktischen wie auch der extragalaktischen Astronomie erforderlich. Die Krebsnebel-Himmelskarte wartet seit mindestens 600 und vielleicht sogar 900 Jahren darauf, dass wir sie entschlüsseln. Es gab also einen Spielraum von einigen Jahrhunderten, um die nötige wissenschaftliche und technische Infrastruktur für das Verständnis ihrer Botschaft zu entwickeln.

Sollte diese Botschaft aus der Vergangenheit aber bewusst als „Zeitkapsel" gestaltet worden sein, dann stellt sich immer noch die Frage, wie ihre Schöpfer so präzise vorausahnen konnten, dass wir 6.500 Jahre später ein ausreichendes Verständnis dafür besitzen würden. Betrachten wir dazu Medien, die in Fernwahrnehmung („Remote Viewing") ausgebildet sind. Versuchsreihen der amerikanischen Regierung haben bewiesen, dass diese Personen Ereignisse auch in einer Entfernung von tausenden Kilometern mit einer Trefferquote von bis zu 80 Prozent korrekt wahrnehmen können.[16] Dieselbe Methode wurde auch zur Vorhersage künftiger Ereignisse angewandt. Haben außerirdische Hellseher mit Hilfe von Fernwahrnehmungstechniken gesehen, wie unser Planet mehrere Jahrtausende in der Zukunft aussehen würde? Oder konnten sie einfach aus Bevölkerungsgröße und -zuwachsrate darauf schließen, dass es etwa sieben Jahrtausende später genug Menschen auf der Erde geben würde, um eine technisch ausreichend

---

16 McMoneagle, J.: „The Ultimate Time Machine" (Charlottesville, Va.: Hampton Roads, 1999)

fortgeschrittene Zivilisation hervorzubringen? Vor demselben Rätsel stehen wir übrigens auch, wenn wir die 1-Radiant-Botschaft der Millisekunden-Pulsare im Umfeld der Sternbilder Fuchs und Pfeil auslegen wollen.

Natürlich können wir aber auch weiterhin eine andere Möglichkeit in Betracht ziehen – die nämlich, dass Mitglieder des galaktischen ETI-Netzwerks die Entwicklung der menschlichen Zivilisation hinter den Kulissen beeinflusst haben. Damit hätten sie dafür gesorgt, dass wir ihre Pulsar-Botschaft begreifen würden, sobald sie an unserem Himmel auftauchte. Manche Ägyptologen wundern sich bis heute darüber, wie Mathematik, Wissenschaft, Technik und Medizin am Beginn der ägyptischen Hochkultur mit einem Schlag ein derart hohes Niveau erreichen konnten – und wie viel von diesem Wissen in den darauffolgenden Jahrtausenden wieder verloren gegangen ist.[17] In den ägyptischen Göttermythen heißt es, dass Osiris und Thoth (Hermes Trismegistos) das Land besucht und der Menschheit die Zivilisation sowie die hermetische Lehre gebracht hätten. Einige Autoren sehen dies als Beleg für einen Kontakt mit Außerirdischen.

Möglicherweise haben die Alien-Zivilisationen den Zeitpunkt für die Übermittlung ihrer Botschaft aber auch nur deshalb so ausgewählt, weil sie bereits im voraus wussten, dass um diese Zeit eine weitere galaktische Superwelle durch unseren Teil der Galaxis rasen würde. Dann wäre ihre Warnung sozusagen eine Vorsichtsmaßnahme, falls wir selbst noch nicht so weit sein sollten, die kommende Gefahr zu erkennen.

Der bedeckungsveränderliche Millisekunden-Pulsar (EBM-Pulsar) weist eine „zufällige" Übereinstimmung mit dem Vela-Pulsar auf, die nur dann offenkundig wird, wenn man die Signaltätigkeit der beiden Himmelskörper während der vergangenen Jahrzehnte untersucht. Die Pulsperiode des EBM-Pulsars zeigt eine sinusförmige Abweichung von ±0,089226 Sekunden während seiner 9,2 Stunden dauernden Umlaufzeit. Genauso lange brauchen die Radiosignale des Pulsars für die Entfernung von 26.770 Kilometern – den Radius des *nahezu perfekt kreisförmigen* Orbits des EBM-Pulsars.[18,19] Diese Abweichung in der Pulsperiode ähnelt nun sehr der Pulsperiode des

---

17 West, J.A.: „Serpent in the Sky: The High Wisdom of Ancient Egypt" (Wheaton, Ill.: Quest, 1993)

18 Wenn sich der Pulsar von uns weg- und wieder zu uns hinbewegt, wird sein Pulssignal abwechselnd um ±0,089226 Sekunden langsamer oder schneller, als es wäre, wenn der Himmelskörper seine Position nicht änderte. Diese Zeitspanne von 0,089226 Sekunden ist genau die Zeit, die das Radiosignal des Pulsars benötigt, um den Radius seines Orbits um seinen Begleitstern zurückzulegen.

19 Fruchter. A.S. et al.: „The eclipsing millisecond pulsar PSR 1957+20" in *Astrophysical Journal*, 1990, 351:642-50

Vela-Pulsars; die Differenz zwischen den beiden beträgt zur Zeit nur 0,09 Prozent! Im September 1973 betrug die Pulsperiode des Vela-Pulsars sogar genau diese 0,089226 Sekunden, seither weicht sie wegen der allmählichen Verlangsamung der Pulsperiode um etwa 0,004 Prozent im Jahr davon ab. Tausend Jahre vor oder nach diesem Datum würde die Vela-Pulsperiode also um vier Prozent vom erwähnten Orbitalradius-Wert abweichen, wodurch der Zusammenhang zwischen den beiden Pulsaren nicht mehr so leicht ersichtlich wäre.

Wenn die beiden Pulsare ganz und gar natürlichen Ursprungs wären, dann müssten wir es als puren Glücksfall betrachten, dass wir sie im Lauf ihrer Jahrtausende währenden Existenz ausgerechnet zu diesem besonderen Zeitpunkt beobachten dürfen, wenn diese Übereinstimmung zwischen ihnen besteht. Wurden sie aber von Außerirdischen hergestellt, die bei der Einstellung der Pulsperioden sorgfältig darauf achteten, dass ein Zusammenhang zwischen EBM-Pulsar und Vela-Pulsar ersichtlich wird, dann war dazu wohl einiges an Weitblick nötig. Da der Vela-Pulsar, der mit einer Entfernung von 815 Lichtjahren der uns nähere der beiden ist, hätte eine außerirdische Zivilisation mindestens 815 Jahre vorausplanen müssen, um diese Pulsperioden-Übereinstimmung in unserer Gegenwart zu erzielen. Ist der Vela-Pulsar aber tatsächlich vor 12.000 oder mehr Jahren entstanden, dann hätte die Planungsphase noch um vieles länger andauern müssen.

Die Möglichkeit einer absichtlich herbeigeführten Synchronizität zwischen EBM- und Vela-Pulsar scheint noch plausibler, wenn wir uns klarmachen, dass diese Übereinstimmung sehr gut zu anderen Teilen der metaphorischen Pulsar-Botschaft passt, von denen hier bereits die Rede war. Wie wir in Kapitel 2 gesehen haben, ist der EBM-Pulsar jener, dessen Himmelsposition der von Gamma Sagittae am nächsten liegt; das deutet darauf hin, dass es einen assoziativen Zusammenhang zwischen ihm und besagtem Stern gibt, der auf den 1-Radiant-Bezugspunkt hinweist. Weiterhin haben wir festgestellt, dass die P-$\dot{P}$-Himmelskarte nur dann Sinn ergibt, wenn wir die Koordinate für den Vela-Pulsar mit dem Stern Gamma Sagittae gleichsetzen. Demnach stehen also sowohl der EBM- als auch der Vela-Pulsar in einer Verbindung zu Gamma Sagittae, was die symbolische Verbindung zwischen den beiden Pulsaren noch verstärkt.

Durch die „Verschlüsselung" der Vela-Pulsperiode als *Radius* des fast perfekt kreisförmigen Orbits des EBM-Pulsars scheint die Verbindung zwischen den beiden Himmelskörpern auch noch mit dem 1-Radiant-Konzept kombiniert zu sein: Der Radialabstand von 0,089226 Lichtsekunden bildet einen Winkel von ein Radiant, wenn man ihn an den Umfang des nahezu perfekt kreisförmigen Orbits des EBM-Pulsars anlegt. Der EBM-Pulsar illustriert das 1-Radiant-Konzept zudem in Verbindung mit Gamma Sagittae: Wir wir aus Kapitel 2 wissen, ist seine Himmelsposition so beschaffen, dass er einen rechten Winkel mit Gamma Sagittae und dem nahegelegenen äquatorialen 1-Radiant-Bezugspunkt bildet (Abb. 15).

All diese Hinweise zusammengenommen lassen den Schluss zu, dass sowohl Gamma Sagittae als auch der Vela-Pulsar einen 1-Radiant-Pfeilflug vom galaktischen Zentrum in die Umgebung unserer Sonne anzeigen (siehe dazu auch den folgenden Textkasten).

Sind Grade galaktischer Standard für die Winkelmessung?

Dividiert man den Orbitalradius des EBM-Pulsars (0,0892267 Lichtsekunden) durch die Pulsperiode des Millisekunden-Pulsars (0,001557806 Sekunden), so erhält man einen Quotienten von 57,2772 – eine Zahl, die keine drei Hundertstelprozent von der Anzahl der Grade in einem Radiant (57,2958) abweicht. Möglicherweise stellen die beiden Pulsare das 1-Radiant-Konzept auf diese indirekte Art dar. Da der Begleitstern des EBM-Pulsars aber Masse verliert, wird sein Einfluss auf den Pulsar immer geringer, sodass auch der Orbitalradius des Pulsars allmählich kürzer werden sollte. Irgendwann in der Vergangenheit muss der Orbitalradius des Pulsars, in Lichtsekunden gemessen, 29 Lichtmikrosekunden länger gewesen sein; dann hätte der erwähnte Quotient genau denselben Zahlenwert gehabt wie die Anzahl der Grade in einem Radiant. Da wir wissen, dass die Umlaufzeit des Doppelsterns um $3,8 \pm 10 \times 10^{-6}$ Prozent im Jahr zunimmt, können wir ungefähr errechnen, dass der Orbitalradius des Pulsars vor etwa 8.500 ± 20.000 Jahren 29 Lichtmikrosekunden länger war – also sehr grob geschätzt zum Zeitpunkt, als die Vela-Supernova detonierte.

Ein weiteres interessantes Ergebnis erhalten wir, wenn wir die Vela-Pulsperiode durch die Pulsperiode des Millisekunden-Pulsars dividieren. Dabei erhalten wir für den September 1963 einen Quotienten, der genau der Anzahl der Grade in einem Radiant entspricht; seit damals weicht der Quotient allerdings um ~0,002 Prozent im Jahr von diesem Wert ab, weil die Pulsperiode des Vela-Pulsars allmählich zunimmt. Wir können nicht sicher sein, dass eine galaktische Gemeinde miteinander kommunizierender Zivilisationen ebenfalls ein System der Winkelmessung verwendet, in dem ein Kreis in 360 Grad unterteilt wird. Dennoch ist die Tatsache hochinteressant, dass der Pulsperioden-Quotient dieser beiden einzigartigen Pulsare der Anzahl der Grade in einem Radiant entspricht. Da stellt man sich doch die Frage, woher unser System eines Kreises mit 360 Grad eigentlich kommt – hat man es uns vielleicht beigebracht?

7.

Natürlich oder künstlich?

Leuchtturm-Probleme

Das Problem der Supernova-Entstehung. Bis heute setzt die Astronomie das Neutronenstern-Leuchtturmmodell dazu ein, das Phänomen der Pulsare zu erklären. Gleichzeitig muss sie jedoch eingestehen, dass dieses Modell vieles nicht erklären kann – zum Beispiel, wie Pulsare eigentlich entstehen. Dem Leuchtturmmodell zufolge gehen sie aus Supernova-Explosionen hervor; dafür gibt es jedoch zu wenig Pulsare, die innerhalb oder in der Nähe bestehender Supernovaüberreste entdeckt wurden. Drei Prozent aller bekannten Pulsare stimmen zwar in ihren Positionen mit solchen Überresten überein, doch nicht einmal bei diesen wenigen ist sicher, dass sie durch eine Supernova entstanden sind. Beim Vela- und dem Vulpecula-Pulsar widersprechen die vorhandenen Daten sogar der Theorie, dass diese Himmelskörper durch die Detonation hervorgerufen wurden, bei der die dazugehörigen Supernovaüberreste erzeugt wurden. Wie bereits in Kapitel 5 angemerkt, geht die Flugbahn der Eigenbewegung des Vela-Pulsars nicht vom Explosionszentrum des Vela-Supernovaüberrests aus. Weiterhin kann besagter Pulsar in den 13.000 Jahren seit der Explosion der Vela-Supernova unmöglich die Entfernung vom Explosionszentrum zu seiner derzeitigen Position zurückgelegt haben. Außerdem steht gar nicht fest, dass der Vela-Pulsar gleich weit von uns entfernt liegt wie der Vela-Überrest. Durch die Messung der frequenzabhängigen Verzögerung seiner Radiosignale gelangten die Astronomen zu dem Schluss, dass der Pulsar sich in einer geschätzten Entfernung von etwa 1.650 Lichtjahren befinden müsse – also doppelt so weit entfernt wie der Supernovaüberrest.

Die Astronomie hält auch einen ursächlichen Zusammenhang zwischen dem Vulpecula-Pulsar und seinem Überrest für zweifelhaft, da die Ausdehnung des Supernovaüberrests auf ein wesentlich höheres Alter hindeutet, als es der Pulsar aufweisen dürfte. Der Pulsar im Krebsnebel ist der einzige, bei dem sich glaubhaft nachweisen lässt, dass er aus dem zugehörigen Supernova-Explosionsort hervorgegangen ist. Das bedeutet aber noch lange nicht, dass es sich bei ihm um einen rotierenden Neutronenstern handelt; es könnte sich bei dieser Radioquelle auch einfach nur um das Sternenkern-Relikt des explodierten Vorgängersterns handeln. Auch die nichtpulsierende punktförmige Röntgenquelle, die in der Nähe des Explosionsorts des Supernovaüberrests Cassiopeia A entdeckt wurde, ist vielleicht nur das strahlende Sternenkern-Relikt dieses detonierten Sterns.

Das Kreisbahn-Problem. Die Pulsar-Astronomen waren über ihre Feststellung, dass ein hoher Prozentsatz aller bekannten Pulsare von Begleitern umkreist wird, selbst erstaunt. Wären Supernova-Explosionen nämlich tatsächlich die Ursache der Pulsarentstehung, wie die aktuelle Theorie besagt, dann hätten alle nahegelegenen Himmelskörper weit vom Explosionsort und dem neugebildeten Neutronenstern fortgeschleudert werden müssen. Daher haben die Astronomen auch zu der Erklärung gegriffen, dass ein Pulsar seine Begleiter erst nach der Explosion erhält, indem sein Gravitationsfeld nahe vorüberziehende Himmelskörper einfängt. Wenn dem so wäre, müssten die derart eingefangenen Planeten oder Sterne aber eine stark elliptische Umlaufbahn haben, ähnlich wie kurzperiodige Kometen, die um unsere Sonne rotieren. Das Gegenteil ist der Fall: Die meisten Pulsar-Binärsysteme werden von Himmelskörpern begleitet, die sogar außerordentlich kreisförmige Umlaufbahnen aufweisen. Ein gutes Beispiel dafür ist der Pulsar PSR 1257+12, der von zwei Planeten-Trabanten mit jeweils drei- bis vierfacher Erdmasse begleitet wird, die äußerst kreisförmigen Umlaufbahnen folgen.[1] Der Pulsar PSR 0329+54 wiederum wird von einem Trabanten mit noch geringerer Masse (zwischen 6 und 57 Prozent der Erdmasse) begleitet.[2] Auch hier weisen die verfügbaren Daten darauf hin, dass die Umlaufbahn des Trabanten in hohem Maße kreisförmig ist – ein schwerer Schlag für die Theorie, dass Pulsare durch Supernova-Explosionen entstehen.

Durch PSR 1957+20, den bedeckungsveränderlichen Millisekunden-Pulsar (EBM-Pulsar), gerät die übliche Neutronensterntheorie ebenfalls in Schwierigkeiten. Man nimmt an, dass der EBM-Begleiter ein Weißer Zwerg mit etwa zwei Prozent Sonnenmasse ist. Ein solcher Stern ist zwar um einiges massereicher als ein Planet, doch selbst ein derart massereicher Himmelskörper hätte der Abstoßungskraft einer Supernova-Explosion nicht standhalten können. Das Timing des Pulsars weist darauf hin, dass die Umlaufbahn eine Bahnexzentrizität von von weniger als 20 Millionstel hat, was wiederum bedeutet, dass sie um weniger als ein Milliardstel von der perfekten Kreisform abweicht.[3] Im Vergleich zur Erdumlaufbahn liegt sie demnach 5.000 Mal präziser an einer vollkommen Kreisbahn. Diese Kreis-

---

1   Wolszczan, A. und Frail, D. A.: „A planetary system around the millisecond pulsar PSR 1527+12" in *Nature*, 1992, 355:145-7

2   Demianski, M. und Prószynski, M.: „Does PSR 0329+54 have companions?" in *Nature*, 1979, 282:383-5

3   Fruchter, A. S. et al.: „The eclipsing millisecond pulsar PSR 1957+20" in *Astrophysical Journal*, 1990, 351:642-50

förmigkeit schließt aber aus, dass das Gravitationsfeld des Pulsars seinen Trabanten, den Weißen Zwerg, nach der Explosion eingefangen hat. Ebenso unwahrscheinlich ist es, dass der Trabant spontan aus Material entstanden ist, das den Pulsar umkreist hat, da sämtliche aktuellen Theorien über Neutronensterne darin übereinstimmen, dass ein Pulsar auf seine Begleiter erodierend und nicht massesteigernd wirkt. Der Himmelskörper, der den Pulsar PSR J2317+1439 umkreist, weist mit 0,5 Millionstel sogar eine noch kleinere Bahnexzentrizität auf!

Derart *nahezu perfekte* Umlaufbahnen sind in der Astronomie eine Seltenheit; sie treten nur im Zusammenhang mit Pulsaren auf. Da keine der Theorien, nach denen Pulsare durch Supernova-Explosionen entstehen, eine ausreichende Erklärung für dieses Phänomen bietet, stellt sich wieder einmal die Frage, ob Pulsare und ihre Umlaufbahnen nicht doch ein Produkt außerirdischer Technik sind. Wenn Pulsare etwa so massereich sind wie unsere Sonne (worauf astronomische Messungen hinweisen), dann müssen ihren Schöpfern Technologien zur Verfügung stehen, die unsere weit übertreffen – sonst könnten sie keine so massereichen Himmelskörper erzeugen und manipulieren. Wer also weiterhin daran glaubt, dass Pulsare natürlich entstandene Objekte wie rotierende Neutronensterne sind, der muss auch eine ganze Reihe von Naturwundern postulieren, mit denen sich die erwähnten Phänomene erklären lassen. Träfe das zu, dann wäre eine mögliche Erklärung dafür, dass wir jetzt erst langsam erkennen, dass die Natur selbst intelligent ist.

Das Mehrfachpuls-Problem. Mit dem Leuchtturmmodell lassen sich auch Pulsprofile, die aus zwei Pulsen – einem Haupt- und einem Zwischenpuls – bestehen, nur unzureichend erklären. Um zwei messbare Pulse pro Pulszyklus zu erzeugen, müsste der Neutronenstern von jedem seiner Magnetpole einen Synchrotronstrahl aussenden, und die Magnetpolachse müsste annähernd senkrecht zur Drehachse des Neutronensterns ausgerichtet sein. Nur dann könnte ein Beobachter, dessen Blickrichtung mit der Äquatorialebene des Neutronensterns übereinstimmt, bei der Drehung des Sterns abwechselnd die verschiedenen Pulse wahrnehmen, die von den Synchrotronstrahlen erzeugt werden. Dem Leuchtturmmodell zufolge dürfte bei all jenen Neutronensternen, wo die Bündel kosmischer Strahlung nicht in der Nähe des Äquators austreten, für den Beobachter nur ein Puls pro Umdrehung anmessbar sein.

Die Pulse, die der Pulsar im Krebsnebel aussendet, konnte das Modell bisher allerdings nicht erklären. Hier folgt der Zwischenpuls dem Haupt-

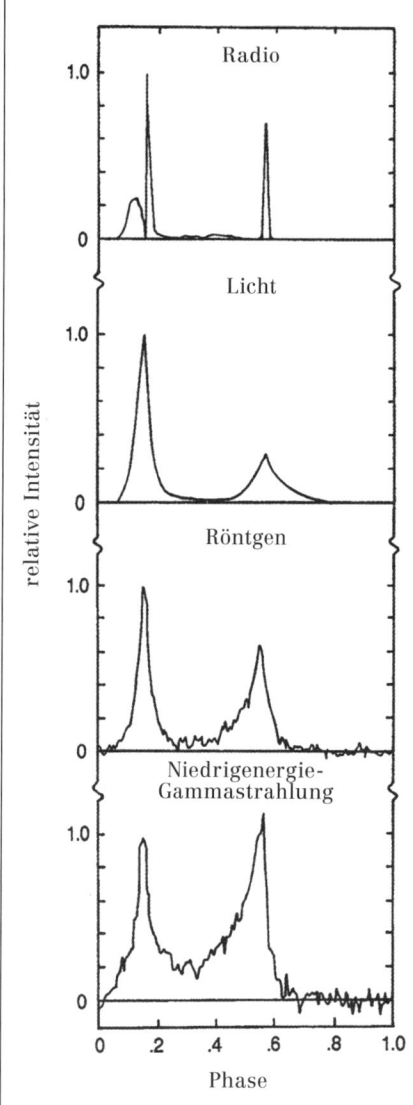

Abb. 41: Zeitlich gemitteltes Pulsprofil für den Pulsar im Krebsnebel, dargestellt auf den Wellenlängen für Radiopulse, sichtbares Licht, Röntgen- und Gammastrahlung (nach Wilson und Fishman in Astrophysical Journal, Abb. 4; Taylor und Manchester in Annual Reviews of Astronomy and Astrophysics, Abb. 4).

puls nämlich nach nur 40 Prozent des Pulszyklus statt genau in der Hälfte, wie er es nach dem Zweistrahl-Leuchtturmmodell eigentlich tun müsste (siehe Abb. 41). Um ein solches Pulsmuster zu erzeugen, müssten die Magnetpole des Pulsars in einem Winkel von 145 Grad zueinander stehen anstatt einander genau gegenüberzuliegen, wie man das vom Magnetfeld eines Himmelskörpers normalerweise erwarten würde.

Der Pulsar im Krebsnebel ist einer der wenigen, die Pulse im hochenergetischen Bereich des elektromagnetischen Spektrums abstrahlen. Wie wir bereits gehört haben, strahlt er nicht nur Radiopulse, sondern auch Lichtblitze, Röntgen- und Gammastrahlen ab. Auch hier tut sich das Leuchtturmmodell mit einer Erklärung dafür schwer, wie es möglich sein soll, dass die Elektronenstrahlen eines Neutronensterns zusätzlich Pulse aus diesen verschiedenen Teilen des Spektrums hervorrufen können. Die Pulsprofile sind zwar in all diesen Spektralbereichen zeitlich miteinander synchron, unterscheiden sich jedoch in anderer Hinsicht erheblich voneinander. So ist beispielsweise das Radio-Pulsprofil viel schmaler als die optischen, Röntgen- und Gammmastrahlungs-Profile (Abb. 41). Zudem fällt die Signalstärke des Pulsars bei zunehmender Frequenz in jedem dieser Spektralbereiche mit unterschiedlicher Geschwindigkeit ab – was darauf hindeutet, dass die Radio-, optischen, Röntgen- und Gammastrahlungspulse von verschiedenen Quellen kosmischer Strahlung erzeugt werden. Nach der Hypothese des Leuchtturmmodells geht jedoch von jedem der Magnetpole des Pulsars nur ein Strahl kosmischer Strahlungselektronen aus; auch hier funktioniert das Modell also nicht.

Eine weitere Eigenschaft des Pulsars im Krebsnebel bringt das Leuchtturmmodell ebenfalls in Erklärungsnotstand: Die Anzahl der Pulskomponenten unterliegt radikalen Veränderungen – je nachdem, in welchem Teil des Radiospektrums man den Pulsar beobachtet. Auf der Frequenzskala von etwa 430 bis 606 Megahertz ist beispielsweise ein kleiner Vorläuferpuls sichtbar, der dem Haupt-Radiopuls unmittelbar vorangeht; auf anderen Radiowellen-Frequenzen sowie auf optischen, Röntgen- und Gammastrahlungs-Wellenlängen ist jedoch nur eine einzelne Hauptpulskomponente anmessbar. Außerdem ist der Zwischenpuls des Pulsars im Krebsnebel im gesamten elektromagnetischen Spektrum – vom Radiowellen- bis zum Gammastrahlungsbereich – vorhanden; nur im Frequenzbereich von 2.700 Megahertz *fehlt er sonderbarerweise*. Noch komplizierter wird die Angelegenheit dadurch, dass der Zwischenpuls bei zunehmend höheren Radiowellen-Frequenzen (im Bereich von 4.700 bis 8.400 Megahertz) wieder da ist, *nun aber früher auftaucht*, nämlich 0,9 Millisekunden (2,8 Prozent einer Pulsperiode) vor seiner bisherigen Position. Dazu kommt, dass dem Zwischenpuls nun zwei ganz neue Frequenzausschläge folgen, die in keinem anderen Frequenzbereich sichtbar waren, wodurch sich bei 4.700 Megahertz eine Gesamtzahl von vier Frequenzausschlägen ergibt. Bei 8.400 Megahertz verschwindet der Hauptpuls wiederum völlig, nur der Zwischenpuls und die zwei zusätzlichen Frequenzausschläge sind noch messbar.

Für Wissenschaftler, die die Strahlung des Pulsars im Krebsnebel als natürliches Phänomen interpretieren wollen, stellen diese Eigentümlichkeiten ein gewaltiges Problem dar. Die Astronomen David Moffet und Timothy Hankins merken zu den Messergebnissen Folgendes an:

> Wir haben bei einer Multifrequenzstudie des Pulsars im Krebsnebel neue, ungewöhnliche Strahlungskomponenten festgestellt, die sich mit der Abstrahlung durch eine einfache Dipol-Feldgeometrie nicht erklären lassen.[4]

---

4   Moffet, D. A. und Hankins, T. H.: „Multifrequency radio observations of the Crab pulsar" in *Astrophysical Journal*, 1996, 468:779-83

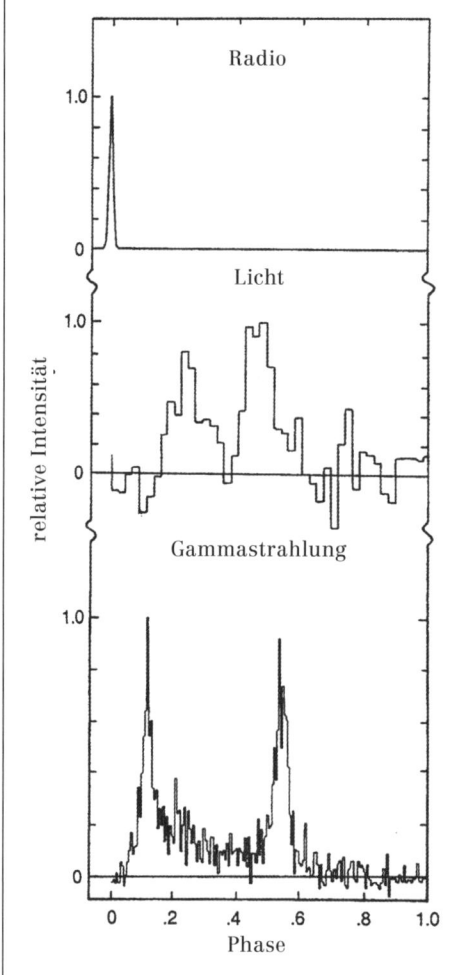

Abb. 42: Zeitlich gemitteltes Pulsprofil für den Vela-Pulsar, dargestellt auf den Wellenlängen für Radiopulse, sichtbares Licht, Röntgen- und Gammastrahlung (nach Kanbach et al. in Astronomy and Astrophysics, Abb. 1 und 2).

Bei der Interpretation der Signale, die vom Vela-Pulsar abgestrahlt werden, steht das Leuchtturmmodell vor ähnlichen Rätseln. Dieser Pulsar strahlt (wie der Pulsar im Krebsnebel) zwei Pulse pro Pulszyklus aus, und zwar im optischen und im Gammastrahlungsbereich des Spektrums. Im gesamten Radiowellen-Frequenzbereich erzeugt er jedoch nur einen Puls pro Pulszyklus (siehe Abb. 42). Ferner weisen die Radio-, optischen, Röntgen- und Gammastrahlungspulse des Vela-Pulsars keine zeitliche Übereinstimmung auf. Im Gammastrahlungs-Frequenzbereich sind Haupt- und Zwischenpuls durch 42 Prozent eines Pulszyklus voneinander getrennt, im optischen und Röntgenstrahlungsbereich aber nur durch 23 Prozent. Und der einzelne Radiopuls findet gegenüber diesen hochenenergetischen Frequenzausschlägen auch phasenverschoben statt. Dieses komplexe Strahlenmuster lässt sich, wie beim Pulsar im Krebsnebel, durch das Zweistrahl-Leuchtturmmodell nicht erklären. Einige Theoretiker haben zwar den Versuch gewagt, drei Magnetpol-Paare zu postulieren, die Teilchenstrahlung von verschiedenen Punkten der Sternoberfläche aussenden – aber so etwas als natürliches Phänomen bezeichnen zu wollen, fällt eher in den Bereich des Unglaubwürdigen. Und alle Modelle, die das Verhalten des Pulsars im Krebsnebel erklären sollen, versagen bei den grundverschiedenen Pulseigenschaften des Vela-Pulsars völlig.

Das Drehachsenausrichtungs-Paradoxon. Pulsare, die sowohl ein breites Pulsprofil als auch ein Doppelpuls-Signal aus Haupt- und Zwischenpuls aufweisen, stellen ein ernsthaftes Problem für das Leuchtturmmodell dar. Das Pulsprofil des Pulsars im Krebsnebel umspannt beispielsweise 60 bis 70 Prozent des gesamten Pulszyklus. Die optischen, Röntgen- und Gammastrahlungs-Pulse des Vela-Pulsars wiederum umspannen 70 bis 80 Prozent seines Pulszyklus. Dennoch erzeugen beide Pulsare zweigipflige Pulsprofile, die sowohl einen Haupt- als auch einen Zwischenpuls aufweisen. Nach dem Leuchtturmmodell ist die lange Emissionsdauer dadurch zu erklären, dass die verlängerte Rotationsachse des Pulsars fast direkt auf den Beobachter weist und der Strahl daher bei der Rotation des Neutronensterns nie aus dem Blickfeld verschwindet. Zur Erklärung des Zwischenpuls-Phänomens verwenden die Anhänger des Leuchtturmmodells aber die genau entgegengesetzte Annahme – nämlich, dass die Rotationsachse des Neutronensterns annähernd *senkrecht* zu unserer Blickrichtung steht und daher Strahlen, die von gegenüberliegenden Punkten ausgehen, abwechselnd in unsere Richtung zeigen. Bisher ist es noch niemandem gelungen, dieses Rätsel der Drehachsenausrichtung zu lösen.

Das nächste Problem ist der Pulsar PSR 0950+08. Der strahlt zwar einen deutlich erkennbaren Hauptpuls ab, sendet bei näherer Betrachtung jedoch *während seines gesamten Pulszyklus* Radio-Synchrotronstrahlen. Dem Leuchtturmmodell zufolge müsste die verlängerte Rotationsachse des Neutronensterns demnach direkt in unsere Richtung weisen, sodass wir nur einen der beiden Strahlen des Pulsars zu sehen bekommen und der andere für uns unsichtbar bleibt. Gegen alle Erwartungen können wir aber auch hier einen Zwischenpuls anmessen, der bei etwa 42 Prozent eines Pulszyklus auftritt (siehe Abb. 5) – das würde bedeuten, dass wir einen zweiten Strahl wahrnehmen, der in einem Winkel von 150 Grad zum Hauptstrahl ausgerichtet ist.[5] Auch dieses Paradoxon harrt noch seiner Erklärung.

Der Pulsar PSR 0950+08 hat noch eine weitere verblüffende Eigenschaft: Sein Zwischenpuls zeigt sich nur in wenigen Prozent der Pulszyklen. Wenn es sich bei diesem Pulsar tatsächlich um einen rotierenden Neutronenstern handelt, warum strahlt er dann über die restlichen 98 Prozent eines Zy-

---

5   Hankins, T. H. und Cordes, J. M.: „Interpulse emission from pulsar 0950+08: How many poles?" in *Astrophysical Journal*, 1981, 249:241

klus nur einen Puls ab? Das Leuchtturmmodell bietet auch in diesem Fall kaum hinreichende Erklärungen. Somit stellen PSR 0950+08, der Pulsar im Krebsnebel und der Vela-Pulsar *äußerst schlagende empirische Beweise zur Widerlegung des Neutronenstern-Leuchtturmmodells* dar. Wenn die genannten Pulsare tatsächlich interstellare Kommunikationsleuchtfeuer sind, kann man jene Zivilisationen, die sie geschaffen haben, nur für ihren Einfallsreichtum loben, da ihre Signale die Astrophysiker und ihre Erklärungsmodelle ziemlich ins Schleudern gebracht haben.

Gleichmäßige Emission kosmischer Strahlen. PSR J0437-4715, der unserem Sonnensystem zweitnächste Millisekunden-Pulsar, liegt in einer Entfernung von nur 450 Lichtjahren im Sternbild Maler.[6] Durch seine unmittelbare Nähe war es den Astronomen möglich, ihn in einigermaßen detaillierten Radioteleskopbildern einzufangen. Diese Bilder zeigen, dass der Pulsar von einem Weißen Zwerg in einer engen Umlaufbahn umkreist wird und dass die beiden Himmelskörper von einer bogenförmigen Stoßwelle umgeben sind (Abb. 43), die der Stoßwelle um den EBM-Pulsar (Abb. 16) ähnelt. Die Astronomen deuten diese Front als die Grenze, an der der kosmische Strahlenwind des Pulsars auf die umliegende, gasförmige interstellare Materie trifft, während der Pulsar sich vorwärtsbewegt. Aus der symmetrischen Form der Stoßwelle folgern die Wissenschaftler, dass besagter Pulsar – wie der EBM-Pulsar – *seinen Teilchenwind mit derselben*

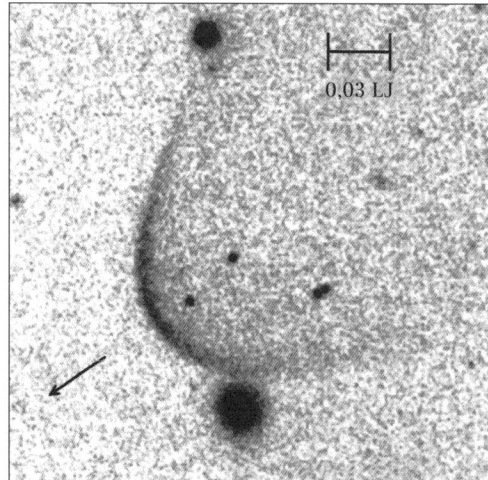

Abb. 43: Optische Darstellung des binären Millisekunden-Pulsars PSR J0437-4715 und der ihn umgebenden Bugstoßwelle, aufgenommen durch einen Rotfilter (15 Zoll = 0,03 Lichtjahre). Der Begleitstern, ein Weißer Zwerg, ist als der schwache Stern direkt hinter der Stoßwelle erkennbar; der Pulsar befindet sich am selben Standort, ist aber optisch nicht wahrnehmbar. Der Pfeil zeigt die Richtung an, in die sich Pulsar und Begleitstern auf der Himmelsebene bewegen. (Mit freundlicher Genehmigung von Andrew Fruchter vom Space Telescope Science Institute und dem Cerro Tololo Inter-American Observatory.)

---

6 Johnston, S. et al.: „Discovery of a very bright, nearby binary millisecond pulsar" in *Nature*, 1995, 361:613–15

Stärke in alle Richtungen abstrahlen muss. Dies widerspricht jedoch der Annahme, dass ein Pulsar ein Neutronenstern ist, der von jedem seiner Pole einen magnetisch begrenzten kosmischen Teilchenstrahl aussendet. Wenn Pulsare ihre kosmische Teilchenstrahlung gleichmäßig in alle Richtungen emittieren, wie kann ihre Rotation dann kurze Radiopulse erzeugen? Auch auf diese Frage bleibt uns das Leuchtturmmodell eine Antwort schuldig.

Das Problem der relativistischen Rotation. Mit der Entdeckung des Millisekunden-Pulsars PSR 1937+214 und des EBM-Pulsars PSR 1957+20, die mit 642 beziehungsweise 622 Umdrehungen pro Sekunde rotieren, erreichte das Modell der rotierenden Neutronensterne beinahe die Grenzen seiner Glaubwürdigkeit. Nach dem Leuchtturmmodell soll es sich bei den beiden Himmelskörpern nämlich um Neutronensterne von jeweils 20 Kilometern Durchmesser handeln, die sich so schnell drehen, dass sie eine Oberflächengeschwindigkeit von etwa *13 Prozent der Lichtgeschwindigkeit* aufweisen müssten. Das liegt sehr nahe an der Grenzgeschwindigkeit, nach deren Überschreitung ein Neutronenstern auseinandergerissen werden würde. Falls der Neutronenstern tatsächlich mit so hoher Geschwindigkeit rotieren würde, dann wäre damit zu rechnen, dass die dadurch erzeugten Kräfte unentwegt auf sein Magnetfeld einwirkten und starke Abweichungen in der Kurve des zeitlich gemittelten Pulsprofils des Pulsars hervorriefen. Beim EBM-Pulsar wäre dieses Problem am schwerwiegendsten, da er einen Begleiter in nur einem Sonnendurchmesser Entfernung hat und es zwischen den beiden Himmelskörpern allem Anschein nach zu einer sehr starken Wechselwirkung kommt; man kann erkennen, wie der Begleiter vom ionisierenden Teilchenwind des Pulsars hell erleuchtet wird. Die Pulskurven der Millisekunden-Pulsare haben jedoch – wie die der meisten anderen Pulsare auch – eine charakteristische Form, die sich auch über einen jahrelangen Beobachtungszeitraum nicht ändert. Der primäre Kurvenausschlag des EBM-Pulsars dauert sogar nur 35 Mikrosekunden lang, also zwei Prozent seiner Pulsperiode, und macht sein Pulsprofil somit zu einem der am genauesten definierten. Mit dem Leuchtturmmodell lassen sich derart konstante Pulsprofile bei so hohen Geschwindigkeiten nicht erklären. Geht man jedoch von der Annahme aus, dass Pulsare von außerirdischen Zivilisationen installierte, nichtrotierende Kommunikationsleuchtfeuer sind, dann ist auch dieses Problem schnell gelöst.

Das Problem der konstanten Pulsperioden. Eine weitere ungewöhnliche Eigenschaft der Millisekunden-Pulsare ist die äußerst geringe Veränderungsrate ihrer Pulsperioden. Geht man vom klassischen Leuchtturmmodell aus, so müssten derart schnell rotierende Pulsare Energieverluste in hohem Ausmaß aufweisen, da sie sowohl Gravitationswellen als auch elektromagnetische Strahlung produzieren, was sie sehr schnell abbremsen würde. Berechnungen zufolge hätten sich der Millisekunden- und der EBM-Pulsar, die derzeit beide mit mehr als 600 Umdrehungen pro Sekunde rotieren, innerhalb nur eines Jahres auf etwa 100 Umdrehungen pro Sekunde verlangsamen müssen.[7] Demzufolge rechneten die Astronomen bei diesen beiden Pulsaren mit dem höchsten Anstieg der Pulsperiode – mehr als 1.000 Mal höher als beim Pulsar im Krebsnebel. Festgestellt wurde aber genau das Gegenteil: Die Pulsperiode des EBM-Pulsars steigt um den extrem niedrigen Wert von nur $1{,}7 \times 10^{-20}$ Sekunden pro Sekunde oder etwa einer halben Pikosekunde pro Jahr an, also ca. 25 Millionen Mal langsamer als die Verlangsamungsrate des Pulsars im Krebsnebel. Der Millisekunden-Pulsar hat eine vergleichbar geringe Änderungsrate von nur $1{,}05 \times 10^{-19}$ Sekunden pro Sekunde (3,3 Pikosekunden pro Jahr). Tatsächlich handelt es sich bei den 20 konstantesten Pulsaren am Firmament durchweg um Millisekunden-Pulsare, deren Verhalten somit im Gegensatz zu den theoretischen Annahmen steht.

Die Astronomen mutmaßten übrigens auch, dass Pulsare mit hoher Rotationsgeschwindigkeit relativ jung sein müssten – vor allem die Millisekunden-Pulsare konnten ihrer Ansicht nach höchstens ein paar Jahre alt sein. Wenn dem so wäre, müssten sie mit relativ aktuellen Supernova-Explosionen einhergegangen sein. Keiner der etwa 120 bisher bekannten Millisekunden-Pulsare findet sich jedoch auch nur in der Nähe eines jungen Supernovaüberrests. Ihre Entdeckung hat sich für die Astrophysiker daher als ziemliches Ärgernis erwiesen.

Das Problem des Rotationsenergieverlusts. Die Anhänger des Leuchtturmmodells sind der Ansicht, dass jene Explosionsenergie, die Materie zur Dichte eines Neutronensterns komprimiert, auch jedes bestehende Magnetfeld auf sehr hohe Werte komprimieren und verstärken würde. Daher nehmen sie an, dass ein Neutronenstern-Pulsar ein äußerst starkes Magnetfeld haben müsse. Ihre Berechnungen deuten zudem darauf hin, dass das rotierende Magnetfeld bei den Umdrehungen des Neutronensterns eine Bremskraft erfährt, wie man sie vom Fahrraddynamo kennt – ein Teil der Rotations-Bewegungsenergie des Sterns würde dabei in elektromagnetische

---

[7] Backer, D. et al.: „A millisecond pulsar" in *Nature*, 1982, 300:615-20

Strahlung umgewandelt. Dieser Vorgang müsste den Neutronenstern zunehmend verlangsamen und damit seine Pulsperiode erhöhen. Berücksichtigt man aber, dass Pulsare eine Masse besitzen, die mit der unserer Sonne vergleichbar ist, dann müssten sie schon sehr große Mengen Bewegungsenergie einbüßen, um ihre Verlangsamungsrate zu erreichen. Die Leuchtturmmodell-Theoretiker sehen sich daher zur Annahme gezwungen, dass ihre Neutronensterne in ungeheurem Maße Energie abstrahlen. Um die postulierte Bremskraft zu erreichen, muss ein Pulsar ihrer Meinung nach eine unmäßig hohe magnetische Feldstärke besitzen, die eine Milliarde bis eine Billiarde Mal stärker ist als die Magnetfeldstärke der Erde. Diese *angenommene* magnetische Feldstärke ist etwa eine Milliarde Mal größer als die Feldstärken, die normalerweise bei massereichen Sternen wie beispielsweise Weißen Zwergen beobachtet werden. Das Hauptproblem an dieser Theorie ist jedoch, dass durch diese hypothetische Bremskraft rein rechnerisch mindestens 1.000 Mal so viel Energie freigesetzt werden müsste, wie der Pulsar in seinen Strahlungsbündeln abgibt.[8]

Wo sind also bitte die restlichen 99,9 Prozent der Energie, die der Pulsar dem Leuchtturmmodell zufolge verliert? Würden sie als elektromagnetische Strahlung freigesetzt, dann sollten unsere Radioteleskope das feststellen können; außerdem wäre die Strahlung dann so stark, dass sie die Pulsarsignale überdecken würde. Es ist jedoch keine solche Strahlung wahrnehmbar. Würde die fehlende Energie aber dazu dienen, kosmische Strahlen zu beschleunigen, dann sollte wiederum der Beschleunigungsvorgang große Mengen elektromagnetischer Strahlung erzeugen. Auch die müssten wir beobachten können – wenn sie denn vorhanden wäre.

Ein besonders extremes Beispiel dieser fehlenden Strahlungsemission verkörpert der Pulsar im Krebsnebel. Würde die kosmische Strahlung, die den Supernovaüberrest Krebsnebel erleuchtet, durch den rotierenden Magnetpol des Pulsars beschleunigt, dann müsste der Beschleunigungsvorgang eine elektromagnetische Strahlung erzeugen, die gleich hoch ist wie die, die vom gesamten Supernovaüberrest ausgeht, aber innerhalb einer Region von einer Million Kilometer Durchmesser rund um den Pulsar konzentriert ist. Unsere Radioteleskope, mit deren Hilfe wir Radioquellen unterscheiden können, die eine Millibogensekunde oder weniger voneinander entfernt sind, müssten demnach eine ungepulste, kompakte Radioquelle anmessen, die *100 Milliarden Mal stärker ist als die diffuse Hintergrundstrahlung des Krebsnebel-Überrests und mehr als eine Billion Mal stärker als*

---

8 Winn, J.: „The life of a neutron star" in *Sky & Telescope*, 1999, Juli, S. 34

das gepulste Radiosignal, das der Pulsar im Krebsnebel abstrahlt. Tatsache ist aber, dass sich innerhalb des Supernovaüberrests nirgendwo eine derart starke Radioquelle beobachten lässt.

Für dieses Problem existiert eine ganz einfache Lösung: Es gibt keine „rotierenden Neutronensterne", die ihre Rotationsenergie mit rasanter Geschwindigkeit im All verschleudern. Die Strahlungsbündel von Pulsaren sind statisch; ihre Pulsperioden wurden von intelligenten Wesen präzise geplant und haben nichts mit irgendwelchen natürlichen Phänomenen zu tun. Was den Krebsnebel betrifft, so stammen die kosmischen Strahlen, die für seine diffuse Hintergrundstrahlung verantwortlich sind, von außerhalb des Supernovaüberrests und nicht von einer Neutronenstern-Quelle.

Unerklärlich komplexe Signale mit hohem Ordnungsgrad

Wollte eine Zivilisation mit einer anderen irgendwo in der Galaxis Verbindung aufnehmen, dann würde sie garantiert ein Signal senden, das man nicht irrtümlich einem natürlichen Objekt zuschreiben könnte. Da die meisten natürlich vorkommenden astronomischen Phänomene hochgradig unregelmäßige Emissionen aussenden, würde eine solche verständigungsbereite Zivilisation sicherzustellen versuchen, dass ihre eigenen Informationsübertragungen einen hohen Ordnungsgrad aufweisen. Geht man von dieser Prämisse aus, so sind Pulsare unter all den galaktischen Strahlungsphänomenen wohl jene, die am ehesten das Kriterium eines künstlichen Ursprungs erfüllen. Bisher ist keine andere Strahlungsquelle bekannt geworden, die derart präzise zeitliche Abfolgen aufweist. Von Cepheiden, Mira-Sternen, ZZ-Ceti-Sternen und Röntgendoppelsternen sind regelmäßige periodische Abweichungen in Lichtstärke und Farbe bekannt, doch die Pulsperioden dieser Himmelskörper sind nicht annähernd so präzise wie die von Pulsaren. So weiß man zum Beispiel von einigen Röntgendoppelsternen, dass sie in Abständen von nur wenigen Sekunden pulsieren, aber Pulsperioden haben, die nur auf sechs oder sieben signifikante Stellen genau sind.[9] Die Pulsperioden von Pulsaren hingegen sind typischerweise eine Million bis 100 Milliarden Mal präziser. Dazu kommt, dass pulsierende

---

9   Hercules X-1 hat zum Beispiel eine Pulsperiode von 1,237772±0,000001 Sekunden, bei Centaurus X-3 dauert sie 4,843496±0,000007 Sekunden.

Röntgendoppelsterne nicht das variantenreiche geordnete Verhalten aufweisen, das wir von den Signalen der Radiopulsare kennen. Wenn solche Röntgendoppelsterne messbare Signale im Radiokontinuum abstrahlen, dann sind diese Signale höchst unregelmäßig, wie das für Sonneneruptionen typisch ist. Diese pulsierenden Strahlenquellen kann man daher wirklich zu den natürlichen Phänomenen zählen. Pulsare hingegen gehören einer völlig anderen Kategorie an. Ihre Pulsmuster haben einen derart hohen Ordnungsgrad und sind so unglaublich komplex, dass es ans Absurde grenzt, sie als natürliche Vorgänge definieren zu wollen.

Erinnern wir uns an einige der Ordnungsmerkmale von Pulsarsignalen. Wie wir bereits in Kapitel 1 festgestellt haben, kann das Leuchtturmmodell nicht einmal die einfachsten Eigenschaften von Pulsarsignalen erklären – zum Beispiel, wie es möglich ist, dass die zeitlich gemittelte Pulsperiode ein so regelmäßiges Timing hat, während die einzelnen Pulse üblicherweise ungewöhnlich hohe Timing-Abweichungen aufweisen. Wie wir weiter oben gesehen haben, hat das Leuchtturmmodell auch keine zureichende Erklärung für die Periodenableitung, also die allmähliche Verlängerung der Pulsperiode. Die unglaubliche Komplexität der Pulsarsignale zeigt aber auch noch einige andere Eigenschaften, die es sehr schwierig machen, Pulsare als natürliche Objekte zu interpretieren. Tabelle 4 zeigt die ganze Bandbreite der Signale mit hohem Ordnungsgrad, die man bei Pulsaren beobachten kann; in Anhang A wird dieses Thema ausführlicher behandelt. Die wichtigsten Punkte sind im Rest dieses Abschnitts zusammengefasst.

Tabelle 4

In Pulsarsignalen beobachtete Ordnungsprinzipien

1. Die auf 10 bis 17 Kommastellen genaue Regelmäßigkeit der Primärperiode P_1 des Pulsars, wie sie sich im Timing seines zeitlich gemittelten Pulsprofils zeigt.

2. Die auf sechs Kommastellen genaue Regelmäßigkeit der Veränderungsrate $\dot{P}_1$, mit der die Primärperiode des Pulsars im Lauf der Zeit zunimmt.

3. Die Konstanz in Form und Polarisation des zeitlich gemittelten Pulsprofils des Pulsars.

4. Die Anordnung aufeinanderfolgender Pulse innerhalb desselben Pulszyklus, bei der die Pulse voneinander stets durch ein charakteristisches Zeitintervall P_2 getrennt sind.

5. Die Amplitudenmodulation einer Serie aufeinanderfolgender Pulse mit einer charakteristischen Modulationsperiode P_3.
6. Das Auftreten vieler Puls-Modulationsfrequenzen innerhalb eines Pulszyklus, wobei die Modulationsfrequenz hinsichtlich der Pulszyklus-Phase geordnet ist; das heißt, eine bestimmte Modulationsfrequenz tritt nur in einem bestimmten Bereich der Pulszyklus-Phase auf.
7. Die Korrelation bestimmter Pulsfolgen-Ereignisse, bei denen ein Puls, der in einer Phase des Pulszyklus auftritt, regelmäßig von einem Puls gefolgt wird, der in einer späteren Phase des Pulszyklus auftritt.
8. Das Phänomen der Pulsdrift, bei dem Pulsserien mit einer charakteristischen Wiederholungsrate P_3 immer wieder über das zeitlich gemittelte Pulsprofil hinwegstreichen.
9. Das „Einfrieren" von Pulsen während einer Nullphase, wenn das Pulssignal nicht mehr feststellbar ist und das Driften der Pulse während einer bestimmten Zeitspanne aussetzt, nur um sich danach genau an der Stelle fortzusetzen, wo es aufgehört hat.
10. Die rapide Amplitudenmodulation der Pulsintensität, bei der die charakteristische Modulationsperiode P_4 eine Größenordnung von einer oder mehreren Hundertstelsekunden beträgt.
11. Das Mode-Switching-Phänomen, bei dem der Pulsar plötzlich von einem stabilen geordneten Signalmuster (Pulsprofil) auf ein oder mehrere andere stabile Muster oder Pulsprofile „umschaltet".
12. Die Quantisierung von Pulsdrift-Raten, bei der sich die Pulsdrift-Rate in ganzzahligen Vielfachen verdoppelt oder verdreifacht, wenn der Pulsar von einem Modus auf den anderen umschaltet.
13. Das frequenzabhängige Mode Switching, bei dem das Mode Switching des Pulsars nur wahrnehmbar ist, wenn das Pulsarsignal in einem bestimmten Radiowellen-Frequenzbereich beobachtet wird.
14. Die Mode-Switching-Grammatik, bei der das Mode Switching von Regeln gesteuert wird, die festlegen, in welchen Modus der Pulsar aus dem Modus, in dem er gerade pulsiert, umschalten darf.

Puls-Amplitudenmodulation. Obwohl Timing und Amplitude von einem Puls zum darauffolgenden beträchtlichen Änderungen unterliegen, folgen auch diese Änderungen oft einer Ordnung. So kann man zum Beispiel beobachten, dass in einigen Pulsaren die Pulsintensität mit zeitlicher Regelmäßigkeit variiert und aus einer langen Pulsfolge immer dieselben ein oder zwei Pulse als stärker herausstechen. Diese Pulsmodulation läuft üblicherweise zwei bis zwanzigmal langsamer ab als die Wiederholungsrate des primären Pulszyklus des Pulsars.

Um dieses mehrschichtige Ordnungssystem zu verstehen, muss man sich vorstellen, dass man durch eine rotierende Stroboskopscheibe eine Leuchtstoff-Deckenlampe betrachtet. Wenn man die Stroboskopscheibe in der richtigen Geschwindigkeit dreht und durch die Schlitze schaut, die am Auge vorbeirasen, dann ist es möglich, genau die Frequenz des Lampenlichts zu erreichen, das 60 Mal pro Sekunde aufblitzt und wieder dunkel wird. Bei diesem Tempo der Stroboskopscheibe scheint das Aufblitzen der Lampe „in der Zeit stehenzubleiben". Je nach Phasenlage der Stroboskopscheibe in Bezug auf die Lampe wird das Deckenlicht entweder auf höchster Helligkeit gleichmäßig leuchten, auf halber Helligkeit gleichmäßig leuchten oder stets dunkel sein. Man nehme nun an, dass es im Elektrizitätswerk ein Problem gibt, das dazu führt, dass die Deckenbeleuchtung vorübergehend fünf Mal pro Sekunde heller strahlt. Wenn man jetzt durch die Stroboskopscheibe blickt, sieht man keine konstante Helligkeit mehr, sondern ein Flackern auf einer Frequenz von fünf Hertz. Die 0,2 Sekunden dauernde *Amplitudenmodulation* wäre in diesem Fall zwölf Mal länger als die Primärperiode der Lampe, die eine Sechzigstelsekunde lang dauert. Auch beim Pulsar ist es diese sekundäre Amplitudenmodulation, von der hier die Rede ist.

Diese Amplitudenmodulation des Pulsarsignals lässt sich auch mit der Technik vergleichen, die für gewöhnlich beim Mittelwellenrundfunk eingesetzt wird. Hier entspricht die primäre Puls-Wiederholungsrate in etwa der Trägerfrequenz des Radiosenders und die Amplitudenmodulation des Pulsarsignals jener Amplitudenmodulation, mit deren Hilfe auf dieser Trägerfrequenz etwa Musik übertragen wird.

Pulsare – vor allem solche mit einem breiten Pulsprofil – können aber auch noch einem viel höheren Ordnungsgrad folgen. In manchen Pulsaren kann sich die Periode dieser Amplitudenmodulation je nach Phase des Pulszyklus unterscheiden. Es kann zum Beispiel zu Beginn des zeitlich gemittelten Pulsprofils vier Mal pro Sekunde auftauchen, gegen Ende des Profils sieben Mal pro Sekunde und im Mittelteil scheinbar völlig zufällig. Noch komplizierter wird die Angelegenheit dadurch, dass zwei oder mehr Pulsmodulationsperioden in jeder beliebigen Phase des Pulszyklus auftauchen können. So ist es beispielsweise möglich, dass sich Pulse zu Beginn des zeitlich gemittelten Pulsprofils sowohl vier als auch fünf Mal pro Sekunde wiederholen.

Ein weiteres Ordnungssystem erschließt sich, wenn man beobachtet, dass eine Pulsmodulation, die in einer Phase des Pulszyklus auftritt, mit einer zweiten Pulsmodulation in einer anderen Phase korreliert – aber mit einer eingebauten Zeitverzögerung, sodass ein Puls, der in einer Phase des Pulszyklus auftritt, einen Pulszyklus später in einer anderen Phase des Zyklus erscheint.

Es gibt keine andere stellare Strahlungsquelle, die derart hochorganisierte Signaleigenschaften aufweist; nicht einmal eine dieser unterschiedlichen Pulsmodulationsarten tritt anderswo in Erscheinung. Die Astronomen scheinen als gegeben hingenommen zu haben, dass ein natürliches Objekt einen solchen Ordnungsgrad aufweisen kann. Sie vermuten, dass die ungewöhnliche Beschaffenheit dieser Ordnungssysteme von den außergewöhnlich hochorganisierten Materiezuständen herrührt, die im Inneren eines Neutronensterns existieren sollen. Während sie also all diese Ordnungsphänomene katalogisieren, glauben sie, damit auch die ungewöhnlichen Ordnungszustände zu erforschen, die ihrer Ansicht nach im Inneren eines Neutronensterns bestehen. In Wahrheit stehen ihnen jedoch keinerlei unabhängige astronomische Beobachtungen zur Verfügung, mit denen sie ihre Annahmen verifizieren könnten. Wenn man sie nach einem Beweis für die Existenz von Neutronensternen fragt, können sie nur auf Pulsar-Beobachtungen verweisen – also genau das Phänomen, das sie mit ihrem Neutronensternmodell eigentlich zu erklären versuchen. Sie haben auch keine Laborexperimente durchgeführt, um herauszufinden, ob ein natürlich rotierender Teilchenstrahl tatsächlich einen derartigen Signal-Ordnungsgrad hervorbringen kann. Ihre Interpretation beschränkt sich also darauf, das „Modell" eines Phänomens zu erstellen, das sie *a priori* für natürlich halten.

Pulsdrift. Bei der Pulsdrift handelt es sich um eine Form der Puls-Amplitudenmodulation, bei der ein Puls scheinbar über das zeitlich gemittelte Pulsprofil „driftet". Mit anderen Worten: Seine Phase im Pulszyklus schreitet mit jedem nachfolgenden Pulszyklus weiter voran, sodass sich seine Position von der ansteigenden Flanke des Pulsprofils zur abfallenden Flanke oder in die entgegengesetzte Richtung bewegt. Dieses Phänomen der Pulsdrift ähnelt dem der Pulsmodulation insofern, als es keinem einfachen Muster folgt. Oft ist die Drift auf bestimmte Phasen des Pulszyklus beschränkt, wobei sie – je nach dem Teil des Pulszyklus, den man gerade analysiert – auch in unterschiedlichen Geschwindigkeiten erfolgt.

Dazu kommt, dass es auch verschiedene Arten des Driftverhaltens gibt. Da wäre zum einen die *lineare Drift*, bei der der Puls mit konstanter Geschwindigkeit über das zeitlich gemittelte Pulsprofil hinwegstreicht; zum anderen gibt es aber auch die *nichtlineare Drift*, bei der sich die Geschwindigkeit der Pulsdrift ändert: Sie beginnt eventuell niedrig, steigt allmählich auf einen höheren Wert an und sinkt dann allmählich wieder auf einen niedrigen Wert. Im selben Maße, wie Form und Timing des zeitlich gemittelten Pulsprofils im Verlauf der Zeit äußerst konstant bleiben, ändern sich auch diese besonderen Eigenschaften – die Pulsmodulation und die Pulsdrift – über die Jahre hinweg nicht. Sie sind irgendwie in den Pulsar einprogrammiert und statten jeden einzelnen Pulsar mit einer Reihe unverwechselbarer und unveränderlicher Signaleigenschaften aus.

Sollten Pulsarsignale wirklich künstlichen Ursprungs sein, dann haben ihre Urheber ganz offensichtlich das Schlüsselziel beim Entwerfen der idealen interstellaren Kommunikation erreicht: Ihre Sendungen sind mit derart vielen unterschiedlichen und komplexen Ordnungsgraden versehen, dass die Astronomen bisher am Versuch scheitern mussten, sie auf natürliche Ursachen zurückzuführen.

Puls-Nullphasen und -Einfrieren. Bei einigen Pulsaren kommt es zu kurzzeitigen Signalaussetzern. In einem Augenblick senden sie in voller Stärke, im nächsten ist ihr Signal verschwunden. Diese sogenannten *Nullphasen* können acht Stunden und länger anhalten. Die gewissenhafte Untersuchung einiger Pulsare, bei denen dieses Phänomen auftritt, hat ergeben, dass der Pulsar während einer solchen Nullphase sehr wohl weiterhin Pulse abstrahlt, wenn auch in sehr geringer Intensität. Es wurde auch beobachtet, dass die Pulsdrift während der Nullphasen nur noch außerordentlich langsam vor sich geht. Wenn der Pulsar dann wieder seinen normalen Sendebetrieb aufnimmt und die Pulsdrift mit normaler Geschwindigkeit weitergeht, streichen die Pulse infolgedessen beinahe von derselben Phase des Pulszyklus weiter über das Profil hinweg, in der sie sich befunden haben, als sie zeitweilig von der Bildfläche verschwanden. Man könnte die Puls-Nullphase mit dem Screensaver- oder Energiesparmodus eines Computers vergleichen, der die Bildschirmhelligkeit reduziert, um den Energieverbrauch des Geräts zu senken und damit die Lebensdauer der Kathodenstrahlröhre zu verlängern. Das Einfrieren des Pulsars verlangsamt praktischerweise den Pulsdrift-Betrieb während der Nullphase, sodass während der Nullphase nichts versäumt wird. Es scheint fast so, als würde der Pulsar sich daran „erinnern", in welcher Phase seines Pulszyklus sich der Puls bei Beginn der Nullphase befunden hat. Die Theoretiker stehen bei ihren Versuchen, dieses Nullphasen- und Einfrierphänomen zu erklären, vor beträchtlichen Schwierigkeiten und müssen es ihrem Leuchtturmmodell wohl oder übel als Ad-hoc-Hypothese hinzufügen.

Das Mode-Switching-Phänomen. Unter den diversen Ordnungsmerkmalen von Pulsarsignalen ist das Mode Switching mit Sicherheit eines der interessantesten und komplexesten Phänomene. Während die meisten Pulsare ein einziges stabiles Pulsmuster aufweisen, das scheinbar unbegrenzt lange andauert, kann bei Pulsaren mit Modusumschaltung das normale Pulsmuster plötzlich verschwinden und durch ein ebenso komplexes Alternativmuster ersetzt werden. Dabei kann ein bestimmtes geordnetes Pulsmuster zwischen 10 und 10.000 Pulsperioden lang anhalten, wohingegen der Übergang von einem Muster zum anderen sehr schnell erfolgt, manchmal von einer Pulsperiode zur nächsten. Ein solcher Mode-Switching-Vorgang ändert den gesamten Charakter des Pulsarsignals. Ordnungsmuster, die normalerweise über viele Pulsperioden hinweg auffallend konstant bleiben, werden mit einem Mal beendet und durch neue, gleich konstante Ordnungsmuster ersetzt. Das Mode-Switching-Phänomen verändert die Kurvenform des zeitlich gemittelten Pulsprofils, strukturiert das Pulsdrift- und Modulationsverhalten um, modifiziert die Polarisationseigenschaften des Pulsars und ändert die Art, mit der die Intensität der einzelnen Komponenten des Pulsprofils in Abhängigkeit von der Radiowellen-Frequenz variiert.

Um einen Vergleich zu bemühen, stelle man sich das zeitlich gemittelte Pulsprofil eines Pulsars als Konstrukt aus seiner Pulsfolge vor – ähnlich wie das fernkopierte Bild, das aus einem Faxgerät kommt, aus einer Folge übertragener Bildpunkte aufgebaut ist. Würde man das Mode-Switching-Phänomen auf ein Faxgerät anwenden, dann beschriebe es den Augenblick, ab dem plötzlich ein völlig neues Bild oder eine neue Seite übertragen wird. Unabhängig von den radikalen Änderungen, die beim Umschalten von einem Signalmodus auf den anderen passieren, bleiben die überaus präzise Primärperiode und die Periodenableitung des Pulsars unverändert. Bislang waren die Astronomen unfähig, eine natürliche Erklärung für dieses verblüffende Verhalten zu finden. 1982 schrieb eine Gruppe von Pulsarforschern:

Trotz der Tatsache, dass das Mode-Switching-Phänomen eine derart entscheidende Auswirkung auf die Emission von Strahlungspulsen hat, existiert bis heute keine ausgearbeitete Theorie zu seiner Erklärung.[10]

Frequenzabhängiges Mode Switching. Bei manchen Pulsaren hat das zeitlich gemittelte Pulsprofil stets dieselbe Form – unabhängig davon, auf welcher Frequenz der Pulsar beobachtet wird. Bei anderen wiederum ändert sich die Form des Pulsprofils je nach Beobachtungsfrequenz radikal, so wie die Anzahl der Komponenten, aus denen das zeitlich gemittelte Pulsprofil besteht. Wie weiter oben bereits erwähnt, wird dies beim Pulsar im Krebsnebel besonders anschaulich. Im Falle von Pulsaren, die das Mode-Switching-Phänomen aufweisen, wird dieser frequenzabhängige Effekt umso rätselhafter. Beim Pulsar PSR 0329+54 zum Beispiel, der dem Mode-Switching-Vorgang unterliegt, zeigt nicht nur das Pulsprofil auf verschiedenen Beobachtungsfrequenzen jeweils unterschiedliche Formen, sondern er hat je nach Frequenz auch unterschiedliche Umschaltarten.[11] Wenn man ihn in einem Frequenzbereich zwischen 5 Gigahertz und 14,8 Gigahertz[12] beobachtet, kann man feststellen, dass er zwischen seinem Normalmodus und einem einzelnen *anomalen* Modus umschaltet, den wir hier als Modus A bezeichnen wollen (siehe Abb. A.6 in Anhang A). Auf einer Frequenz von 2,7 Gigahertz schaltet der Pulsar jedoch zwischen seinem Normalmodus und einem von zwei anomalen Modi hin und her: Modus A und einem neuen Modus, den wir als Modus B bezeichnen wollen. Auf einer Frequenz von 1,4 Gigahertz wiederum tritt das Mode-Switching-Phänomen in Form einer Umschaltung vom Normalmodus zu drei verschiedenen anomalen Modi in Erscheinung: A, B und C. Beobachtet man ihn auf noch niedrigeren Frequenzen, so reduziert sich die Anzahl der anomalen Modi wieder: Auf 0,83 Gigahertz ist nur der anomale Modus B vorhanden, auf 0,41 Gigahertz nur der anomale Modus A. Die diversen Leuchtturmmodelle waren bisher nicht imstande, eine Erklärung für diese ungewöhnlichen frequenzabhängigen Umschaltregeln zu finden.

Nun müssen wir uns natürlich fragen, ob hinter den komplexen Umschaltregeln dieses Pulsars nicht eine bestimmte beabsichtigte Logik steckt.

---

10 Bartel, N.; Morris, D.; Sieber, W. und Hankins, T. H.: „The mode-switching phenomenon in pulsars" in *Astrophysical Journal*, 1982, 258:777

11 Ebd.

12 Ein Gigahertz entspricht 1.000 Megahertz.

Der Pulsar scheint unsere Aufmerksamkeit nämlich auf die Frequenz von 1,4 Gigahertz (mit einer Wellenlänge von 21 Zentimeter) richten zu wollen, die uns offensichtlich „bedeutsamer" erscheinen soll als sämtliche anderen Frequenzen, da hier – und nur hier – alle drei anomalen Modi vertreten sind. Interessanterweise handelt es sich dabei auch um die Wasserstofflinie (HI- bzw. 21-cm-Linie), also die Frequenz, auf der die charakteristische Radiostrahlung des neutralen Wasserstoffs erfolgt. Die SETI-Astronomen sind davon überzeugt, dass außerirdische Zivilisationen für ihre galaktische Kommunikation höchstwahrscheinlich genau diese Frequenz verwenden würden.

Mode-Switching-Grammatik. Bei den Pulsaren mit verschiedenen „Betriebsarten" folgt das Umschalten von einem Modus auf den anderen manchmal bestimmten festgelegten Regeln. Einer dieser Pulsare, PSR 0031-07, kann einen von drei verschiedenen Modi annehmen, in denen seine Signale jeweils einem anderen Ordnungssystem folgen: A, B und C.[13] Der Pulsar strahlt Pulsbündel ab, die durch Nullphasen voneinander getrennt sind. Während eines solchen Signalpakets treten Regeln in Kraft, die den Ablauf des Mode Switching bestimmen. Zum Beispiel: Befindet sich der Pulsar in Modus A, dann darf er innerhalb desselben Pulsbündels auf Modus B umschalten; befindet er sich in Modus B, dann darf er innerhalb desselben Pulsbündels auf Modus C umschalten. Es wurde jedoch nie beobachtet, dass der Pulsar innerhalb eines Pulsbündels von Modus A auf Modus C umschaltet. Diese Regeln legen anscheinend auch fest, in welcher Geschwindigkeit die Pulse driften, wenn einer der drei Modi dominant ist; A, B und C haben Pulsdriftraten, die ganzzahlige Vielfache voneinander sind – im Verhältnis 1:2:3.

Auch dieses quantisierte Driftverhalten und die Mode-Switching-Grammatik stellen jene Theoretiker, die beides zu natürlichen Phänomenen erklären wollen, vor ernsthafte Probleme. Von subatomaren Teilchen im Atomkern wissen wir, dass sie auf gewisse quantenmechanische Energiezustände beschränkt sind, wobei konkrete Regeln ihren Wechsel von einem Energiezustand in den anderen bestimmen. Theoretiker stellten die Vermutung an, dass sich die Neutronen, aus denen ein Neutronenstern besteht, wegen ihrer äußerst kompakten Anordnung in ähnlichen quantenmechanischen Zuständen befinden könnten. Zu behaupten, dass dieses

---

13 Huguenin, G.R.; Taylor, J.H. und Troland, T.H.: „The radio emission from pulsar MP 0031-07" in *Astrophysical Journal*, 1970, 162:727-35

hochorganisierte Verhalten nun auch auf den Strahl kosmischer Energie zutreffen müsse, der von der Oberfläche des angenommenen Neutronensterns ausgeht, ist jedoch ein ziemlich gewagter Schluss. Quantenmechanische Ordnungskriterien treffen auf Teilchen zu, die durch starke Kraftfelder aneinander gebunden sind; die Teilchen der kosmischen Strahlung, aus denen sich nach dem Leuchtturmmodell der Strahl eines Pulsars zusammensetzt, entfernen sich hingegen mit hoher Geschwindigkeit vom Stern und halten sich daher nicht mehr notwendigerweise in einer Region mit derart hoher Dichte auf. Außerdem: Wenn wir Pulsquantisierung und die Mode-Switching-Grammatik dem Ordnungsgrad innerhalb eines Neutronensterns zuschreiben – warum finden wir diese Phänomene nicht öfter, sondern nur bei diesem einen Pulsar?

Schwierigkeiten bei der Modellerstellung. Die Anhänger des Leuchtturmmodells standen den vielen Ordnungsprinzipien, die Pulsare aufweisen, bisher recht ratlos gegenüber. Man denke nur an die Frage der Pulsar-Erinnerung. Wie kann sich ein Pulsar, der zwischen verschiedenen Modi umschaltet, an seinen früheren Pulsmodus „erinnern", sodass er später wieder darauf zurückschalten kann? Gibt es eine nichtlineare Interaktion zwischen dem kosmischen Elektronenstrahl und dem Magnetfeld des Neutronensterns, durch die mehrere semistabile *chaotische Attraktor*-Zustände erzeugt werden, die jeweils einem bestimmten Pulsmodus entsprechen? Und wie ist es möglich, dass sich ein Puls in einer Driftsequenz genau an die Phase des vorangegangenen Pulses erinnern kann, sodass er präzise den richtigen Zeitablauf im Pulszyklus einhalten und eine Driftgeschwindigkeit einer bestimmten Größenordnung nachvollziehen kann? Und wodurch können solche Driftgeschwindigkeiten über tausende von Pulszyklen eingehalten werden? Über all diese Fragen können die Astronomen nur Vermutungen anstellen, da ihnen außer den Pulsaren selbst keinerlei Labordaten zur Erklärung dieser Verhaltensweisen zur Verfügung stehen.

Einige Theoretiker haben Modelle erstellt, nach denen das Phänomen der Pulsdrift auf Entladungen kosmischer Strahlung – sogenannte *Funken* – zurückzuführen sei, die sich in einer Kreiselbewegung um den Magnetfeldpol des Neutronensterns bewegen. Sie geben aber auch zu, dass eine solche Präzessionsbewegung wegen der turbulenten Bedingungen in diesem polaren Milieu nur über sehr kurze Zeit stabil sein könne. Stellt sich noch die Frage: Wie schafft es ein Pulsar, Phase und Intensität seiner Pulse so zu modulieren, dass das daraus hervorgehende zeitlich gemittelte Pulsprofil bestimmte Form- und Polarisationseigenschaften besitzt, die auch während jahrelanger Beobachtung unverändert bleiben? Ebenfalls nur eine Frage der Erinnerung?

Auch die Pulsarastronomen Alexei Filippenko und V. Radhakrishnan schlugen sich mit solchen Fragen herum. 1982 schrieben sie:

> Das Standardmodell der polaren Radiostrahlung von Pulsaren [d. h. das Leuchtturmmodell] liefert annehmbare Erklärungen für eine Vielzahl beobachteter Pulsareigenschaften. Dennoch werden wir zeigen, dass es Schwierigkeiten damit hat, bestimmte Einzelheiten wie driftende Subpulse, aber auch Nullphasen und Modusänderungen zu erläutern. Besonders die Phasen-Erinnerung, die bei driftenden Subpulsen während der Nullphasen immer wieder beobachtet wird, sowie das Phänomen der Nullphasen selbst entziehen sich scheinbar jeder einfachen Erklärung.[14]

Man hat auch bereits einige zaghafte Vorschläge zu qualitativen Änderungen des Leuchtturmmodells eingebracht, um diese besonderen Ordnungssysteme irgendwie erklären zu können. Bislang war jedoch noch niemand dazu fähig, diese disparaten Korrekturen in einem einheitlichen Modell miteinander in Einklang zu bringen. Die Pulsarastronomen Joseph Taylor, Richard Manchester und G. Huguenin haben ebenfalls allgemeine Bedenken zu Pulsarmodellen geäußert:

> Es gibt eine Menge wissenschaftlicher Literatur über Beobachtungsdetails, die – auch wenn sie durch wiederholtes Nachmessen schlüssig nachgewiesen wurden – unerklärt bleiben und nicht in Pulsarmodelle integriert werden können.[15]

Ein theoretisches Modell wie das Leuchtturmmodell liefert den Astronomen nicht nur ein Bezugssystem, mit dessen Hilfe sie die verschiedenen beobachteten Daten interpretieren und miteinander vergleichen können, sondern auch einen allgemein vereinbarten Kontext, der es ihnen ermöglicht, im Gespräch oder in Publikationen Ideen miteinander auszutauschen. Es erfüllt also einen praktischen Zweck. Da aber sehr viel Aufwand in dieses Modell investiert wurde, zögern einzelne Forscher natürlich, es zu verwerfen, auch wenn die Beobachtungsdaten nicht damit übereinstimmen. Deshalb hat sich das Leuchtturmmodell zu einem Paradigma entwickelt und

---

14 Filippenko, A. V. und Radhakrishnan, V.: „Pulsar nulling and drifting subpulse phase memory" in *Astrophysical Journal*, 1982, 263:828-34

15 Taylor, J. H.; Manchester, R. N. und Huguenin, G. R.: „Observations of pulsar radio emission. I. Total-intensity measurements of individual pulses" in *Astrophysical Journal*, 1975, 195:513-28

ist heute ein konzeptuelles System, das die unbeabsichtigten Eigenschaften hat, sich selbst zu stützen und immer weiter zu erhalten. Wenn neue Ordnungsprinzipien innerhalb der Pulsarsignale entdeckt werden, die nicht ins Leuchtturmmodell passen, dann suchen die Astronomen nicht etwa nach einer alternativen Erklärung, sondern tendieren eher dazu, ihr Modell weiter auszufeilen oder es mit Ausnahmen für Sonderfälle zu erweitern, damit sie ihre neuen Erkenntnisse darin unterbringen können. Als Konsequenz aus diesem Verhalten sind die diversen Leuchtturmmodelle mittlerweile so kompliziert und vielfältig, dass die Pulsar-Astrophysik sich in derselben Lage befindet wie einst die vorkopernikanische Astronomie, die lehrte, dass die Planeten in hochkomplizierten Schleifenbahnen um die Erde kreisen.

Jeder Pulsar sendet Signale aus, die etliche hohe Ordnungsgrade aufweisen. Die Ordnungsprinzipien unterscheiden sich jedoch von einem Pulsar zum anderen erheblich. Das macht es unmöglich, ein einziges Neutronensternmodell zu erstellen, das die Vielzahl der beobachteten Eigenschaften in sich vereint. Andererseits wäre eine solche Vielfalt komplexer Ordnungssysteme genau das, was man von künstlich errichteten Leuchtfeuern erwarten würde, die zur interstellaren Kommunikation oder zur Weltraumnavigation dienen.

Man sagt ja, dass die erste Ahnung selten trügt. Im Jahr 1968, als die Astronomengruppe von der Universität Cambridge ihre Entdeckung der Pulsare der Öffentlichkeit vorstellte, wusste man nur über einen kleinen Teil der heute bekannten Pulsar-Ordnungsprinzipien Bescheid. Damals hatten die Forscher nur festgestellt, dass die Form und die Pulsperiode des zeitlich gemittelten Pulsprofils in hohem Maße unveränderlich blieben. Hätten sie vor mehr als 40 Jahren unser heutiges Wissen über Pulsare gehabt, dann wäre die Theorie vom ETI-Funkfeuer wohl nicht so schnell ad acta gelegt worden ...

Eine „Low-Tech"-Teilchenstrahl-Kommunikationseinrichtung

Mit gegenwärtig vorhandener Technologie müsste sich ein Gerät konstruieren lassen, das interstellare Breitband-Signale übermitteln kann – ähnliche Signale, wie sie von Pulsaren zu uns gelangen. Die dazu notwendige Technik ist dieselbe, wie sie in den Teilchenbeschleunigern zum Einsatz kommt, mit deren Hilfe Physiker geladene Teilchen miteinander kollidieren lassen. Übrigens wird diese Technik auch in Teilchenstrahl-Waffensystemen wie jenen eingesetzt, die das Pentagon für sein „Star Wars"-Programm entwickelt hat. In unserem Fall würde sie allerdings für friedliche Zwecke verwendet werden.

Wie bereits erwähnt, würde eine solche weltraumgestützte Teilchenstrahl-Kommunikationseinrichtung aus zwei Hauptkomponenten bestehen: 1. einem Teilchenbeschleuniger, der einen Strahl aus energiereichen Elektronen erzeugt, und 2. einem magnetischen Modulator, der die Teilchen abbremst und ihre kinetische Energie in einen Strahl aus Breitband-Synchrotronstrahlung umwandelt (Abb. 1). Das Beschleunigermodul würde die Elektronen nahezu auf Lichtgeschwindigkeit beschleunigen (wobei der Unterschied zur Lichtgeschwindigkeit nur wenige Hundertmilliardstel betrüge). Bei dieser Geschwindigkeit hätten die Teilchen eine Energie von etwa hundert Milliarden Elektronenvolt, ca. 200.000 Mal mehr als ihre Ruheenergie.

Zum Vergleich: Der Linearbeschleuniger der Stanford University, mit dem bei Hochenergie-Experimenten Teilchenstrahlen zur Kollision gebracht werden, erreicht Elektronenenergien von fünfzig Milliarden Elektronenvolt. Das Gerät beschleunigt die Partikel, indem es elektrische Energie aus riesigen Kondensatorblöcken in Metallringe leitet, die in regelmäßigen Abständen im Beschleunigertunnel angeordnet sind. Der in jedem der Metallringe induzierte steil ansteigende elektrische Feldgradient versetzt dem Partikelstrom eine Reihe von Beschleunigungsimpulsen, der ihn dazu veranlasst, sich mit zunehmender Geschwindigkeit vorwärtszubewegen. Die Teilchen werden dann von einer Serie supraleitender, ringförmiger Elektromagnete, die ebenfalls in bestimmten Abständen im Tunnel angeordnet sind, zu einem Strahl gebündelt. Diese Magnete sind so stark, dass sie in gefederten Aufhängungen angebracht sind, weil sie sonst bald nach dem Einschalten explodieren würden.

Vor Kurzem wurde eine neue Art Teilchenbeschleuniger entwickelt, die den derzeitigen Stand der Technik enorm zu übertreffen verspricht. Diese Vorrichtung arbeitet mit *plasma beat wave acceleration* (PBWA), die pro Zentimeter Tunnellänge Beschleunigungsenergien generiert, die zehntausend bis zehn Millionen Mal stärker sind als die des Stanford-Linearbeschleunigers.[16] Dabei werden zwei leistungsstarke Laserpulse mit leicht unterschiedlichen Frequenzen in eine Röhre mit Gasplasma abgestrahlt, wo sie eine „Schwebungsfrequenz-Welle" erzeugen, die sich mit ungeheurer

---

16   Dawson, J. M.: „Plasma particle accelerators" in *Scientific American*, 1989, März, S. 54-61

Geschwindigkeit durch das Plasma bewegt. Die Elektronen, die auf dieser Welle „surfen", werden mit der Bewegung der Welle durch die Röhre kontinuierlich beschleunigt. Ein nur zehn Meter langer Teilchenbeschleuniger dieser Art könnte theoretisch Elektronen auf Energien von hundert Milliarden Elektronenvolt beschleunigen.

Wenden wir uns nun dem Teilchenstrahl-Modulator zu. Diese Komponente wäre fix am Ausgang des Teilchenbeschleunigers angebracht und würde aus einem langen Tunnel bestehen, der von einer Reihe leistungsstarker supraleitender Elektromagnetspulen flankiert wäre. Die Magnete wären so angeordnet, dass sich magnetischer Nord- und Südpol abwechseln. Stünden die Spulen dann unter Strom, dann würden die vorbeirasenden Elektronen geringfügig schräg abgelenkt werden – erst in eine Richtung, dann in die andere –, dabei aber ihren geraden Weg durch den Tunnel beibehalten (Abb. 1). Mit jeder Ablenkung würden die Elektronen im Teilchenstrahl Synchrotronstrahlung in einem breiten Frequenzbereich abgeben. Da sie mit nahezu Lichtgeschwindigkeit unterwegs wären, würden sie diese Strahlung als *sehr schmalen Strahl* nach vorne senden. Und da die Elektronen ungefähr gleich schnell unterwegs wären wie die derart ausgesendete Strahlung, würde die bei jeder magnetischen Ablenkung im Modulatortunnel erzeugte Menge Synchrotronstrahlung sich in Phase zu diesem Strahl hinzuaddieren, um so einen extrem energiereichen, laserartigen Strahl hervorzurufen.

Durch das Pulsen des elektromagnetischen Modulators in regelmäßigen Intervallen könnte man den Teilchenstrahl dazu bringen, periodische Stöße Synchrotronstrahlung abzugeben. Diese stoßweise Strahlung könnte man in extrem regelmäßigen Intervallen wiederkehren lassen, indem man die Strahlstärke von einem Steuergerät mit Atomuhr manipulieren lässt. Je nach Programmierung könnte dieses Steuergerät die verschiedenen Pulsmuster und Ordnungsmerkmale erzeugen, die wir von Pulsaren kennen. Ein Mode-Switching-Effekt würde dann ganz einfach durch das Umschalten zwischen verschiedenen Puls-„Betriebsarten" bewirkt, die im Datenspeicher des Steuergeräts abgelegt sind.

Die Energie der abgestrahlten Elektronen in Kombination mit der Intensität des Modulator-Magnetfelds würden den Bereich des elektromagnetischen Spektrums determinieren, in dem der Synchrotronstrahl am stärksten wahrnehmbar ist. Ein Kommunikationsleuchtfeuer, das mit einer ganzen Batterie von Teilchenbeschleunigern betrieben wird, die jeweils einen Elektronenstrahl in einem bestimmten Energiebereich emittieren und mit einem eigenen Teilchenstrahl-Modulator ausgestattet sind, könnte gleichzeitig Pulse im Radio-, optischen, Röntgen- und Gammastrahlungs-Wellenbereich senden und damit Pulseigenschaften aufweisen, wie wir sie vom Pulsar im Krebsnebel und dem Vela-Pulsar kennen. Ein ähnliches Ergebnis könnte man aber auch erzielen, indem man einen einzigen Teilchenbeschleuniger mit einem mehrstufigen Modulator kombiniert, der verschieden starke Ablenkungs-Magnetfelder erzeugen kann. Je stärker die Ablenkungsenergie, desto höher wäre dann der Frequenzbereich, in dem der Elektronenstrahl wahrnehmbar ist – von optischen über Röntgen- bis hin zu Gammastrahlungs-Wellenlängen.

Würde eine solche Teilchenstrahl-Kommunikationseinrichtung von einer vernünftig dimensionierten Stromquelle betrieben, dann könnte sie ein Breitband-Radiosignal über mehrere tausend Lichtjahre hinweg abstrahlen und dabei eine Signalstärke erzielen, die mit der von Pulsaren vergleichbar ist. Ja, sie könnte sogar ebenso starke Signale produzieren wie jene, die uns vom Pulsar im Krebsnebel – einem der hellsten strahlenden Pulsare am Himmel – erreichen. Auf eine Entfernung von 6.600 Lichtjahren würde ein Synchrotronstrahl von einem Megawatt Stärke, der von einem Elektronenstrahl mit 100 Milliarden Elektronenvolt abgegeben wird, ein Radiosignal erzeugen, das etwa so stark ist wie das des Pulsars im Krebsnebel – der sich ungefähr in der genannten Entfernung befindet (siehe Anhang B). Und obwohl eine Radiowellen-Sendeleistung von ein Megawatt etwa zehn Mal so stark ist wie die der großen kommerziellen Radiosender, lässt sie sich relativ problemlos erreichen. Nur zum Vergleich: Manche der großen Atomkraftwerke produzieren mehr als 1.000 Megawatt Energie.

Die Energieleistung der gesendeten Synchrotronstrahlung ist proportional zur dritten Potenz der Teilchenenergie. Das bedeutet, dass eine 100.000-fache Steigerung der Teilchenenergie zu einem 100.000 Mal schmaleren Synchrotronstrahl sowie zu einem 10^{15} Mal stärkeren abgesendeten Radiosignal führt. Der gepulste Kommunikationsstrahl könnte problemlos so ausgerichtet werden, dass ihn ein Beobachter auf der Erde wahrnehmen kann. Wäre der Strahl beispielsweise auf einen Öffnungswinkel von einer Bogensekunde begrenzt, so würde man ihn in einer Entfernung von 6.600 Lichtjahren aus einer Region mit 0,03 Lichtjahren Durchmesser (das ist der tausendfache Durchmesser der Erdumlaufbahn) wahrnehmen. Sternsensoren wie etwa die im Hubble-Weltraumteleskop könnten einen solchen Strahl mit einer Abweichung von weniger als ein Prozent seines Winkeldurchmessers anvisieren.

Das Modell einer Teilchenstrahl-Kommunikationseinrichtung – wie oben beschrieben und in Abbildung 1 zu sehen – habe ich ursprünglich entwickelt, als ich erstmals die Vermutung hatte, bei Pulsaren könne es sich um außerirdische Kommunikationsleuchtfeuer handeln. Viele Jahre lang war ich überzeugt davon, dass es die einzige Möglichkeit wäre, Pulsare als ETI-Phänomen zu interpretieren. Damals war ich der Ansicht, die Pulsarsignale könnten von Kommunikationsstrahlen herrühren, die von speziell konstruierten Raumstationen ausgesendet werden. Als Anfang der 1990er Jahre jedoch neue Erkenntnisse über Pulsar-Binärsysteme bekannt wurden, sah ich mich gezwungen, diese Idee aufzugeben und zu akzeptieren, dass Pulsarsignale in Wahrheit nahe der Oberfläche sehr massiver Objekte entspringen müssen. Darauf konnte man aus den zyklischen Abweichungen der Pulsperioden von Pulsaren mit einem Begleitstern schließen. Wenn man sich diese Abweichungen genau ansieht, kann man nicht nur die Kreisförmigkeit der Umlaufbahn des Begleitsterns ermitteln, sondern auch seine ungefähre Masse sowie die Masse des Pulsars selbst. Wie sich dabei herausstellt, ist die Masse des Pulsars ausnahmslos sehr groß – vergleichbar mit der Masse unserer Sonne.

Dadurch wurde mir klar, dass Pulsarsignale zwangsläufig aus dem Ruhesystem sehr massereicher Sterne abgestrahlt werden müssen und nicht aus einer im Weltraum stationierten Einrichtung (wie oben beschrieben) stammen können. Eine derartige Kommunikationseinrichtung könnte zwar Signale in Strahlenform emittieren, die denen von Pulsaren sehr ähneln, aber nicht die Beobachtung erklären, dass Pulsarsignale von Objekten in Sterngröße kommen.

Da mir nunmehr kein passendes Modell zur Verfügung stand, begann ich mich ernsthaft mit der Möglichkeit zu befassen, dass es sich bei Pulsaren um natürliche Phänomene handeln könnte und die von ihnen übermittelten Botschaften auf die Existenz einer das gesamte Universum durchdringenden übergeordneten Intelligenz hinweisen, die uns im großen Stil auf ihre Existenz aufmerksam machen will. Bald darauf kam ich jedoch auf eine andere Methode zur Erzeugung von Pulsarsignalen – und diese These ließ neuerlich die Annahme zu, dass Pulsare die Produkte galaktischer Zivilisationen sein könnten. Eine hochentwickelte Kultur könnte mit Hilfe dieser Methode die von einem Stern ausgehende kosmische Strahlung so manipulieren, dass sie einen gepulsten, hochkollimierten Synchrotronstrahl emittiert. Dies sollte mit Hilfe einer hinreichend fortschrittlichen Technologie möglich sein. Im Folgenden wollen wir uns eine denkbare Methode etwas näher ansehen.

Manipulierte stellare Kerne als ETI-Funkfeuer

Der erste Schritt zur Erzeugung eines Pulsar-Kommunikationsfunkfeuers besteht darin, eine geeignete natürliche Quelle kosmischer Elektronen ausfindig zu machen. Ein stellarer Kern, die Hinterlassenschaft aus einem der letzten Stadien der Sternentwicklung, wäre dazu bestens geeignet. Während der Entwicklung eines Sterns über Milliarden Jahre hinweg wird sein dichter, metallreicher Kern immer massereicher, während die Energieströme aus dem Kern immer stärker werden.[17] Irgendwann wird das Ausströmen von Energie aus dem Kern so vehement, dass dadurch die gasförmige Hülle des Sterns weggeschleudert wird. Was zurückbleibt, ist ein äußerst heißer und dichter stellarer Kern von etwa Erdgröße mit einer Masse, die zwischen wenigen Zehnteln und etwas mehr als einer Sonnenmasse liegt. Dieser Kern ist so heiß, dass er seine Energie nicht in Form von Licht, sondern als energiereiche kosmische Teilchenstrahlung abgibt. In manchen Fällen, wo der stellare Kern noch von einer Restatmosphäre umgeben ist, ruft der kosmische Strahlenstrom auch sichtbare, ultraviolette und Röntgen-Strahlung hervor; damit wird der Himmelskörper als Weißer Zwerg eingestuft. In anderen Fällen, wo die Atmosphäre sehr viel dünner ist, kann sich die kosmische Strahlung ungehindert ausbreiten und erzeugt dabei etwas Röntgen- und Gammastrahlung, aber nur wenig sichtbares Licht; dann haben wir es mit einem Röntgenstern zu tun. Und wenn der stellare Kern überhaupt keine Atmosphäre mehr hat, gibt er kosmische Strahlung in Verbindung mit sehr geringer elektromagnetischer Strahlung ab; damit wäre er im Grunde genommen für die meisten Messgeräte unsichtbar. Solche nackten stellaren Kerne würden – im Gegensatz zum Neutronensternmodell, wo die kosmische Strahlung in räumlich sehr eng begrenzten Strahlen emittiert wird – ihre kosmischen Strahlen ziemlich gleichmäßig in alle Richtungen abgeben.[18]

---

17   LaViolette, P. A.: „Subquantum Kinetics: A Systems Approach to Physics and Cosmology" (Niskayuna, NY: Starlane Publications, 2003), Kap. 10

18   Die herkömmliche Astrophysik ist zwar der Ansicht, dass nackte stellare Kerne energetisch „tot" seien und allmählich abkühlen müssten; den physikalischen Gesetzen der

Hat ein Stern aber eine Supernova-Explosion hinter sich, dann kann sein Kern sogar zu einem noch kleineren Radius von zwölf bis zwanzig Kilometern kollabieren und einen Neutronenstern bilden, dessen Materiedichte bis zu hundert Billionen Mal höher sein kann als die der Erde. Ausgehend von der Annahme, dass der stellare Kern subatomare Teilchen mit mehr Masse als ein Neutron enthält – man bezeichnet diese Teilchen als Hyperonen –, könnte der Kern-Kollaps zur Bildung eines Hyperonensterns mit noch geringerem Radius führen. Tatsächlich hat das Röntgenteleskop Chandra im Jahre 2002 einen solchen Stern entdeckt, der einen Radius von nur 6±2 Kilometern besitzt. Auch diese Sterne wären natürlich hervorragende kosmische Strahlungsquellen zur Übermittlung interstellarer Botschaften. Meiner Hypothese der „genischen Energie" zufolge geben diese Himmelskörper nach ihrer Entstehung für unbestimmt lange Zeit kosmische Teilchenstrahlung ab, sogar noch nach dem Verschwinden des zugehörigen Supernovaüberrests.

Da wir das Leuchtturmmodell und die Vorstellung eines schnell rotierenden kleinen Sterns mit geringem Radius (etwa eines Neutronensterns) in den vorangegangenen Kapiteln ad acta gelegt haben, müssen wir auch nicht weiterhin von der Annahme ausgehen, dass die Quelle, die einen Pulsar mit Energie versorgt, ausschließlich ein Neutronenstern sein kann. Ein Weißer Zwerg oder ein Röntgenstern, die kosmische Strahlung abgeben, wären für diesen Zweck ebenso gut geeignet. In den Fällen, wo sich in unmittelbarer Umgebung eines Pulsars keine Röntgen-Restenergie oder optische Emission feststellen lässt, dürfen wir schlussfolgern, dass es sich bei der Energiequelle um einen nackten stellaren Kern, einen Neutronenstern oder einen Hyperonenstern handelt.

Nehmen wir nun an, dass eine galaktische Zivilisation im Besitz einer Technologie ist, die sie elektrische Felder an entfernte Standorte abstrahlen lässt, ganz ähnlich wie die Übertragung von Radiosignalen. Diese Felder sollen aber nicht nur abgestrahlt werden, sondern um ihre eigene Achse rotieren, sodass sie magnetische Feldlinien erzeugen. Nehmen wir weiterhin an, dass besagte Zivilisation mit Hilfe dieser Technologie auch eine Methode entwickelt hat, derartige magnetische Feldlinien sehr dicht an der Oberfläche des stellaren Kerns zu erzeugen, der die kosmische Strahlung abgibt. Die Feldlinien könnten so konfiguriert werden, dass sie eine Rei-

---

Subquantenkinetik zufolge müssten sie allerdings permanent Energie in Form kosmischer Strahlung erzeugen. Wenn Sie mehr über diese von mir entwickelte Astrophysik erfahren wollen, lesen Sie bitte meine Bücher „Subquantum Kinetics" und „Genesis of the Cosmos".

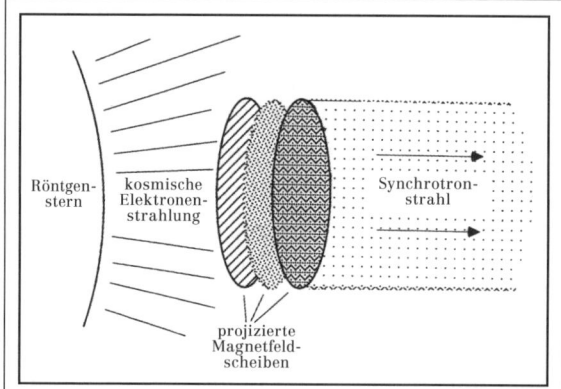

Abb. 44: *Magnetfeldscheiben, die dicht an die Oberfläche eines Neutronensterns projiziert werden, um mit ihrer Hilfe einen stationären interstellaren Kommunikationsstrahl zu erzeugen.*

he von Scheiben mit einem Durchmesser von 0,5 bis 50 Metern und mehreren Metern Dicke bilden, die parallel zur Oberfläche des Sterns ausgerichtet sind (siehe Abb. 44).

Die so gebildeten Magnetfelder müssten nur eine mäßige Stärke aufweisen – etwa mehrere zehntausend Mal so viel wie das Magnetfeld der Erde. Die unglaublich starken Magnetfelder, von denen das Leuchtturmmodell für die Entstehung seiner Synchrotronstrahlung ausgeht (10^9 bis 10^{15} Mal stärker als das Erd-Magnetfeld) sind für unser Modell der ETI-Funkfeuer nicht zwingend notwendig. Erinnern wir uns daran, dass die Anhänger des Leuchtturmmodells gezwungen waren, ungeheure Magnetfeldstärken zu postulieren, um auf eine ausreichend starke Rotations-Bremskraft zu kommen, die in ihrem Modell die sukzessive Verlängerung der Pulsperiode erklären kann. Allerdings gibt es keine unabhängigen Belege dafür, dass derartige Magnetfeldstärken existieren; Beobachtungsdaten weisen (wie bereits erwähnt) vielmehr darauf hin, dass es solche superstarken Magnetfelder *eigentlich nicht geben dürfte*.

Wenn die vom Stern emittierten kosmischen Strahlungselektronen nun die projizierten Magnetfeldscheiben durchdringen, geben sie Synchrotronstrahlung ab, die sich ebenfalls in ihre Flugrichtung bewegt. Setzt man nun eine Reihe von Scheiben mit jeweils wechselnder magnetischer Polarität an, so könnte man die kosmische Strahlung dazu bringen, eine geradlinige Flugbahn einzuhalten; die durch die aufeinanderfolgenden Ablenkungen erzeugte Strahlung könnte sich so zu einem starken Strahl elektromagnetischer Strahlung summieren, mit dem sich über interstellare Entfernungen hinweg kommunizieren lässt. Vergleicht man diese Konstruktion mit der Teilchenstrahl-Kommunikationseinrichtung, wie sie in Abbildung 1 gezeigt wird, dann erfüllt der stellare Kern dieselbe Funktion wie der Teilchenbeschleuniger, und die projizierten Magnetfeldscheiben würden die Aufgabe des Teilchenstrahl-Modulators und -kollimators übernehmen.[19]

Durch die Projektion der Magnetfeldscheiben an jeweils geeignete Standorte dicht an der Sternoberfläche könnte der Synchrotronstrahl vom Stern weg in jede Richtung gezielt werden und auch ein bestimmtes, hunderttausende Lichtjahre entferntes Sonnensystem anvisieren. Zudem könnte man durch die geeignete Modulation dieser Magnetfelder dafür sorgen, dass der ausgesendete Strahl präzise getimte zeitlich gemittelte Pulsprofile aufweist. So könnte man die Pulsperiode dazu bringen, sich in einer genau festgelegten Rate zu verlangsamen und genau festgelegte Veränderungen in Timing und Polarisation zu enthalten, damit sie all den Ordnungsprinzipien entspricht, die bei Pulsaren beobachtet werden. Und zur Modusumschaltung (Mode Switching) wäre es nur notwendig, die Informationen zu verändern, die in die Scheiben nahe der Sternoberfläche übertragen werden. Die Sendeanlage, die diese Magnetfelder projiziert, könnte sich dabei in einer sicheren Distanz vom stellaren Kern befinden, vielleicht hinter einem weit entfernten Planeten oder einem Energieschild, wo sie vor dem vom Stern ausgehenden kosmischen Strahlenwind geschützt sind.

Auf diese Art wäre es möglich, mit einem einzigen stellaren Kern oder Hyperonenstern gleichzeitig Botschaften in verschiedene Richtungen abzustrahlen. Man könnte zahlreiche Magnetfeldscheiben an verschiedene Standorte rund um die Planetenoberfläche projizieren, die jeweils einen Synchrotronstrahl erzeugen und in einen bestimmten Teil der Galaxis senden. Damit könnten manche stellare Pulsar-Quellen als Navigationsbrennpunkte dienen, die ihre Strahlen an verschiedene galaktische Orte senden. Gleichzeitig könnten sie aber auch als Stationen für Zweiweg-Kommunikation dienen – eine Art galaktischer Internet-Netzknoten, der nicht nur Informationen sendet, sondern sie mit Hilfe von Radioteleskopen auch von anderen Orten empfangen kann. Will man allerdings überlichtschnelle Signale senden, dann wird man dazu wahrscheinlich völlig andere Kommunikationseinrichtungen brauchen.

Pulsar-Binärsysteme stellen die Schöpfer solcher Leuchtfeuer vor größere technische Herausforderungen. Umkreist der stellare Kern, von dem die kosmische Strahlung ausgeht, einen Begleitstern, so müsste man durch

---

19 Es ist interessant, dass einige Bestandteile dieses Modells – wie etwa der Gedanke, dass aufeinanderfolgende Magnetfelder nach dem Muster einer „stehenden Welle" angeordnet werden, um so den Strom kosmischer Teilchenstrahlung vom Pulsar zu modulieren – auch in manchen Versionen des Leuchtturmmodells in Erscheinung treten. Siehe dazu auch die Diskussion über PSR 0826-34 in Anhang A.

präzise gesteuerte Positionsverlagerungen dafür sorgen, dass die projizierten Magnetfeldscheiben dem Stern während seines Umlaufs folgen und so ihre Strahlen weiterhin auf die beabsichtigen Zielorte richten. Beim bedeckungsveränderlichen Millisekunden-Pulsar wäre diese Umlaufbahn beispielsweise vier Mal so groß wie der Durchmesser unseres Planeten.

Die Energie zur Aufrechterhaltung dieser projizierten Scheiben könnte aus dem kosmischen Strahlenwind des stellaren Kerns bezogen werden. Mit Hilfe herkömmlicher magnetohydrodynamischer oder auch höherentwickelter Methoden könnte man die Energie des Teilchenstroms anzapfen; eventuell wäre es sogar möglich, den emittierten Strahl selbst als Netz zum Einfangen der Energie zu nutzen. Die Menschheit wäre dazu imstande, die notwendigen technischen Verfahren zu entwickeln, wenn sie Forschungen betriebe, die sich am Vorbild des HAARP-Projekts orientieren. HAARP ist eine Abkürzung für High Frequency Active Auroral Research Program, ein Forschungsprogramm, bei dem hochfrequente elektromagnetische Wellen zur Erforschung der Ionosphäre und des Polarlichts eingesetzt werden.[20] Das Programm wird vom US-Verteidigungsministerium unter anderem in einer Anlage unweit der Ortschaft Gakona in Alaska betrieben und setzt hochfrequente Funkwellen dazu ein, in 80 bis 480 Kilometer Höhe eine großflächige Plasmaschicht zu erzeugen und in dieser Schicht Resonanzen herbeizuführen, die mit den auf natürlichem Weg entstehenden Schwingungen durch den Sonnenwind gekoppelt werden sollen.

Wäre eine Zivilisation, die über eine fortschrittliche Magnetfeld-Projektionstechnik verfügt, dazu in der Lage, eventuell sogar eine Supernova-Explosion herbeizuführen? Würde man eine Magnetfeldbrücke zwischen den Polen eines Sterns herstellen und eine resonante elektrodynamische Schwingung erzeugen, die eine Verbindung zwischen den beiden Polregionen herstellt, dann könnte das zu einer Explosion des Sterns führen. Es ist also offensichtlich, dass eine Zivilisation, die mit solchen Techniken arbeitet, eine gewisse Reife besitzen muss – fielen diese Kenntnisse in die falschen Hände, dann wären sie auch leicht im Sinne einer Massenvernichtungswaffe einsetzbar.

Das alles mag nach Sciencefiction klingen. Doch das Militär hat bereits eine Technik entwickelt und getestet, mit der sich Kraftfelder an entfernte Standorte projizieren lassen. Mehr darüber erfahren wir im folgenden Kapitel.

---

20 Eastlund, B.: „Method and Apparatus for Altering a Region in the Earth's Atmosphere, Ionosphere, and/or Magnetosphere" (US-Patentschrift Nr. 4.686.605 vom 11. August 1987)

8.

Kraftfeld-Projektionstechnik

Plasmoide am Himmel

Wie im vorangegangenen Kapitel erläutert wurde, sollte es möglich sein, den Fluss nach außen strömender kosmischer Strahlungselektronen eines Neutronensterns abzubremsen, indem man nahe der Sternoberfläche künstlich elektrodynamische Kraftfelder erzeugt und somit einen eng gebündelten Synchrotronstrahl aussendet. Durch die genaue Steuerung dieser Magnetfelder könnte man zudem die Intensität des so ausgesandten Strahlungskontinuums modulieren, um Pulse hervorzubringen, die zur interstellaren Kommunikation oder zur Raumschiffnavigation dienen. Dies wäre machbar, wenn man die Kraftfelder über interplanetarische Entfernungen projizieren könnte, zum Beispiel über mehrere astronomische Einheiten hinweg (wobei eine AE die Entfernung von unserer Erde zur Sonne ist).

Tatsächlich testet das US-Militär angeblich bereits eine für den Kriegseinsatz vorgesehene Technik, die genau das leisten soll – nämlich kraftausübende Felder an entfernte Standorte projizieren.[1] Diese Verfahren müsste man allerdings in viel größerem Maßstab anwenden, um sie für interstellare Kommunikation oder die Erzeugung eines Superwellenschilds einzusetzen. Genauere Einzelheiten der verwendeten Technik unterliegen zwar strengster Geheimhaltung, doch ihre Existenz ist durch zahlreiche Sichtungen merkwürdiger leuchtender Kugeln am Nacht- oder Abendhimmel belegt. Anscheinend werden diese Phänomene durch Geräte hervorgerufen, die die Atmosphäre so stark ionisieren können, dass dabei eine leuchtende Plasmakugel entsteht. In mancher Hinsicht ähneln diese sogenannten *Plasmoide* Kugelblitzen, nur sind sie viel größer.

Erzeugt werden sie höchstwahrscheinlich durch Mikrowellenstrahlung. Harry Mason zitiert in seinem Artikel für das *Nexus Magazine* aus einem im Dezember 1996 vom Radiosender *Voice of Russia* geführten Interview mit dem russischen Wissenschaftsexperten Boris Belitksy. Darin behauptet Belitsky, dass beim Gipfeltreffen zwischen den Präsidenten Clinton und Jelzin, das 1993 in Vancouver stattfand, die USA und Russland die Absicht äußerten, bei Mikrowellen-Waffentests zusammenzuarbeiten. Als der Radioreporter fragte, wie ein Mikrowellengenerator als Waffe eingesetzt werden könne, antwortete Belitsky:

---

1   Bearden, T. E.: „Fer-de-Lance: A Briefing on Soviet Scalar Electromagnetic Weapons" (Ventura, Kalifornien: Tesla Book Co., 1986)

Man könnte ihn dazu einsetzen, ein Plasmoid – also einen Klumpen Plasma – in die Bahn einer anfliegenden Rakete, auf deren Gefechtskopf oder ein Flugzeug zu feuern. Das Plasmoid würde den betreffenden Bereich der Atmosphäre wirksam ionisieren und damit die Aerodynamik des Flugs der Rakete, des Gefechtskopfs oder des Flugzeugs so sehr stören, dass er beendet wird. Dadurch würden ein solcher Generator und sein Plasmoid zu einer praktisch unangreifbaren Waffe, die Schutz vor Angriffen aus dem All oder der Atmosphäre bietet.[2]

In den Superstition Mountains nahe der Stadt Apache Junction, ca. 40 Kilometer östlich von Phoenix, Arizona, wurde eine Version dieser neuartigen Technik gesichtet.[3] Elizabeth, ihr Ehemann Dale und die gemeinsame Tochter Alicia unternahmen an einem Wochentag im Frühling 1993 einen Campingausflug. Sie bogen von der Hauptstraße ab und fuhren etwa elf Kilometer, bis sie in der Abenddämmerung die Parkfläche des Campingplatzes erreichten. Dort ließen sie ihr Auto stehen und wanderten durch einen Canyon ungefähr einen halben Kilometer weiter in die Berge hinauf, wo sie ihr Lager aufschlugen. Gegen elf Uhr abends legten sie sich zur Ruhe und begannen in der schönen Wüstennacht den Sternhimmel zu betrachten. Sie waren völlig allein dort draußen. Glücklicherweise wehte ein leichter Wind, der die Moskitos von ihnen fernhielt. Alicia wunderte sich noch darüber, da sie erst eine Woche zuvor in dieser Gegend campen gewesen war und dabei von den Moskitos fast aufgefressen wurde.

Als die drei so im Freien lagen, wurden sie plötzlich von einem lauten, tiefen Rumpeln aufgeschreckt, das sich wie weit entfernter Donner anhörte. Der Himmel war jedoch völlig wolkenlos. Ein paar Minuten später blickten sie den Canyon hinunter und sahen zu ihrem Erstaunen, wie über dem hunderte Meter entfernten Parkplatz eine gewaltige Aura aus weißem Licht langsam den Himmel zu bedecken begann. Die Lichterscheinung wurde nach und nach heller, bis sie wie das Gleißen aussah, das man am Himmel über einem hellerleuchteten Sportstadion wahrnehmen kann. Ein paar Minuten danach stieg hinter dem Bergrücken jenseits des Parkplatzes eine feurige Kugel aus weißem Licht auf und blieb in etwa sechs Meter Höhe über den Bergen schweben, von wo aus sie ein unheimliches weißes Licht

---

2 Mason, H.: „Bright Skies: Top-Secret Weapons Testing?" in *Nexus Magazine*, April-Mai 1997, engl. Ausgabe, S. 45

3 Die im folgenden erwähnten Personen haben dem Autor einen Bericht aus erster Hand geliefert, wollen aber nur mit ihren Vornamen genannt werden.

über die Landschaft warf. Die Kugel schien eine Größe von ca. zwei Bogensekunden (also dem mehrfachen Durchmesser des Vollmonds) aufzuweisen; müsste also bei der Entfernung vom Beobachtungsort einen Durchmesser von ca. 18 Metern gehabt haben. Sie war etwas heller als der Vollmond, beleuchtete den Wüstenbeifuß in der Umgebung und strahlte von den Gesichtern und der Kleidung der Familie wider. Sie verschwand einige Male, stieg aber immer wieder über dem Bergrücken auf. Erst nach ungefähr fünf bis zehn Minuten zog sie sich hinter die Berge zurück, die Aura verblasste, und alles war wieder ruhig.

Etwa 15 Minuten später war das Donnergeräusch wieder zu hören, und auch das geheimnisvolle Licht erschien neuerlich. Es dauerte nur wenige Minuten, bis wieder eine Lichtkugel hinter dem Bergrücken hervorkam. Diesmal bewegte sie sich jedoch parallel zum Bergrücken nach links, sobald sie vollständig sichtbar geworden war, und scherte dann in die Mitte des Canyons aus, wo sie in 90 bis 120 Meter Höhe über Bodenniveau schwebte. Spätestens jetzt war Elizabeth, Dale und Alicia klar, dass das, was sie da sahen, nicht von einem normalen Suchscheinwerfer hervorgerufen worden sein konnte. Nach einiger Zeit bewegte sich die Kugel auf ihrer vorigen Bahn zurück, verschwand hinter dem Bergrücken, und auch die Aura verblasste wieder.

Nach einer weiteren Pause begannen sie das Rumpeln wieder zu hören, und das diffuse Licht machte sich erneut am Himmel bemerkbar. Diesmal stiegen gleich vier leuchtende Kugeln in die Höhe und reihten sich horizontal über dem Bergrücken auf. Diese horizontale Formation bewegte sich in die Mitte des Canyons, wo die Kugeln dann eine vertikale Reihe bildeten. Plötzlich verschwanden sie, von einer Sekunde auf die andere, um im nächsten Augenblick an völlig anderen Stellen wieder aufzutauchen. Nach ein paar weiteren Manövern verschwanden sie neuerlich, womit auch die Aura nachließ. Diese Ereignisfolge wiederholte sich einige Male: Erscheinen der Aura, Aufsteigen mehrerer Kugeln, Bewegung am Himmel, gelegentliches kurzes Verschwinden, Rückzug hinter die Bergkette, Verblassen der Aura. Das ganze Schauspiel dauert etwas länger als zwei Stunden. Als die Aura zum letzten Mal verschwand, bemerkten die Camper, dass sich auch der Wind gelegt hatte und die Moskitos sich gierig auf ihr Nachtlager stürzten. Bis heute haben die drei keine Erklärung für den phantastischen Anblick, dessen Zeugen sie in dieser Wüstennacht in den Bergen wurden.

Auch am Himmel über Australien wurden derartige Demonstrationen elektromagnetischer Technik wahrgenommen. In den vier Jahren zwischen

Mai 1993 und Mai 1997 gab es dort aus verschiedenen Teilen des Kontinents mehrere tausend Berichte über in der Luft schwebende „Feuerkugeln" und damit zusammenhängende leuchtende Energieemissionen, die lange Flugbahnen beschrieben. Harry Mason schreibt in seinem *Nexus*-Artikel:

> Diese Feuerbälle wurden in sämtlichen australischen Bundesstaaten beobachtet [...] und wiesen in vielen Fällen Variationen oder Kombinationen der folgenden Eigenschaften auf: äußerst niedrige Tiefstflugbahnen; kurze bis nicht vorhandene Ausläufer; kein Abbröckeln von Bruchstücken; scheinbare Geschwindigkeit oft sehr langsam und im allgemeinen unterhalb der Schallgeschwindigkeit; keine begleitenden Überschallknalle; abrupte und beträchtliche Richtungsänderungen sowie starke Beschleunigung, plötzliches Anhalten, Kursumkehr und vertikales Hochfliegen in Richtung Weltraum; Erzeugung starker Boden- und Häuservibrationen beim Vorbeiflug; Explosion in gewaltigen, bogenförmigen, blauweißen Lichtschauspielen, begleitet von sehr lauten Explosionsgeräuschen, oder aber in starken, völlig geräuschlosen Lichtblitzen; regelmäßiges Hervorrufen von Stromausfällen durch Überspannung sowie anderer elektrischer Wirkungen.[4]

In der Folge gibt Mason Augenzeugenberichte eines Ereignisses wieder, das sich am 28. Mai 1993 abgespielt hat. Etwa eine Stunde vor Mitternacht wurde ein großes, leuchtendes Plasmoid beziehungsweise ein „Feuerball" beobachtet, das/der sich in einer sehr niedrigen Flugbahn, fast parallel zur Erdoberfläche, von Süden her in nördliche Richtung bewegte. Das Objekt war mit Unterschallgeschwindigkeit unterwegs, ungefähr so schnell wie eine Boeing 747, flog ein bis zwei Kilometer weit und stieß dabei ein pulsierendes, dröhnendes Geräusch aus. Manche der Zeugen beschrieben es als orangefarbene Kugel mit einem kurzen, bläulich-weißen, kegelförmigen Schweif, während andere es als zylinderförmig und gelb-blau-weiß in Erinnerung hatten. Aufgrund seines niedrigen Tempos und der beinahe horizontalen Flugbahn konnte man eine natürliche Ursache wie beispielsweise einen Meteor ausschließen. Beim Aufprall auf den Boden erzeugte der Feuerball eine äußerst grelle, energiereiche Eruption blauweißen Lichts, die drei bis fünf Sekunden lang wellenförmig nachstrahlte. Die Augenzeugen sagten, dass es dabei taghell wurde und sie in alle Himmelsrichtungen 100 Kilometer weit sehen konnten. Den Explosionslärm konnte man bis zu 250 Kilometer weit hören; es wird angenommen, dass der Aufprall eine Explosionsenergie von mehr als zwei Kilotonnen TNT erzeugte. Danach stieg eine

---

4   Mason, H.: „Bright Skies ...", S. 41-7, 78

leuchtende, tiefrot-orangefarbige Halbkugel mit silbernem Außenrand und einem Kilometer Durchmesser auf und schwebte über der Explosionsstelle, wo sie sich fast zwei Stunden lang auf- und abbewegte, bevor sie plötzlich verschwand. Später triangulierte man anhand von Seismografenaufzeichnungen und Zeugenaussagen den Aufprallort, konnte dort jedoch trotz sorgfältiger Untersuchungen keinen Einschlagskrater feststellen.

Mason berichtet noch über einen weiteren Vorfall, der sich eines Nachts Mitte Oktober 1994 in der Kleinstadt Tom Price in Western Australia ereignete. Die Einwohner der Stadt erzählten über einen rötlich-orangen Feuerball mit einem „flammenschluckenden schwarzen Loch" in der Mitte, der in einer Höhe von wenigen hundert Metern mit etwa 160 Stundenkilometern über den Himmel glitt. Gefolgt wurde diese Lichterscheinung in gleichmäßigen Abständen von zwei weiteren Feuerbällen, die sich genau an die Flugbahn des ersten hielten. Alle drei schienen aus einer Militäreinrichtung in dem auf der Halbinsel Vlaming Head gelegenen Städtchen Exmouth zu kommen. Die militärische Anlage war ursprünglich eine Längstwellen-Sendeanlage der Amerikaner gewesen, wurde später aber der australischen Regierung übergeben.

Mikrowellen-Phasenkonjugation

Möglicherweise funktionieren die Mikrowellengeneratoren, mit deren Hilfe diese Plasmoide erzeugt werden, nach dem Prinzip der *optischen Phasenkonjugation*.[5,6] Der Ausdruck *Phasenkonjugation* bezieht sich auf eine besondere Art von „Spiegel", der den Bahnverlauf einfallender Lichtstrahlen umkehren kann, sodass diese in sich selbst zurücklaufen, genau in der umgekehrten Richtung, die sie zum phasenkonjugierenden Spiegel genommen haben. Als Folge dieses Vorgangs scheint es so, als würden sich die Photonen rückläufig in der Zeit bewegen. Wenn man den Strahl einer Taschenlampe aus einem bestimmten Winkel auf einen normalen silberbeschichteten Spiegel richtet, dann wird dieser Strahl in einem gleich großen Winkel in die andere Richtung reflektiert. Richtet man den Taschenlampenstrahl aber aus demselben Winkel auf einen phasenkonjugierenden

---

5   Shkunov, V.V. und Zel'dovich, B.Y.: „Optical phase conjugation" in *Scientific American*, Dez. 1985, 253:54-9

6   Pepper, D.M.: „Applications of optical phase conjugation" in *Scientific American*, Jan. 1986, 254:74-83

Spiegel, so scheint der reflektierte Strahl wieder genau auf die Taschenlampe zurück!

Die bekannteste Anwendung der optischen Phasenkonjugation erfolgt bei militärischen Laserwaffensystemen zur Zerstörung feindlicher Raketen. Dabei wird ein Laserstrahl auf ein weit entferntes, in Bewegung befindliches Raketenziel gerichtet. Die vom Ziel teilweise zurückgeworfene Streustrahlung wird dann in den Phasenkonjugator geleitet – eine Kammer, die ein Medium mit nichtlinearen optischen Eigenschaften enthält. In diesem nonlinearen Medium interagiert die Streustrahlung mit zwei entgegengesetzt ausgerichteten Laserstrahlen gleichartiger Wellenlänge und bildet ein hologrammartiges, elektrostatisches, lichtbrechendes Muster, das auch als Beugungsgitter bezeichnet wird. Sobald dieses Beugungsgittermuster geformt ist, hat sich das System im Wesentlichen auf sein Ziel ausgerichtet. In das holografische Beugungsgittermuster wird dann eine leistungsstarke Laserwaffe entladen, woraufhin deren kohärentes Laserlicht so reflektiert wird, dass es einen starken Laserstrahl abschießt, der genau die Bahnen der zuvor eingefallenen Streustrahlen von der Rakete zurückverfolgt. Der abgeschossene Laserpuls trifft infolgedessen präzise sein Ziel – die feindliche Rakete.

Das Gegenstück zum Laser im Mikrowellenbereich heißt Maser. So wie der Laser einen kohärenten Strahl aus Lichtwellen erzeugt, produziert ein Maser einen kohärenten Strahl aus Mikrowellen. Folglich sollte es auch möglich sein, Mikrowellen einer Phasenkonjugation zu unterziehen, indem man Methoden anwendet, die aus Experimenten mit optischer Phasenkonjugation bekannt sind. Ein Großteil der darauf abzielenden Forschung ist zwar noch streng geheim, doch es steht fest, dass seit den späten 1990er Jahren immer mehr wissenschaftliche Arbeiten zu diesem Thema publiziert werden. 1993 wurde sogar ein Basispatent (US-Patentschrift 5.223.838) für die zugrundeliegende Technologie erteilt – an Raymond Tang et al. von der Firma Hughes Aircraft Co., die sich eine neue Methode zur Verstärkung von Radarsignalen schützen ließ. Im Folgenden soll grob umrissen werden, wie diese Mikrowellentechnologie im Hinblick auf die Projektion von Kraftfeldern funktionieren könnte.

Nehmen wir einmal an, man würde eine ganze Batterie von Hochspannungskondensatoren auf einen Schlag entladen und so augenblicklich einen energiegeladenen, die Luft ionisierenden Kreisbogen – also ein unregelmäßig geformtes Plasmoid – erzeugen. Nehmen wir weiter an, dass ein Strahl kohärenter Mikrowellenstrahlung aus einem Maser genau auf dieses Plasmoid gerichtet ist. Besagter Strahl würde von einem phasenkonjugierenden

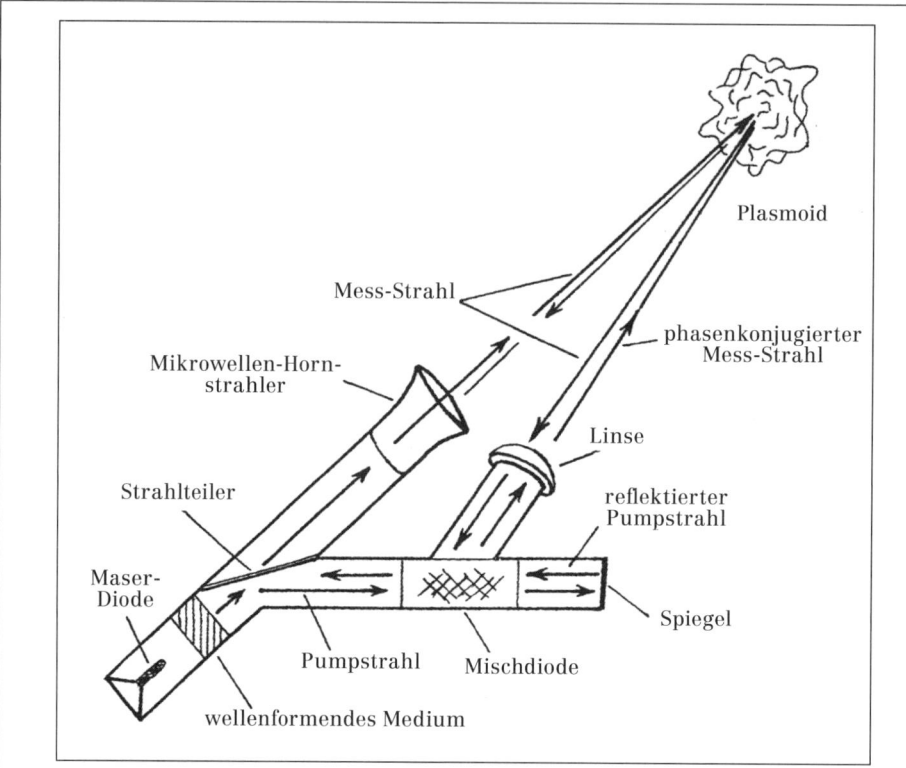

Abb. 45: Mögliches Funktionsprinzip eines phasenkonjugierenden Mikrowellen-Resonators und des von ihm angepeilten Plasmoids am Himmel.

Gerät ausgesandt werden, das einen ähnlichen Aufbau haben könnte wie das in Abbildung 45 dargestellte. Dieses Gerät teilt den ursprünglichen Maserstrahl in zwei Strahlen – einen *Mess-Strahl* und einen *Pumpstrahl*. Der Mess-Strahl wird auf das Plasmaziel ausgerichtet, und einige der Mikrowellen, die dort als Streustrahlung entstehen, werden zum phasenkonjugierenden Gerät reflektiert und dringen in dessen Mischkammer ein. Die *Mischkammer* ist mit einem Medium gefüllt, das ausgesprochen nichtlineare elektromagnetische Eigenschaften besitzt. In der Zwischenzeit wird der Pumpstrahl, der vom Strahl des Masergenerators abgespalten wurde, direkt in die gleich danebenliegende Mischkammer geleitet, wo er das nichtlineare Mischmedium durchdringt, von einer verspiegelten Wand am anderen Ende reflektiert wird, ein zweites Mal das Mischmedium durchläuft und schließlich wieder in den Geräteteil zurückgestrahlt wird, wo sich der Masergenerator befindet.

Die Mikrowellen, die durch die Streustrahlung vom Plasmoid reflektiert werden und in das Mischmedium eindringen, gehen eine starke Wechselwirkung mit den zwei Maser-Pumpstrahlen ein und bilden mit ihnen ein elektrostatisches Beugungsgittermuster. Dieses holografische Muster speichert Informationen über die Richtungen und Phasen sämtlicher gestreuter Maserstrahl-Mikrowellen, die in die Mischkammer eingedrungen sind. Die gegenläufigen Pumpstrahlen werden sodann vom Beugungsgittermuster reflektiert und erzeugen so einen ausstrahlenden Mikrowellenstrahl, der *genau die Bahnen zurückverfolgt, die die einstrahlende Streustrahlung genommen hat.* Auf diese Weise treffen die ausstrahlenden Mikrowellen wieder auf dem Plasmoid zusammen und reisen von dort zu der Maservorrichtung zurück, von der sie ursprünglich gekommen sind – wodurch der Randomisierungsffekt durch die Streustrahlung automatisch ausgeglichen wird.

Physiker würden diesen zurückkreisenden Strahl als phasenkonjugierten Mess-Strahl oder einfach als phasenkonjugierten Strahl bezeichnen. Der Ausdruck *Phasenkonjugation* bedeutet, dass die Trajektorien der betreffenden Mikrowellen identisch mit denen sind, denen die einstrahlenden Mess-Strahl-Mikrowellen gefolgt wären, wenn man sie dazu gebracht hätte, rückwärts in der Zeit zu reisen. Das Beugungsgitter, das diese zeitlich umgekehrte Reflektion bewirkt, wird *phasenkonjugierender Spiegel* genannt; die Mischanordnung, durch die dieser Vorgang erst möglich wird, heißt *Vierwellenmischer*. In Abbildung 45 sind der Maserstrahlen-Sender und der Hohlraum, in dem die Vierwellenmischung stattfindet, zwar räumlich voneinander getrennt, doch mit guten Kenntnissen in Maschinenbau sollte es kein großes Problem sein, die beiden Vorrichtungen zu einem einzigen Maser-Sende- und Empfangsgerät zu kombinieren.

Nachdem der phasenkonjugierte Strahl zu seiner Maserquelle zurückgekehrt ist, wird er neuerlich vom Endspiegel des Masers reflektiert, als kohärenter Strahl ausgestrahlt, vom Plasmoid gestreut und ein weiteres Mal in die Mischkammer zurückgestrahlt. Dieser in sich geschlossene Weg vom Masergenerator zum Plasmoid, weiter zum Mischer, zurück zum Plasmoid und wieder zum Masergenerator führt dazu, dass das Masersystem als *phasenkonjugierender Resonator* funktioniert und *vorzugsweise die Mikrowellen auswählt und verstärkt, die auf die phasenkonjugierende Mischkammer ausgerichtet sind*. Dadurch wird ein Großteil der vom Maser erzeugten Mikrowellenenergie in einem Strahl konzentriert, der zwischen Masergenerator, Plasmoid und Mischkammer verläuft. Die in diesem Strahl angestaute Energie steigt dann zunehmend auf einen sehr hohen Wert an.

Im Gegensatz zu einem normalen Maser, dessen nur in eine Richtung strahlender Energiepuls letztlich irgendwann zerstreut wird, bewahrt ein phasenkonjugierender Maser einen Großteil seiner Energie in einem dauerhaften Strahl, der zwischen dem Maser und seinem Ziel verläuft. Ein Teil der Maser-Strahlenenergie heizt jedoch das Plasmoid auf. Und etwas von der abgestrahlten Energie geht – wenn auch in weit geringerem Maße – durch Ineffizienzen in der Maser-Mischkammer verloren. Der Phasenkonjugator tendiert dazu, jene Mikrowellenbahnen zu verstärken, die am effizientesten durch die Streustrahlung vom Plasmoid her reflektiert werden; daher wird der Energieverlust des Strahls zwischen Maser und Plasmoid auch möglichst minimiert sein. Träfe das Plasmoid aber mit einem massiven Zielobjekt zusammen, dann würde dieses Ziel die gewaltige Energie abrupt absorbieren und dadurch zerstört werden.

Tom Bearden, der mehrere Bücher und Aufsätze über diese Mikrowellentechnologie verfasst hat, ist davon überzeugt, dass viele der von unabhängigen Augenzeugen beobachteten seltsamen Leuchterscheinungen am Himmel von militärischen Versuchen mit phasenkonjugierenden Masern hervorgerufen werden.[7,8] Er weist darauf hin, dass der einstrahlende Mess-Strahl und sein zurückgesandter phasenkonjugierter Strahl einander genau überlagern und damit ihre jeweiligen Querkraftvektoren gegenseitig annullieren. Die zwei miteinander kombinierten Strahlen bestünden dann aus *Potentialenergiewellen* (z. B. elektrostatisch geladenen Dichtewellen). Da Energiepotentiale zwar eine Stärke, aber keine Richtung besitzen, werden sie von Physikern auch als *Skalarwellen* bezeichnet, um sie so von den Hertzschen elektromagnetischen Wellen zu unterscheiden, die eine Transversalvektor-Polarität aufweisen. Demzufolge müsste ein phasenkonjugierender Maser einen stationären *Skalarwellen*-Strahl erzeugen, der zwischen Maser und Plasmoid läuft und mit normalen Untersuchungsmethoden so gut wie nicht nachweisbar ist.

Nach Bearden würden sich bei der Kreuzung zweier solcher Skalarwellen-Strahlen die miteinander verschränkten Mess- und phasenkonjugierten Strahlen im Kreuzungsbereich voneinander entkoppeln und damit normale elektromagnetische Strahlung zulassen. Plasmen besitzen nichtlineare elektromagnetische Eigenschaften. Brächte man also zwei solche Skalarstrahlen dazu, sich in einem Plasmoid zu kreuzen, dann könnte die nicht-

---

7 Bearden: „Fer-de-Lance"

8 Bearden, T.E.: „Soviet phase conjugate weapons", Bulletin Nr. 308, Committee to Restore the Constitution, Januar 1988

lineare Plasma-Umgebung sie dazu veranlassen, hinreichend miteinander zu interagieren, um einen Teil ihrer Energie zu „demaskieren". Durch die Wahl geringfügig verschiedener Frequenzen für die zwei Maserstrahlen und die korrekt gesteuerte Modulation ihrer Amplituden sollte es möglich sein, eine Interferometrie durchzuführen und dadurch die Form, Größe, Leuchtkraft und Position des Plasmoids zu kontrollieren.

Tesla-Wellen

Ein phasenkonjugierender Maser könnte dazu imstande sein, Energie zu einem weit entfernten Ziel zu übertragen oder mittels Energieaustausch Energie aus besagtem Ziel zu zapfen. Um jedoch mechanische Kräfte auf ein entferntes Ziel (oder Kraft auf weit entfernte kosmische Strahlen) ausüben zu können, muss man eine Mikrowellenquelle verwenden, die Pulse mit sägezahnförmiger Wellenfront – im Gegensatz zur sinusförmigen Wellenfront herkömmlicher elektromagnetischer Wellen – abstrahlt. Die kraftausübende Wirkung elektrodynamischer Stoßwellen wurde bereits im späten 19. Jahrhundert von Nikola Tesla entdeckt. Tesla baute Radiofrequenz-Generatoren mit einer Sendestärke von mehreren Millionen Volt, mit denen derartige Wellenentladungen herbeigeführt werden konnten. Sie begannen mit einem abrupten Anstieg der elektrischen Spannung, der nur wenige Nanosekunden lang dauerte, gefolgt von einem allmählichen Nachlassen der Spannung über einen Zeitraum von einer bis zehn Mikrosekunden. Die Pulse wiederholten sich mit einer Frequenz von 0,1 bis 1 Megahertz und wurden nach oben zum Endgerät – einer krönenden Metallkugel – an der Spitze geleitet, von wo aus sie zum Himmel abgestrahlt wurden. Diese „Tesla-Wellen" unterschieden sich von herkömmlichen Hertzschen elektromagnetischen Wellen dadurch, dass ihre Feldpotentiale ausschließlich aus longitudinalen Potentialenergie-Gradienten ohne transversale Komponente bestanden. Tesla betrachtete sie als abwechselnde Kompromierungen und Verdünnungen, die sich longitudinal durch ein gasartiges Äther-Medium bewegen, ähnlich wie Schallwellen sich durch die Luft bewegen. Wie in Kapitel 3 erwähnt, werden sowohl herkömmliche Hertzsche Wellen als auch Tesla-Wellen in meiner Methodologie der Subquantenkinetik ausführlich behandelt.[9]

---

9 LaViolette, P. A.: „Subquantum Kinetics: A Systems Approach to Physics and Cosmology" (Niskayuna, NY: Starlane Publications, 2003), Kap. 6

Wenn er in der Nähe dieser Stoßwellen-Entladungen stand, konnte Tesla feststellen, dass er die Wellen als starke Kraft oder deutlichen Druck spürte, die auf die gesamte Vorderseite seines Körpers einwirkten.[10] Am deutlichsten empfand er diese Auswirkungen als ein Stechen auf Gesicht und Händen, das auch noch fortbestand, wenn er sich in einer Entfernung von bis zu 15 Metern hinter eine Glasscheibe oder einen Metallschild stellte. Es gelang ihm, diese Stoßwellen zu kollimieren, indem er damit ein Endgerät unter Strom setzte, das an einem Ende einer an beiden Enden offenen Röhre angebracht war. Die Röhre sandte daraufhin einen Strahl aus, der Objekte wegstoßen, sie aufladen oder Löcher durch sie brennen konnte, je nachdem, woraus sie bestanden. Für einige seiner Experimente benutzte Tesla dickwandige Elektronenröhren aus Glas als Strahlröhren. Dabei kam es gelegentlich vor, dass in den stromführenden Röhren ein derart hoher nach außen gerichteter Druck entstand, dass sie trotz des in ihnen herrschenden Hochvakuums explodierten.[11] Tesla führte diese Kräfte auf Ätherströme zurück, die von den Ätherstoßwellen, die er erzeugt hatte, vorwärtsgetrieben worden seien. Es ist aber auch möglich, dass die Stoßwellen selbst die Ursache waren – eine nach vorne gerichtete Längskraft, die durch die ursprüngliche Stoßwelle wirkungsvoller eingesetzt wurde und der das langsamere Nachlassen der Spannung weniger effektiv entgegenwirken konnte.

Tesla stellte fest, dass seine Stoßwellen nicht wie normale elektromagnetische Strahlen auseinanderstrebten, sondern über große Entfernungen kollimiert und kohärent blieben, ganz ähnlich wie moderne Maserstrahlen. Wenn dem tatsächlich so war, dann könnte man eine optische Phasenkonjugation nicht nur mit konventionellen Lasern und Masern – die Strahlen aus sinusförmigen Hertzwellen erzeugen – bewerkstelligen, sondern ganz einfach auch mit Hilfe eines Tesla-Stoßwellengenerators. Vielleicht ist die Phasenkonjugation auch die Erklärung dafür, wie Teslas berühmter Turm in Colorado Springs dazu imstande war, eine so ungeheure Menge Energie an eine mehr als 40 Kilometer entfernte Empfangsstation zu übertragen. Trotz dieser großen Entfernung zapfte der Empfänger etwa zehn Kilowatt Hochleistungsstrom aus der Luft an; das reichte aus, um 200 Fünfzig-Watt-Glühbirnen hell aufglühen zu lassen.[12] Hätte die abgestrahlte Energie dem

---

10 Vassilatos, G.: „Secrets of Cold War Technology: Project HAARP and Beyond" (Bayside, Kalifornien: Borderland Sciences, 1996), S. 26-33
11 Ebd., S. 51, 55
12 Ebd., S. 87

Abstandsgesetz entsprechend abgenommen, wie das bei normalen Radiosendungen der Fall ist, dann hätte das Empfangsgerät nur Mikro- statt Kilowattstärken auffangen dürfen. Eine brauchbare Erklärung für diese mysteriöse Angelegenheit wäre, dass Teslas Empfänger dank des Phänomens der phasenkonjugierenden Resonanz eine strahlartige Verbindung mit dem Sendeturm eingegangen ist.

Mittlerweile wurden Festkörperkristall-Geräte namens IMPATT-Dioden entwickelt, die sägezahnartige Stoßwellen erzeugen – sehr ähnlich wie die von Tesla hervorgerufenen – und nicht auf Radiofrequenzen pulsieren, sondern auf Mikrowellenfrequenzen. Die auf dem freien Markt erhältlichen IMPATT-Dioden arbeiten zwar nur mit Spannungsstärken von einigen hundert Volt, doch für den militärischen Einsatz werden höchstwahrscheinlich Dioden mit weitaus höheren Spannungsstärken und Ausgangsleistungen produziert. Wenn man ein derartiges Halbleitergerät statt einem Maser benutzt, sollte es möglich sein, einen Mikrowellen-Phasenkonjugator herzustellen, der keine Hertzschen Maserstrahlen, sondern Tesla-Stoßwellenstrahlen erzeugt. Und dann müsste man auch phasenkonjugierende Strahlen hervorbringen können, die in der Lage sind, Kraftfelder an weit entfernte Orte zu projizieren.

Wendet man eine solche Strahlentechnik in wesentlich größerem Maßstab und mit einer präzise gesteuerten Interferometrie an, dann könnte man sie dazu einsetzen, elektrostatische Feldgradienten nahe der Oberfläche eines Sternkerns oder Neutronensterns aufzubauen. Mit diesen Feldgradienten könnte man wiederum die nach außen gerichtete kosmische Teilchenstrahlung ablenken und dadurch einen Synchrotron-Kommunikationsstrahl erzeugen. Was die ETI-Botschaft angeht, so könnte man eine ähnliche Technik dazu einsetzen, einen Kraftfeldschild zu errichten, der kosmische Strahlung ablenkt und damit einen Planeten oder gar ein ganzes Sonnensystem vor einer anrollenden Superwelle schützen kann.

Das Kornkreis-Phänomen

Auch das Phänomen der Kornkreise könnte als Beweis für die Existenz einer Feldprojektionstechnik dienen, die jener Technik ähnelt, mit der Plasma-Feuerbälle erzeugt werden. Kornkreise sind große, äußerst komplexe Muster, die üblicherweise in Feldern – von Gras über Weizen und Gerste bis hin zu Mais – auftauchen, in denen die Halme auf mysteri-

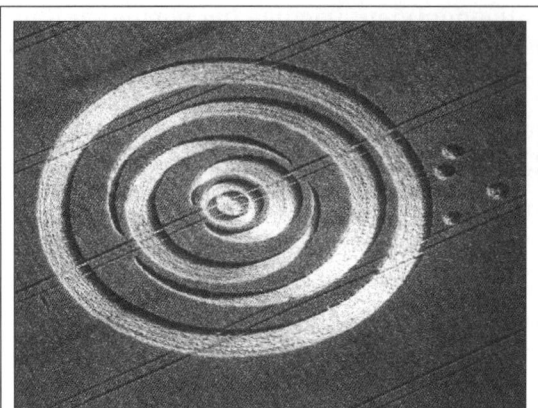

Abb. 46: Kornkreis mit einem Durchmesser von 30 Meter, der im Juli 1995 in einem Feld in der englischen Gemeinde East Meon in Hampshire auftauchte. (Foto: Ron Russell.)

öse Weise binnen kürzester Zeit zum Boden hinuntergebogen wurden (siehe Abb. 46). Oft weisen die abgeflachten Stellen die Form von Kreisen oder Ringen auf; sie können aber auch als Rechtecke, geradlinige Schneisen und Bögen auftreten. Kornkreisforscher sind aufgrund der diversen beobachteten Eigenschaften ihrer Untersuchungsobjekte zu dem Schluss gelangt, dass die Kreise durch eine Art hochmoderner Mikrowellen-Strahlentechnik gebildet worden sein müssen.

Die meisten Kornkreise erscheinen über Nacht, wobei auch schon einige beobachtet wurden, die am hellichten Tag entstanden sind. Eine Formation ist sogar zwischen zwei Luftvermessungsflügen, die im Abstand von nur einer halben Stunde stattfanden, in einem Feld aufgetaucht. Der Kornkreisforscher Colin Andrews berichtet, dass eine Gruppe von 70 Menschen, die Zeugen der Entstehung von Kornkreisen gewesen sein wollen, sich darüber einig war, dass die Halme in nicht einmal 15 Sekunden flachgelegt worden seien. Die Augenzeugen erzählten, dass vor dem geheimnisvollen Ereignis plötzlich alle Singvögel in der Gegend verstummt seien und die Stille dann von einem „Trillern" unterbrochen worden sei. Daneben hätten sie trotz völliger Windstille auch gehört, wie Weizenähren gegeneinanderschlugen. Einmal gelang es sogar, das trillernde Geräusch auf Tonband aufzunehmen; eine nachfolgende Analyse ergab, dass es eine harmonische Schwingung mit einer Frequenz von 5,2 Kilohertz aufweist.

Die ersten Kornkreise wurden in den 1970er Jahren beobachtet, seither gibt es weit mehr als 10.000 Beobachtungen. Die meisten Vorfälle ereigneten sich zwar auf den britischen Inseln, doch ungewöhnliche Formationen wurden auch aus den USA, Kanada, Australien, Neuseeland, Tasmanien, Frankreich, der Schweiz, Russland und Brasilien gemeldet. In den Anfangsjahren waren die Kornkreismuster eher einfach gehalten und bestanden in erster Linie aus kreisförmigen flachgelegten Stellen. Später tauchten immer ausgeklügeltere Muster auf, wie zum Beispiel von mehreren Reihen konzentrischer Ringe umgebene Kreise. Oft werden auch Gruppen aus mehreren Kreisen entdeckt, die zusammen wohldefinierte geometrische Muster bilden und manchmal durch absolut geradlinige „Straßen" miteinander verbunden sind.

Mit dem Jahr 1990 nahm das Kornkreis-Phänomen plötzlich dramatische Ausmaße an. Nicht nur die Anzahl der Kornkreise stieg exponentiell an, sondern auch die Variationsbreite der Muster nahm gewaltig zu – Jahr für Jahr wurden neue gesichtet. Die frühen Bodenbilder bestanden vor allem aus einfachen Kreis- und Ringmustern von bis zu 20 Metern Durchmesser; jetzt begannen Muster zu erscheinen, die sich über mehrere hundert Meter erstreckten und um einiges komplexer waren.

Obwohl auch die neuen Muster nur in zwei Dimensionen angeordnet waren, stellten einige von ihnen höherdimensionale fraktale Formen dar, wie beispielsweise die „Mandelbrot-Menge"-Kornkreisglyphe. Eine Mandelbrot-Menge erhält man, wenn man eine bestimmte mathematische Verknüpfung auf eine komplexe Zahl anwendet und diesen Vorgang dann wiederholt, indem man das Ergebnis der vorigen Rechenoperation als Ausgangszahl der nächsten Verknüpfung hernimmt. Zwei der komplexen grafischen Darstellungen dieser Mandelbrot-Menge tauchten 1991 in Getreidefeldern auf – eine in der englischen Gemeinde Ecleton, die andere bei Barbury Castle im englischen Wiltshire. Ähnlich komplexe Kornkreis-Fraktale, die aber diesmal die Julia-Menge abbildeten, erschienen im Juli 1996. Eine einzelne Julia-Mengen-Spirale aus 151 Kreisen, die sich über einen Gesamtdurchmesser von 120 Metern erstreckte, tauchte in einem Weizenfeld in der Nähe des jungsteinzeitlichen Bauwerks Stonehenge auf. Noch im selben Monat trat eine dreifache Julia-Mengen-Spirale in einem Weizenfeld nahe der englischen Ortschaft Windmill Hill in Erscheinung. Sie bestand aus 194 Kreisen, die über eine Distanz von mehr als 210 Metern angeordnet waren.

Im flachgedrückten Teil eines Kornkreises kann man feststellen, dass die Halme so fest an den Boden gepresst sind, dass sie sogar Abdrücke in der Erde hinterlassen; dennoch sind sie weder gebrochen noch sonstwie beschädigt. Manchmal breiten sie sich vom Zentrum des Kreises radial nach außen aus, öfter sind sie aber so ausgerichtet, dass sie archimedische Spiralen bilden, die manchmal im Uhrzeigersinn verlaufen, manchmal dagegen und gelegentlich auch in beide Richtungen auf einmal. Vor allem die derart kombinierten gegenläufig rotierenden Spiralen sind verblüffend, weil sich die Rotationsrichtung an einer klar definierten Grenze schlagar-

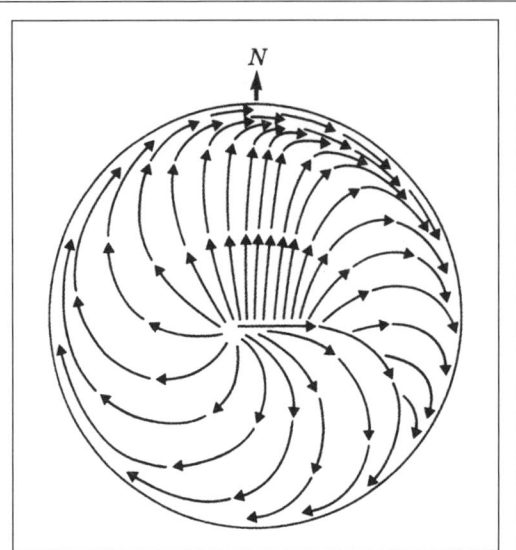

Abb. 47: Schematische Darstellung eines Kornkreises, der 1987 bei Cheesefoot Head in England auftauchte. (Delgado und Andrews: „Circular Evidence", S. 128.)

tig ändert. An einer Seite der Grenze ist ein Halm in eine Richtung gebogen, während sein unmittelbarer Nachbar auf der anderen Seite bereits in die Gegenrichtung zeigt.

Der Kornkreis, der 1987 bei Cheesefoot Head auftauchte, wies ein Spiralmuster im Uhrzeigersinn auf, das im Nordteil des Kreises verformt war, wo es eine radiale, nach Norden weisende Schneise bildete (siehe Abb. 47). In der Nähe des Kreismittelpunkts ließ dieses nach Norden ausgerichtete Muster einen überraschend radikalen 90-Grad-Übergang zum Spiralmuster erkennen. Ein anderer spiralförmiger Kornkreis hatte ein quadratisches Mittelstück mit einer Seitenlänge von zwei Metern, in dem die Halme alle in dieselbe Richtung wiesen, während das Spiralmuster erst vom Rand des Quadrats ausging.

Auch geflochtene oder gezopfte Liegemuster wurden entdeckt, bei denen in wechselnde Richtung weisende Halmbündel übereinanderlagen, was aus der Ferne wie ein Korbwebmuster aussah. Die Kornkreisforscher haben darüber gerätselt, wie so komplizierte Webmuster zustandegekommen sein konnten. Die Forscher Pat Delgado und Colin Andrews schreiben in ihrem Buch „Kreisrunde Zeichen":

> Bei einigen der Bündel waren zwei oder mehr Bündel in unterschiedlichen Winkeln darüber- oder daruntergelegt, sodass sie tatsächlich miteinander verwoben waren. Das Kraftfeld, das dieses Muster produziert hat, muss wie eine Strickmaschine funktioniert haben. In zwei Fällen, bei zwei verschiedenen Kreisen, waren mehrere geflochtene Bündel gegeneinander ausgerichtet worden. Dieser außergewöhnlichen unbekannten Kraft sind anscheinend keine Grenzen

gesetzt, was die Komplexität der flachgedrückten Halmmuster betrifft.[13]

Es wurden aber noch weit kompliziertere Halm-Strickmuster verzeichnet. Die Kornkreisforscherin Ilyes etwa hat bemerkt, dass die Halme innerhalb eines Kreises in Bündeln zusammengelegt sind, die von einigen wenigen Pflanzenstengeln bis zu 40 oder 50 umfassen.[14] Die in einem Bündel enthaltenen Stengel sind parallel zueinander ausgerichtet und mit ihren Blättern – die in einem Überkreuzmuster herumgewickelt sind – zusammengebunden. Ilyes merkt an, dass die Ähren der stehengebliebenen Halme außerhalb der Kornkreisbegrenzung willkürlich ausgerichtet sind. In jedem einzelnen Bündel hingegen stehen die Ähren parallel zueinander, als ob eine von außen angewandte Kraft sie so ausgerichtet hätte.

An der Bildung der Kornkreisformationen ist aber mehr als eine rein mechanische Kraft beteiligt. Es gibt überwältigende und in sich schlüssige Beweise dafür, dass die Pflanzen während des Vorgangs der Kornkreisentstehung erhitzt werden. An den Seiten einzelner Halme sind nämlich Dehnungswunden und -narben sichtbar, die auch als „gesprengte Knoten" bezeichnet werden. Der Biophysiker Dr. W. C. Levengood hat im Labor ähnliche Erscheinungen erzeugt, indem er die Pflanzen sehr schnell aufheizte.[15] Ilyes stellt daher die Behauptung auf, dass Kornkreise von einem Mikrowellen-Maserstrahl erzeugt werden, der von oben auf die Felder gerichtet ist. Dabei soll es zu einer zellulären Hitzeeinwirkung kommen, wodurch sich die Flüssigkeit innerhalb der Pflanzenzellen ausdehnt und durch die Knoten des Pflanzenstengels austritt. Sie behauptet weiter, dass die Pflanzenstengel dabei plötzlich welken und biegsam werden, weil ihre Pflanzenzellen während dieser kurzen Aufheizungsphase dehydrieren und sich ausdehnen. Auf diese Weise werden sie auch dafür anfällig, sich von der angewandten Kraft neu ausrichten zu lassen, ohne dabei zu brechen.

Levengood führte noch weitere Tests durch, bei denen herauskam, dass die molekulare und zelluläre Struktur der Pflanzen beträchtlichen Änderungen unterworfen gewesen war; es gab ausgeprägte Anzeichen dafür,

---

13 Delgado, P. und Andrews, C: „Circular Evidence" (London: Bloomsbury Publishing, 1989), S. 127-8; dt. Ausgabe: „Kreisrunde Zeichen" (Frankfurt am Main: Zweitausendeins Verlag, 2000)
14 Ilyes: „An Hypothesis: The Transmission of a Crop Circle" (1996), im Internet unter: www.cropcircleconnector.com/ilyes/abouthy.html
15 Silva, F.: „Music in the Fields" in *Atlantis Rising*, 1998, 14:42-3

dass sie vorübergehend hohen Temperaturen ausgesetzt gewesen waren.[16] Bei innerhalb eines Kornkreises entnommenen Samen stellte man fest, dass sie sowohl im Hinblick auf ihre Wachstumsrate als auch ihre Keimungsmethode verändert waren. Werden die Pflanzensamen ausgesät, so stellt sich heraus, dass sie in manchen Fällen um bis zu 45 Prozent schneller wachsen. Länger dauernde Beobachtungen der Kornkreise zeigten auch, dass die Pflanzen, nachdem sie einmal von dieser Kraft flachgedrückt worden waren, nie wieder versuchten, ihre Ähren vertikal auszurichten.

Forscher haben zudem herausgefunden, dass Kornkreise von einem Restenergiefeld durchdrungen sind, das einige Wochen nach der Bildung des jeweiligen Kreises bestehen bleibt. Ron Russell und Dr. Simeon Hein haben mit Hilfe eines tragbaren TREK-520-Elektrometers bei mehreren Kornkreisen in der Grafschaft Wiltshire Messungen von elektrischen Feldern durchgeführt.[17] Ihre Untersuchungsergebnisse deuteten auf die Anwesenheit einer „Membran" an den Außenrändern von Kornkreisen hin, bei deren Überquerung die gemessene Feldenergie zuerst ab- und dann erheblich zunimmt. Diese abrupten Energieschwankungen wurden auch im Inneren von Kornkreisen gemessen – am Rand innenliegender Teile der Formation und insbesondere in den Kreismitten. Die Forscher bemerkten außerdem, dass sie vor dem Betreten neugebildeter Kornkreise erst einige Tage abwarten mussten, weil die Feldenergie sonst zu Fehlfunktionen ihrer elektronischen Geräte und einer rapiden Entladung ihrer Stromversorgungsbatterien führte. Auch von anderer Seite wurde oft berichtet, dass sich die Batterien von Mobiltelefonen, GPS-Geräten, Magnetometern, Videokameras und Tonbandgeräten im Inneren von Kornkreisen sehr schnell entleerten. Das erinnert an die Geschichten von abgewürgten Automotoren und plötzlich funktionsunfähigen Autoradios bei UFO-Nahbegegnungen.

Das ungewöhnliche Pflanzenwachstum, die Restenergiefelder und die komplexe Anordnung der flachgedrückten Pflanzen haben die Forscher zur Ansicht gebracht, dass Kornkreise nicht von Witzbolden und Fälschern mit Hilfe von Handwerkzeugen hergestellt worden sein können. Delgado und Andrews fassen das Kornkreis-Phänomen wie folgt zusammen:

> Jede genauere Definition einer Kraft, die derart komplizierte Dinge hervorzubringen vermag, müsste folgende Eigenschaften berücksich-

---

16 Levengood, W.C.: „Anatomical Anomalies in Crop Formation Plants" in *Physiologia Plantarum*, 1994, 92:356-63

17 Russell, R.: „Report on preliminary results of electrostatic energy testing in crop formations", Midwest Research, Aurora, Colorado, August 1999

tigen: Sie kann Halme unterschiedlicher Dicke ohne Beschädigung bis knapp an den Boden niederdrücken, in Spiralwindungen rotieren, gegenläufig rotieren, Überlappungen mit darin enthaltenen Richtungswechseln erzeugen, Radialschneisen wie bei einer Explosion schaffen und im Zentrum die verschiedensten Formationen kreieren. Diese Kraft muss nicht nur dazu fähig sein, die Halme in beiden Rotationsrichtungen flachzudrücken, sondern beide Rotationsrichtungen auf demselben Kreisboden stufenlos bewerkstelligen können.

Es muss sich um eine starke Kraft von kurzer Wirkungsdauer handeln, die in der Pflanze ein Horizontalwachstum hervorruft und die natürliche Tendenz zum vertikalen Wachstum unterdrückt. […] Sie muss noch dazu das untere, wurzelnahe Ende dickstämmiger Pflanzen biegsam genug machen, dass es sich in einem spitzen Winkel von beinahe 90 Grad verbiegen kann, ohne dabei die Wachstumsrate der Pflanze zu unterbrechen oder zu stören.

Sie muss dazu imstande sein, an der Außenseite eines Kreises einen flachgedrückten Ring zu erzeugen, der dem Umriss des betreffenden Kreises genau folgt. Sie muss nicht nur Kreisformen erschaffen können, sondern auch absolut gerade verlaufende, mehrere Meter lange flachgedrückte Pfade. Sie sollte die Fähigkeit besitzen, schmale, bogenförmige Feldteile auszulassen, sodass dort die Halme stehenbleiben – wie ein niedriger, schmaler, gebogener Wandschirm. Sie muss so heftig sein, dass manche Pflanzen völlig wahllos ausgerissen oder aus dem Boden ausgestoßen werden und in die daneben befindlichen stehengebliebenen Pflanzen geschleudert werden. Und sie muss fast lautlos sein.

Es ist äußerst ernüchternd, in einem solchen Kreis zu stehen und sich zu fragen, welche Kraft wohl hierhergelangt und wieder verschwunden ist – wobei sie zwar diesen wunderschönen Beweis für ihren Besuch hinterlassen hat, aber keinerlei Erklärung dafür, wie sie das gemacht hat.[18]

Ein Bauer aus Rumänien, der auf seinem kleinen Getreidefeld Zeuge der Entstehung eines ringförmigen Kornkreises wurde, beschrieb die dabei wirkende Kraft als so stark, dass sie ihm den Hut vom Kopf gerissen und ihn zu Boden geschleudert habe. Zudem berichtete er von einem „entsetz-

---

18 Delgado, P. und Andrews, C.: „Circular Evidence", S. 158

lichen Pfeifgeräusch", das damit einhergegangen sei.[19] Eine solche Kraft könnte auch erklären, warum im Inneren eines Kornkreises einmal der völlig dehydrierte und *auf die Dicke eines Pfannkuchens zusammengepresste* Kadaver eines Hasen gefunden wurde. Die Kornkreisforscherin Donna Higbee berichtet von mehreren Fällen in Kanada und England, bei denen in Kornkreisen völlig zusammengedrückte Stachelschweine entdeckt wurden. Stachelschweine, die normalerweise eine Rückenhöhe von mindestens 30 Zentimeter erreichen, wurden anscheinend von einer gewaltigen Kraft auf *fünf bis acht Zentimeter* zusammengepresst. Higbee vermerkt, dass Stachelschweine sich bei Annäherung von Gefahr nicht von der Stelle rühren und sich zum Schutz auf ihre spitzen Stacheln verlassen. Demzufolge ist die Wahrscheinlichkeit geringer, dass die Tiere einen Fluchtversuch unternommen haben, als die Entstehung des Kornkreises im Gange war. Die Forscherin berichtet aber auch von Fällen, wo Stachelschweine gewaltsam in einen Kornkreis hineingezogen wurden. Sie schreibt:

> Es hat auch mindestens zwei Fälle gegeben, bei denen Schleifspuren im Ackerboden festgestellt wurden, in denen sich abgebrochene Stacheln befanden. Daraus kann man schließen, dass das bedauernswerte Stachelschwein mit Gewalt vom Rand der Formation ins Innere gezerrt worden sein muss. Die Stacheln des Tiers wiesen übrigens genau in dieselbe Richtung wie der flachgedrückte, verwirbelte Weizen.[20]

Eine Technik, die ein Kraftfeld in ein Feld irgendwo auf dem Lande projizieren kann, um dort Weizen- oder Grashalme zu verbiegen, könnte auch dazu eingesetzt werden, ein Kraftfeld zu projizieren, das die Flugbahnen kosmischer Teilchenstrahlung irgendwo im All verbiegt. Ja, mehr noch: Eine Kraftfeldtechnik, die derart vertrackte Muster in bepflanzten Bodenflächen schaffen kann, könnte auch so weit entwickelt werden, dass sie die Energieverhältnisse nahe der Oberfläche eines Sterns verändern kann, der kosmische Strahlung abgibt – um so Synchrotronpulse zu erzeugen, die den bisher beobachteten Pulsarsignalen ähneln. Sind also hunderte Jahr für Jahr auftauchende Kornkreisfälle das Resultat von Kraftfeld-Projektionsexperimenten unserer eigenen Wissenschaftler, die in militärischen Geheimprogrammen tätig sind? Oder hinterlassen uns außerirdische Be-

---

19   Ilyes: „An Hypothesis: The Transmission of a Crop Circle"
20   Higbee, D.: „Crop circles: Real or hoax?", Internet-Posting unter users1.ee.net/pmason/crop-circles.html

sucher diese Botschaften, weil sie uns damit die Technik vorführen wollen, mit deren Hilfe sie Pulsarsignale und Sternenschilde erzeugen?

Die ETI-Connection

In vielen Fällen wurden entweder während der Entstehung von Kornkreisen oder kurz vor ihrem Erscheinen ungewöhnliche Flugobjekte gesichtet. In keinem der dokumentierten Fälle hat jemand die Besatzung dieser Fluggeräte gesehen oder mit ihr Verbindung aufgenommen; daher können wir auch nicht sicher sein, ob sie von unserem Planeten stammen oder von irgendwo da draußen. Da diese Flugobjekte allerdings eine sehr fortschrittliche Antriebsmethode benutzen, die sich auch für Flüge außerhalb der Erdatmosphäre bestens eignen würde, ist der Gedanke, dass sie von Außerirdischen gesteuert werden, nicht so abwegig.

Delgado und Andrews berichten über einen Vorfall, der sich in England über dem Silbury Hill zugetragen hat.[21] Eine Frau fuhr eines Tages im Juli 1988 spätabends nach Hause, als sie ein großes, goldenes, scheibenförmiges Objekt innerhalb der Wolkendecke schweben sah. Von der Scheibe ging in einem Winkel von ca. 65 Grad ein hell leuchtender Parallelstrahl aus weißem Licht aus, der in einigen Kilometern Entfernung auf dem Erdboden aufzutreffen schien. Während die Frau dies beobachtete, durchfuhr eine „Energiewelle" ihr Auto und ließ ein halbes Dutzend Gegenstände, die in einer Tasche auf dem Armaturenbrett untergebracht waren, plötzlich in die Luft steigen und dann in ihren Schoß und auf den Beifahrersitz fliegen. Einen Tag später wurden ungefähr an der Stelle, auf die der Lichtstrahl gerichtet gewesen war, zehn Kornkreise entdeckt. Weitere fünf Kreise tauchten einige Tage später dort auf, noch andere zwei Monate danach.

Eine andere Sichtung wurde 1991 von zwei japanischen Jungen gemacht. Roy Dutton erzählt ihre Geschichte wie folgt nach:

> Die Jungen sahen dabei zu, wie eine Säule aus „durchsichtigem weißen Dampf oder Rauch" aus dem schwebenden [orange-glühenden Objekt] zur Erdoberfläche hinunter gesandt [wurde]. Die Säule drehte sich und wurde nach unten hin breiter, sodass sie „wie eine Trompete aussah". Als die Unterseite das Gras berührte, wurde dadurch ein flachgedrückter, etwa 30 Zentimeter breiter Ring erzeugt. [...]

---

21 Delgado, P. und Andrews, C.: „Circular Evidence", S. 115

> Unmittelbar nachdem die [Grashalme flachgedrückt worden waren], wurde die „Trompete" eingezogen, und das Objekt schoss wieder in den Himmel hinauf. [...] Einer der jungen Männer merkte dazu an, dass er „einen warmen Wind und Wassertropfen auf [seinem] Gesicht" gespürt habe, als er zusah, wie das Gras heruntergewirbelt wurde. Er stand unbeweglich da und vernahm seiner Aussage nach gleichzeitig einen „tiefen, pulsierenden Ton", der sich als „gu-on, gu-on" transkribieren läßt.[22]

Der Kornkreisfotograf Steven Alexander hat ein Video gedreht, das zeigt, wie eine leuchtende Kugel Tage nach der Entstehung eines Kornkreises über besagtem Kreis hin- und herschwebt. Ein Augenzeuge, der die Kugel aus der Nähe betrachten konnte, sagte aus, dass sie etwa die Größe eines Basketballs gehabt habe. Peter Glastonbury, ebenfalls ein Kornkreisforscher, erlebte die Aktivitäten mehrerer leuchtender Kugeln in einem Feld nahe seines Hauses in England. Er berichtet:

> Nach 15 Minuten hörten wir Geräusche, die ziemlich genau wie das elektrische Knistern beim Ausziehen eines schweren Wollpullovers klangen. Sowohl meine Tochter als auch ich sahen eine kleine Lichtkugel, die in dem Feld schwebte. Durch einen Feldstecher konnte ich mehrere kleine Kugeln wahrnehmen, die sich kreisend einem gemeinsamen Mittelpunkt näherten und dort miteinander verschmolzen. Die daraus entstandene Kugel tauchte immer wieder in die Feldpflanzen ein und stieg dann wieder höher. Am nächsten Tag entdeckten wir genau an der Stelle, von wo wir das Knistern gehört hatten und wo auch das Licht sichtbar gewesen war, eine Kornkreisformation.[23]

Auch nach UFO-Landungen in Feldern wurde festgestellt, dass die Flugkörper kreisförmige, verwirbelte Muster hinterließen. Man nimmt an, dass diese Muster durch den Antriebsstrahl der fliegenden Untertasse verursacht werden. In Australien tragen diese flachgedrückten Muster mittlerweile den Namen „UFO-Nester". Üblicherweise sind sie sehr viel unpräziser ausgeprägt als Kornkreismuster und haben weniger scharf konturierte Ränder. Der Pflanzenbewuchs innerhalb der zurückgelassenen Kreise weist Anzeichen eines nicht chemisch bewirkten Verwelkens auf; einige Unter-

---

22 Ilyes: „An Hypothesis: Transmission of a Crop Circle", Auszug aus einem Artikel von R. Dutton, abgedruckt in der Frühjahrsausgabe 1996 von *Circular*

23 Higbee: „Crop circles: Real or hoax?"

suchungen haben ergeben, dass manche der Veränderungen auf starke Mikrowellenstrahlung zurückzuführen sein könnten.[24]

Der NASA-Wissenschaftler Paul Hill hat jede Menge Informationen von zahlreichen UFO-Sichtungen gesammelt, die darauf hinweisen, dass UFOs gemeinhin Kraftfeldstrahlen als Antriebsmethode benutzen.[25] Eine der dokumentierten UFO-Begegnungen, die er aufarbeitet, ereignete sich in Griechenland, in der Nähe der Dörfer Digeliotica und Agiou Apostolou.[26,27] Die Einwohner der Gegend berichteten, eines Abends im Februar 1959 eine leuchtende Scheibe gesehen zu haben, die ein summendes Geräusch von sich gegeben habe und etwa zehn Minuten lang über den beiden Dörfern gekreist sei. In dieser Zeit seien alle Radiogeräte ausgefallen, und in einem Haus habe es sogar einen Stromausfall gegeben. Die Scheibe sei sehr tief über ein anderes Haus hinweggeflogen, wobei die Kraft ihres Antriebsstrahls das Gebäude durchgeschüttelt und die Dachziegel vernehmlich zum Klappern gebracht habe, sodass der Bewohner glaubte, es handle sich um ein Erdbeben. Als die Dorfbewohner das Haus später genauer untersuchten, stellten sie fest, dass viele der Dachziegel verschoben und manche ganz vom Dach gefallen waren.

Nun könnte man annehmen, dass ein UFO-Raumfahrzeug bei der Erzeugung seines Antriebsstrahls eine stark energiegeladene Säule aus teslaartiger Mikrowellenstrahlung nach unten projiziert – also stoßwellenartige Mikrowellenemissionen, die eine Kraft auf jedes Material ausüben können, auf das sie treffen. Wie schon Tesla beobachtete, tendieren Stoßwellen dazu, zu einem einzigen Strahl zu kollimieren. Um jedoch sicherzustellen, dass die Energie des Strahls nicht zerstreut und abgeleitet wird, sobald sie auf dem Boden auftrifft, könnte der UFO-Antrieb die Technik der Phasenkonjugation nutzen. Demzufolge würden die Mikrowellen, die vom Erdboden zur Antriebsvorrichtung des Raumschiffs reflektiert werden, in eine Mischkammer gelangen, die einen *phasenkonjugierten* Strahl des vom Erdboden reflektierten „Mess"-Strahls aussendet, wobei die beiden gegenläufigen Strahlen phasengleich miteinander verschmelzen. Die nach unten gerichteten phasenkonjugierten Mikrowellen, die vom Raumschiff abgestrahlt werden, müssten demnach verlässlich in die Antriebsvorrichtung des UFOs

---

24 Sturrock, P.A. et al.: „Physical evidence related to UFO reports" in *Journal of Scientific Exploration*, 1988, 12:179-229

25 Hill, P.: „Unconventional Flying Objects: A Scientific Analysis" (Charlottesville, Va.: Hampton Roads Publishing, 1995), S. 98-116

26 Ebd., S. 105

27 Lorenzen, C. und J.: „UFO: The Whole Story" (New York: Signet, 1968), S. 97

reflektiert werden. Der Raumschiffantrieb und die Erdoberfläche funktionieren also gemeinsam als phasenkonjugierender Resonator, der die Mikrowellenstrahlung innerhalb des Strahls auf eine sehr hohe Intensität bringt. Das obere Ende dieser resonanten Säule aus „fester" Strahlung drückt dann das Raumfahrzeug nach oben, während das untere Ende gegen die Erdoberfläche drückt, wodurch das Raumschiff gegen die Anziehungskraft der Erde angehoben wird.[28]

Die Mikrowellentechnik, mit deren Hilfe sich ein UFO aufwärtsbewegt, könnte auch hinter der Entstehung der Kornkreise stecken. Bei UFO-Sichtungen hat sich gezeigt, dass die mysteriösen Flugobjekte mehrere Strahlen auf einmal projizieren und dabei nicht nur die Strahlrichtung kontrollieren, sondern auch die Winkel bestimmen können, mit denen die Strahlen voneinander abweichen. Durch eine genaue Betrachtung der hochkomplexen Kornkreismuster erhalten wir also einen Eindruck davon, wie hochentwickelt diese Antriebsstrahl-Technik sein muss. Die Strahlen bräuchten eine Auflösung von höchstens ein paar Millimetern, um Kornkreismuster mit den präzisen Rändern zu erzeugen, wie man sie Jahr für Jahr zu sehen bekommt. Zudem müssten sie nicht nur eine Schub-, sondern auch eine Zugkraft besitzen, mit der sie einzelne Pflanzenstengel sogar entwurzeln können. Um die Wirbelmuster in den Kornkreisen zu erzeugen, müsste der Strahl-Phasenkonjugator dazu imstande sein, seinem projizierten Kraftfeld eine kreisende Komponente hinzuzufügen. Die ungewöhnlich komplexen Flecht- und Zopfmuster, wie sie in Kornkreisen beobachtet werden, deuten auch darauf hin, dass die Designer dieser Muster ihre Mikrowellenstrahl-„Pinsel" sehr schnell und präzise kontrollieren können.

Die Ultraschall-Schwebungsfrequenz von 5.200 Hertz, die in einem Kornkreis angemessen wurde, und der *gu-on-, gu-on*-Ton, der von der Entstehung eines anderen berichtet wurde, legen nahe, dass die Hersteller dieser Kornkreise Strahlen mit vielen Mikrowellenfrequenzen erzeugen, deren Frequenzunterschiede wiederum Harmonien im Schall- oder Ultra-

---

28 Von James Woodward, einem Physikprofessor an der amerikanischen Universität Cal State Fullerton, durchgeführte Versuche deuten darauf hin, dass elektromagnetische Wellen eine Levitationskraft auf piezoelektrische Keramikkörper ausüben können. Woodwards Gedanken dazu werden in einer US-Patentschrift aus dem Jahre 1994 (Nr. 5.280.864) und in einem Artikel in einer Physiker-Fachzeitschrift (*Foundations of Physics Letters*, Jg. 3, Nr. 5, 1990) beschrieben. Woodward hat Experimente durchgeführt, die diesen Schubeffekt im Tonfrequenzbereich (~10.000 Hertz) untermauern; seine Berechnungen deuten zudem darauf hin, dass man den Schubeffekt mit höheren Frequenzen beträchtlich verstärken könnte und er seine optimale Leistung im Mikrowellenbereich (0,1 bis 10 Gigahertz) erreicht.

schallbereich erzeugen. Bringt man diese Frequenzen überdies noch in die richtige Phasenlage zueinander, dann könnte der Strahlerzeuger auch die Wellenform der addierten Wellen beeinflussen und die von ihnen ausgeübte Kraft verstärken. Durch die Verwendung von zwei oder mehr Strahlerzeugern sollte es möglich sein, mittels konventioneller Mikrowellen-Interferometrieverfahren die Stärke und Richtung dieser Kräfte über den gesamten Durchmesser eines Kornkreismusters zu steuern.

Eine Bekannte hat mir einmal eine Geschichte erzählt, die für dieses Thema relevant sein könnte. Sie hat Anfang der 1990er Jahre die Jahreskonferenz der Society for Scientific Exploration besucht, die in der Princeton University abgehalten wurde. Dort hielt Jean-Jacques Velasco, Leiter von GEPAN/SEPRA – jener Abteilung des französischen Zentrums für Raumfahrtstudien, die für nicht identifizierte Luft- und Raumfahrtphänomene zuständig ist – einen Vortrag, bei dem er vom französischen UFO-Forscher Jacques Vallée unterstützt wurde. Vallée stellte Velasco dem Publikum vor und war als sein Dolmetscher tätig. Als Velasco seinen Vortrag beendet hatte, stellte ihm ein Zuhörer eine Frage über das Kornkreis-Phänomen. Velasco antwortete zuerst auf französisch und sagte: „Ja, das ist streng geheim – die werden von der Mylar-Raumstation erzeugt." Vallée schnitt ihm daraufhin das Wort ab und flüsterte ihm auf französisch zu: *„Taisez-vous!"* („Seien Sie still!") Danach wechselte Velasco schnell das Thema. Es scheint so, als hielte Velasco das Kornkreis-Phänomen für ein von Menschenhand gemachtes, das als Nebeneffekt der Tests für eine Art Mikrowellen-Waffentechnik auftritt. Und eine Raumstation, die aus Mylar-Kunststoff gefertigt ist, würde tatsächlich auf keinem Radarmonitor auftauchen ...

Die Kraftfeld-Projektionstechnik, die UFOs zur Fortbewegung nutzen und die anscheinend auch in streng geheimen militärischen Waffentests zum Einsatz kommt, bei denen schwebende Feuerkugeln und vielleicht auch Kornkreise produziert werden, könnte demnach mit jener Technologie zu tun haben, mit deren Hilfe außerirdische Zivilisationen Pulsarsignale herstellen.

Wie man einen Sternenschild errichtet

Wäre eine solche Kraftfeldtechnik theoretisch möglich und könnte zur interstellaren Kommunikation eingesetzt werden, dann wäre sie eventuell auch als Mittel zum Ablenken kosmischer Superwellenstrahlung einsetzbar, damit diese an einem Stern und seinen Planeten vorbeigeleitet werden kann, ohne Schaden anzurichten. Mit Hilfe der Feldübertragung ließe sich beispielsweise ein Kraftfeld-„Schild" zwischen unserem Sonnensystem und dem galaktischen Zentrum errichten, um uns vor einer anrollenden Superwelle zu schützen. Könnte man die sich nähernden kosmischen Strahlen nur um einen halben Grad von ihrer Flugbahn ablenken, dann würden sie unser Sonnensystem verfehlen und daher auch keinen kosmischen Staub in unseren interplanetaren Raum befördern. Der Schild müsste allerdings riesengroß sein, mit einem Durchmesser von mehr als einem Zehntel Lichtjahr, und in ausreichender Entfernung von unserem Sonnensystem errichtet werden – ebenfalls etwa ein Zehntel Lichtjahr. Außerdem würde die Errichtung eines solchen Schilds eine enorme Gesamtenergie erfordern. Da der Schild aber auch als energiespeichernder phasenkonjugierender Resonator arbeiten würde, könnten die Kraftfelder, aus denen er besteht, mit einer relativ bescheidenen Menge an zugeführter Energie aufgebaut werden.

Ist es möglich, dass der röhrenförmige Jet, den wir aus der Nordseite des Supernovaüberrests Krebsnebel ragen sehen (Abb. 39), ein Beispiel für einen solchen Schild – wenn auch in viel größerem Maßstab – ist? Wenn ja, dann müssten die Kraftfelder für diesen Schild als gewaltige Zylinderschale mit einem Durchmesser von eineinhalb Lichtjahren und einer Länge von zweieinhalb Lichtjahren oder mehr konfiguriert worden sein, bei der die elektromagnetischen Kräfte entlang der Längsachse des Zylinders ausgerichtet und an seinem Außenrand konzentriert sind. Die Elektronen der kosmischen Strahlung, die diese Zylinderschale durchdringen, würden dann in eine Spiralbewegung innerhalb der Schale gezwungen; viele würden jedoch auch gleich um die Schale herum abgelenkt werden. Die Frage ist nur, ob es möglich ist, derart große phasenkonjugierende Strukturen von einem „Punktquellen"-Sender aus zu entwickeln, wenn man die Zeit in Betracht zieht, die ein ausgesandter Puls für die Hin- und Rückreise benötigt. Es ist nicht einmal sicher, ob man einen so riesigen phasenkonjugierenden Schild mit Hilfe überlichtschneller Stoßwellen errichten könnte.

Viele haben sich die Frage gestellt, warum Kornkreise über die Jahre hinweg immer wieder in Erscheinung treten. Was wollen uns die Kornkreismacher damit sagen? Sollten die Hersteller der Kornkreise Besucher aus nahen Sternensystemen sein, die dem galaktischen Kommunikationsnetzwerk angehören, dann erschaffen sie diese Formationen vielleicht deshalb immer wieder, weil sie uns in marktschreierischer Manier auf die Technologie hinweisen wollen, mit der wir hoffentlich eines Tages ebenfalls unseren

Planeten schützen werden. Mit den Pulsar-Leuchtfeuern hat die galaktische Gemeinschaft uns die besagte Technologie aus der Ferne vorgeführt. Durch die Kornkreise will man uns anscheinend buchstäblich vor die Nase halten, wie diese Technologie einzusetzen ist. Die Regierungen, die gerade an der Entwicklung phasenkonjugierender Mikrowellentechnik für den Kriegseinsatz arbeiten, könnten ihre Bestrebungen nun eigentlich darauf richten, einen Kraftfeldschild zur Verteidigung unseres Planeten zu konstruieren.

Kontakt

Im 20. Jahrhundert gab es immer wieder Berichte über ungewöhnliche Radio- oder Fernsehsendungen aus dem All, die manchmal zur selben Zeit empfangen werden konnten, als man unkonventionelle scheibenförmige Flugobjekte in der Luft beobachtete.[29] Da es sich dabei jedoch um Ausnahmeereignisse von kurzer Dauer handelte, die nicht nachgeprüft und verifiziert werden konnten, ließen sich Zweifler kaum davon überzeugen, dass auf unserem Planeten Signale von außerirdischen Zivilisationen empfangen worden waren. Das Kornkreis-Phänomen hat demgegenüber den eindeutigen Vorteil, dass diese Art der „Kommunikation" – die Muster der flachgedrückten Halme – bis zu einigen Wochen sichtbar bleibt, sodass Forscher sie in Ruhe fotografieren und untersuchen können. Derartige Untersuchungen sind mittlerweile zu einem Wissenschaftszweig geworden, der *Cerealogie* (oder „Kornkreiskunde") genannt wird. Hartnäckige Skeptiker zweifeln trotzdem bis heute an den Berichten jener Augenzeugen, die Kornkreise binnen weniger Sekunden entstehen gesehen haben; sie glauben lieber daran, dass hunderte Kornkreismuster, die Jahr für Jahr in mehreren Ländern auftauchen, allesamt das Werk einiger finanzstarker Witzbolde und Schwindler sind.

Pulsare sind – ebenso wie Kornkreise – langlebige Phänomene, wobei die Himmelskörper nicht nur einige Wochen, sondern sogar Jahrhunderte oder Jahrtausende zu beobachten sind. Diese Langlebigkeit hat dazu geführt, dass Pulsarsignale von vielen Astronomen sorgfältig untersucht, die dabei ermittelten Daten in von Experten begutachteten wissenschaftlichen Zeitschriften veröffentlicht und immer wieder neu überprüft wurden. Es kann also kein Zweifel daran bestehen, dass diese Radio- und Strahlenquellen existieren – sondern nur an ihrer *Interpretation*. Wie die Geschichte gezeigt

---

29 Steiger, B.: „Alien Meetings" (New York: Ace, 1978)

hat, finden Paradigmenwechsel nicht von heute auf morgen statt. Nichtsdestotrotz findet man die Beweise für eine ETI-Herkunft der Pulsare relativ mühelos in den heute bekannten und veröffentlichen Daten, deren Existenz und Genauigkeit allgemein anerkannt ist.

Vielleicht haben wir bei unseren Versuchen, die Botschaft der Pulsare zu entziffern, gerade einmal die Oberfläche angekratzt. In den raschen Veränderungen der Intensität und Polarisationsrichtung ihrer Signale könnte noch eine Fülle an Informationen versteckt sein, die wir erst entschlüsseln müssen. Wir sollten ein großangelegtes Forschungsprogramm starten, bei dem sachverständige Kryptografen eingesetzt werden, um den Informationsgehalt dieser Sendungen auszuwerten. Vielleicht könnten sich auch die heutigen SETI-Forscher diesem Projekt anschließen. Die „Open-SETI"-Initiative, die Gerry Zeitlin vorgeschlagen hat, wäre da sicher ein guter Anfang.[30]

Auch Experten für Fernwahrnehmung (Remote Viewing) wären möglicherweise ein geeigneter Teil des Forschungsteams. Sie können ihre mentalen Kräfte dazu einsetzen, Ereignisse in weiter Ferne zu „sehen". Man könnte diesen Wahrnehmenden die Koordinaten bestimmter Pulsare geben und sie fragen, ob sie von diesen Orten irgendwelche Informationen empfangen – und wenn ja, welche. Die Aussagekraft der dabei zustandekommenden Berichte lässt sich zwar nicht direkt bestätigen, doch die Wahrnehmungen der „Remote Viewer" könnten für SETI-Astronomen beim späteren Auffinden und Entschlüsseln verständlicher Sendungen immerhin eine Orientierungshilfe sein.

Wir dürfen aber nicht erwarten, dass alle Pulsar-Funkfeuer als Informationsquellen dienen; ihr Hauptzweck liegt ja eigentlich in der Weltraumnavigation. Dennoch wäre der Vela-Pulsar ein guter Kandidat, um mit der Forschung anzusetzen: Er ist der am hellsten strahlende Radiopulsar am Himmel und hat ein sehr großes Signal-Rausch-Verhältnis. Zudem dürfte er eine symbolische Anzeige für die 14.100 Jahre sein, die seit dem Durchgang der letzten großen Superwelle durch unser Sonnensystem vergangen sind (Kapitel 6). Auch der Pulsar im Krebsnebel verdient nähere Betrachtung. Er wurde sorgsam an der Vorderseite des Superwellen-Ereignishorizonts von 12150 v. Chr. platziert und liegt genau im Zentrum eines maßstabsgetreuen Modells dieses Ereignishorizonts. Die Annahme, dass seine Botschaft thematisch mit besagter Superwelle zu tun hat, ist also durchaus legitim. Die Radiowellen-Intensitätsschwankungen zwischen seinen Pulsen gehören

---

30 Zeitlin, G.: „Are pulsar signals evidence of astro-engineered signalling systems?" in *New Frontiers in Science*, 2002, Nr. 1

überdies zu den stärksten aller bekannten Pulsare.[31] Pulsare mit langen Pulsperioden und komplexen zeitlich gemittelten Pulsprofilen gehören ebenfalls zu den geeigneten Forschungskandidaten. Man hat festgestellt, dass die Signalvariabilität von einem Puls zum nächsten bei solchen Pulsaren signifikant höher ist als bei anderen – was wiederum auf die Möglichkeit hinweist, dass ihre Signalmodulation absichtlich übermittelte Informationen enthält.

Vielleicht wissen wir ja auch schon genug über die Explosion im galaktischen Kern, über die uns das Pulsarnetzwerk informieren will, um eine Antwort zu formulieren. So könnten wir galaktischen Zivilisationen in unserer Nachbarschaft mitteilen, dass wir ihre Sendungen empfangen. Wir könnten auch die Krebsnebel-Vela-Pulsar-Pfeilsymbolik auf dem Boden unseres Planeten nachstellen, indem wir zwei Tesla-Stoßwellensender in gewisser Entfernung voneinander platzieren und einen mit der Geschwindigkeit des Pulsars im Krebsnebels, den anderen aber mit der des Vela-Pulsars pulsieren lassen. Außerirdische Besucher aus Sonnensystemen in unserer Nähe, die dem galaktischen Kollektiv angehören, würden eine solche Antwortsendung wahrscheinlich besonders interessant finden. Sie würde nämlich symbolisch einen Pfeil auf dem Erdboden markieren und damit eine Einladung für eine Begegnung der dritten Art oder eine Raumschifflandung irgendwo oberhalb des „Vela-Pulsar"-Senders aussprechen. Damit könnten wir faktisch ein Kontaktszenario schaffen, das dem des Spielberg-Films „Unheimliche Begegnung der dritten Art" ähnelt – aber nicht nur deshalb, weil wir es so spannend fänden, mit Besuchern aus einer hochentwickelten Alien-Kultur zu kommunizieren. Als Neulinge, die in die galaktische „Föderation" eingewiesen werden, sollte unser Hauptaugenmerk darauf liegen, die Besucher um ihr Wissen und ihre Hilfe zu bitten, damit unsere Zivilisation die nächste galaktische Superwelle überlebt. Die Einladung dazu haben wir schließlich schon erhalten.

---

31 Lyne, A. und Graham-Smith, F.: „Pulsar Astronomy" (London: Cambridge University Press, 1998), S. 80

ANHANG A

Geordnete Komplexität

Die folgenden Seiten sollen zeigen, dass Pulsarsignale nicht nur einen hohen Ordnungsgrad haben, sondern dass es in ihnen auch viele unterschiedliche Ordnungsprinzipien und -ebenen gibt. Dadurch erhöht sich die Anzahl der Beweise für die Theorie, dass Pulsare am ehesten künstlichen Ursprungs sind. Gehen wir einmal davon aus, dass Signale mit hochkomplexen Ordnungsmerkmalen oder das Vorhandensein präziser zyklischer Perioden darauf hinweisen, dass ihre Quelle mit hoher Wahrscheinlichkeit künstlichen Ursprungs ist. Solche Merkmale stehen nämlich in einem deutlichen Gegensatz zu den meisten natürlichen astronomischen Phänomenen, deren Signale im Regelfall zufällige Modulationen (Signalrauschen) aufweisen oder beim Vorkommen zyklischer Variationen typischerweise Zyklen von begrenzter Genauigkeit haben. Einfach die Behauptung aufzustellen, dass der hohe Ordnungsgrad von Pulsarsignalen auf den äußerst seltenen, hochkomprimierten Materiezustand zurückzuführen sei, der in Neutronensternen herrscht, ist keineswegs Grund genug, die ETI-Alternative einfach nicht mehr in Betracht zu ziehen. Für das Neutronenstern-Leuchtturmmodell mit der daraus geschlussfolgerten hochorganisierten Strahlung gibt es keine unabhängigen empirischen Nachweise. Die Astronomen nehmen seine Gültigkeit nur für den erklärten Zweck an, Pulsare als natürliche Phänomene beschreiben zu können.

Die folgenden Seiten unternehmen aber nicht den Versuch, aus den Signalen bestimmter Pulsare verständliche Botschaften herauszulesen. Auf ihnen soll nur festgehalten werden, wie hochgradig und komplex geordnet die Signale sind und wie schwierig es daher sein muss, sie als ein Produkt natürlich entstandener Strahlungsquellen zu interpretieren. Sehen wir uns also einige der Ordnungsprinzipien der Pulsare an.

Pulse und zeitlich gemittelte Pulsprofile

Pulsarastronomen verwenden den Ausdruck „Subpuls" für die einzelnen Radiosignale eines Pulsars. Hier wollen wir aber weiterhin den Ausdruck „Puls" verwenden, um den Leser nicht über Gebühr zu verwirren. Die Pulsarastronomen verwenden diesen Ausdruck, weil sie das zeitlich gemittelte Pulsprofil für das wahre Merkmal eines Pulsars halten. Die einzelnen Pulse, aus denen das Profil gebildet wird, stehen für sie in der Informationshierarchie eine Stufe darunter. Diese Terminologie ist fraglos durch das Leuchtturmmodell beeinflusst, das vom präzise getimten zeitlich gemittelten Pulsprofil als grundlegender Referenz für die Rotationsgeschwindigkeit eines Neutronensterns ausgeht.

Jeder einzelne Puls dauert wenige Tausendstelsekunden. Wenn die Änderung seiner Intensität – seine Amplitude – im Verlauf der Zeit grafisch dargestellt wird, ergibt sich daraus meist eine Buckelkurve, also einfach nur Anstieg und Abfall. Aufeinanderfolgende Pulse variieren normalerweise außerdem sowohl in ihrer Intensität als auch darin, in welcher Phase des Pulszyklus sie auftreten. Diese Variation ist hingegen *nichtzufälliger* Natur. Das heißt, wenn man viele Pulse addiert, dann ergeben sie gemeinsam ein in hohem Maße unveränderliches Puls-Intensitätsprofil. Dieses addierte Profil bezeichnen wir als „zeitlich gemitteltes Pulsprofil".

Das zeitlich gemittelte Pulsprofil steht in der Informationshierarchie eine Stufe über der Pulsintensität. Es ist aus Pulsen zusammengesetzt – etwa auf dieselbe Art, wie ein Computerbild aus den Datenbits zusammengesetzt ist, aus denen die Bilddatei besteht. Die Pulse sind die untergeordneten Datenbits des Pulsarsignals und ergeben erst zusammengenommen ein „Bild" – das zeitlich gemittelte Pulsprofil.

Die Abbildungen A.1 und A.2 zeigen Beispiele für Pulssequenzen von vier Pulsaren. Die horizontalen Zeitskalen stellen hier keine Sekunden, son-

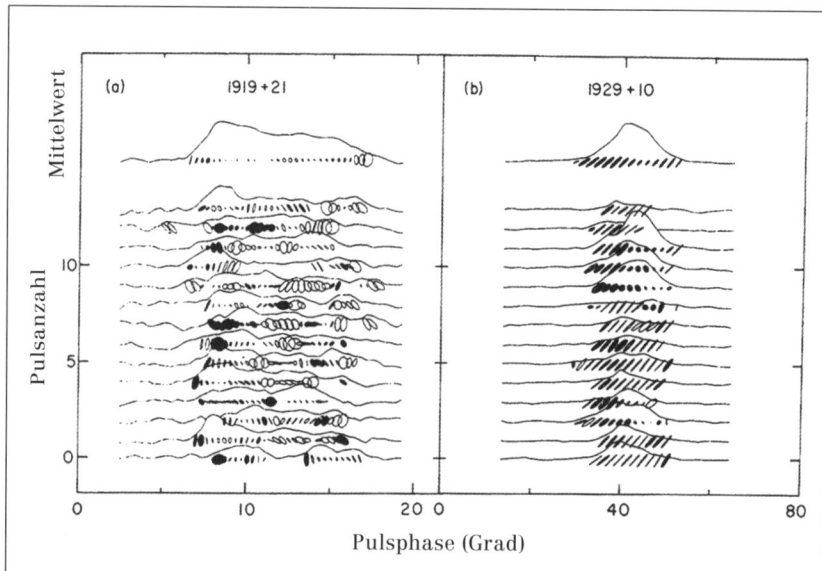

Abb. A.1: Pulssequenzen und zeitlich gemittelte Pulsprofile für: a) Pulsar PSR 1919+21 und b) Pulsar 1929+10. (Manchester, Taylor und Huguenin: Astrophysical Journal, Abb. 14.)

Anhang A • Geordnete Komplexität

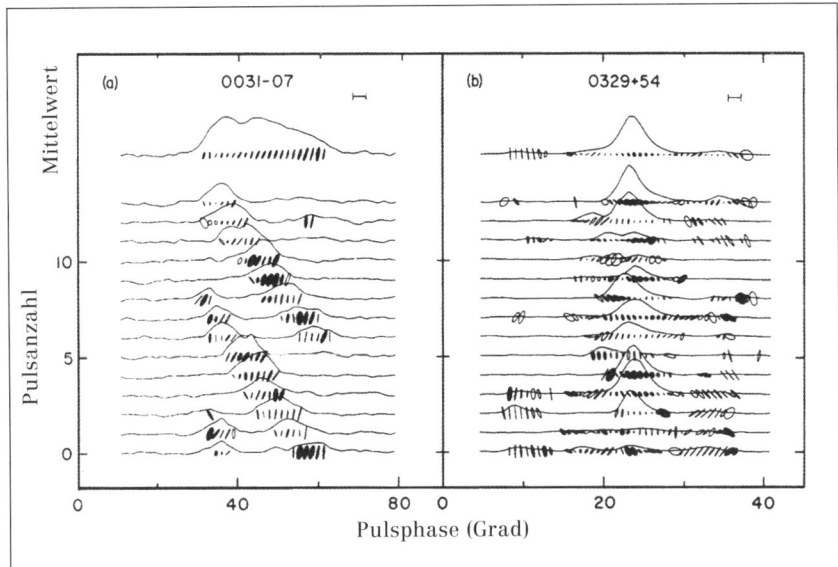

Abb. A.2: Pulssequenzen und zeitlich gemittelte Pulsprofile für: a) Pulsar PSR 0031-07 und b) Pulsar 0329+54. (Manchester, Taylor und Huguenin: Astrophysical Journal, Abb. 1.)

dern Grade der Pulszyklusphase dar, wobei 360 Grad einen vollständigen Zyklus beschreiben.[1] Jede der Grafiken stellt eine Reihe von 14 aufeinanderfolgenden Pulskurven dar. Die verschieden großen Ellipsen, die über die Pulskurven gelegt sind, zeigen Intensität und Ausrichtung der zirkularen Polarisation des Radiosignals an. Die leeren und ausgefüllten Ellipsen zeigen – je nach Ausrichtung – eine rechts- oder linksdrehende zirkulare Polarisation an. Legt man diese Pulsprofile übereinander, so ergibt sich aus ihnen das zusammengefasste zeitlich gemittelte Pulsprofil, das ganz oben in jeder der Grafiken zu sehen ist. Dabei handelt es sich um eine Kurve, die für jeden Pulsar einzigartig ist.

Obwohl Intensität, Polarisation und Laufzeit eines Pulsarsignals von einem Puls zum nächsten stark variieren, bleibt die Form des zeitlich gemittelten Pulsprofils eines Pulsars unverändert. Außerdem bleibt auch die Polarisationsstruktur innerhalb der Hüllkurve des zeitlich gemittelten Pulsprofils – die Art, wie die zeitlich gemittelte Pulspolarisation mit dem Phasenwinkel im Pulszyklus variiert – konstant. Die Phasenposition des

---

[1] Ein Puls, der bei einer Phase von 90 Grad auftaucht, wäre demnach um ein Viertel des 360 Grad umfassenden Zyklus vom Bezugszeitpunkt verschoben.

zeitlich gemittelten Pulsprofils innerhalb des Pulszyklus ist ebenfalls konstant, genauso wie die Länge des Pulszyklus.

Bei mehr als der Hälfte aller bisher bekannten Pulsare konnte man feststellen, dass manche ihrer Pulse sich aus einer noch feineren Puls-Substruktur zusammensetzen, die aus einer Reihe sehr schneller *Mikropulse* besteht. Diese Mikropulse dauern normalerweise nur wenige hundert Mikrosekunden. In manchen Fällen wiederholen sie sich in einer klar definierten Periodizität, die sich von der Primärperiode des Pulsars unterscheidet. Die Pulse des Pulsars PSR 2016+28 werden zum Beispiel mit Mikropulsen moduliert, die eine Wiederholungsrate von etwa 900 Mikrosekunden aufweisen. Ein weiteres Beispiel ist der Pulsar PSR 0950+08: Ein kleiner Bruchteil seiner Pulse enthält Mikropulsfolgen mit einer Periodendauer von 300 bis 700 Mikrosekunden – also mehr als 1.000 Mal kürzer als die Primärperiode des Pulsars, die etwa eine Viertelsekunde beträgt. In Abbildung A.3 sehen wir ein Beispiel eines modulierten Pulses von diesem Pulsar.

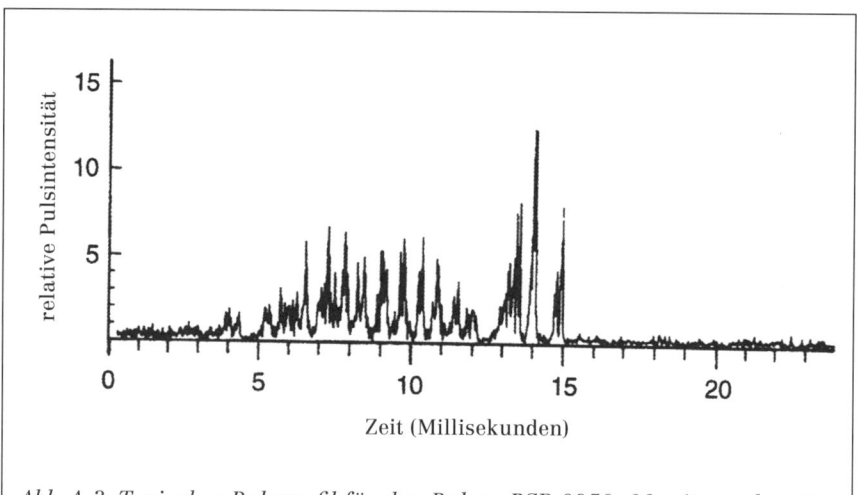

Abb. A.3: Typisches Pulsprofil für den Pulsar PSR 0950+08 mit raschen Variationen in der Intensität. (Hankins: Astrophysical Journal, Abb. 5.)

Pulsmodulation

Bei manchen Pulsaren korreliert die Intensität eines gegebenen Pulses auf besondere Art und Weise mit der Intensität der vorangegangenen Pulse. Es gibt beispielsweise Pulsare, bei denen die Intensität aufeinan-

Anhang A • Geordnete Komplexität

derfolgender Pulse auf regelmäßige Art oszilliert, wobei die Signalstärke über eine Reihe von Pulsen anscheinend abwechselnd zu- und abnimmt. Bei anderen Pulsaren kommt diese periodische *Pulsmodulation* nur dann vor, wenn man jeden zweiten Puls in einer Reihe betrachtet. Die Periode eines solchen Modulationszyklus, die gemeinhin mit P_3 bezeichnet wird, schwankt üblicherweise zwischen dem Zwei- und dem Zwanzigfachen der Primärperiode des Pulsars. Die Primärperiode, die die durchschnittliche Zeit zwischen zwei aufeinanderfolgenden Pulsen beschreibt, wird mit P_1 bezeichnet. Im Vergleich zur Primärperiode ist die Pulsmodulationsperiode sehr viel weniger präzise. Selbst in Pulsaren, die ein klar definiertes Pulsmodulationsmuster haben, ist P_3 auf nicht mehr als zwei oder drei Kommastellen genau.

Noch verwirrender wird die Angelegenheit dadurch, dass die Pulsmodulation oft nur *an bestimmten Phasenwinkel-Positionen im zeitlich gemittelten Pulsprofil* auftaucht. Man nehme nur einmal PSR 1919+21, den von Jocelyn Bell entdeckten „ersten" Pulsar. Die linke Seite von Abbildung A.4 stellt das zeitlich gemittelte Pulsprofil dieses Pulsars dar, wie wir es auch in Abbildung A.1a sehen. In diesem Fall wurde das Profil aber um 90 Grad gedreht, sodass seine Phasenwinkelachse hier vertikal dargestellt wird. Zudem wurde die vertikale Phasenwinkelachse in 34 Zyklusphasen-„Fenster" unterteilt, wobei in jedem Fenster die Pulsmodulationsfrequenzen einzeln analysiert wurden. Danach wurde die Frequenzverteilung für jedes der Phasenfenster grafisch dargestellt – wie die Kurven auf der rechten Seite zeigen. Eine Spitze in einer dieser

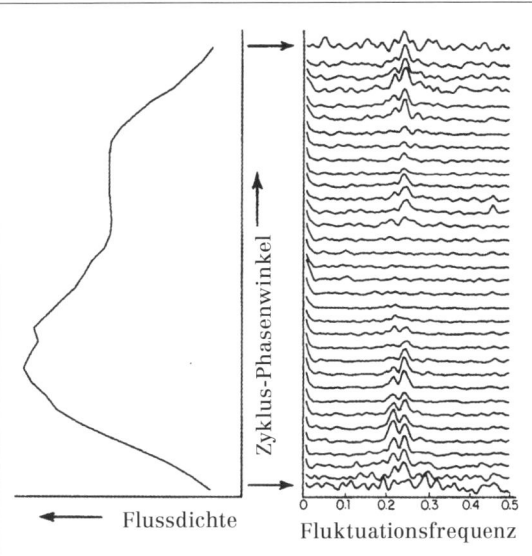

Abb. A.4: Links: das zeitlich gemittelte Pulsprofil des Pulsars PSR 1919+21, bei dem die Intensität gegen die Zyklusphase aufgetragen ist. Rechts: Fluktuationsspektren, gemessen in 34 Zeitfenstern, von denen sich jedes auf ein Phasensegment des zeitlich gemittelten Pulsprofils bezieht. (Backer: Astrophysical Journal, Abb. 1.)

Kurven zeigt die Puls-pro-Sekunde-Frequenz, mit der die Pulse in dieser Phase des Pulszyklus wiederkehren. Die Kurven im unteren Teil zum Beispiel, die sich auf den Anstieg des zeitlich gemittelten Pulsprofils beziehen, weisen Spitzen bei etwa 0,21 und 0,24 Hertz auf – das bedeutet, dass die Pulse ungefähr alle 4,2 und 4,8 Sekunden ansteigen und abfallen, also circa in der dreifachen Zeitspanne der Primärperiode des Pulsars. Etwas weiter oben, im mittleren Teil des Pulsprofils, zeigen die Kurven keine erkennbare Modulation. Noch weiter oben weisen die Kurven, die sich auf den abfallenden Teil des Pulsprofils beziehen, wieder eine starke Pulsmodulation auf ähnlichen Frequenzen auf, mit dem Hauch einer 0,44-Hertz-Modulation – also einer Frequenzverdopplung – in nur einer oder zwei der Kurven. Diese Frequenz-Phasen-Analyse ergibt einen einzigartigen „Fingerabdruck" des Pulsprofils dieses Pulsars, der erstaunlicherweise auch über lange Beobachtungsperioden hinweg unverändert bleibt. Es ist genau diese Komplexität der Ordnungskriterien, die uns auf die Idee bringt, dass Pulsarsignale künstlichen Ursprungs sein könnten.

Pulsdrift

Eines der ungewöhnlichsten Ordnungsphänomene, das sich an Pulsaren beobachten lässt, ist das der Pulsdrift. Bei der Pulsdrift schreitet jeder Puls gegenüber seinem Vorgänger ein kleines Stück in der Pulsphase voran, was dann so aussieht, als würde der Puls sich im Lauf der Zeit über das zeitlich gemittelte Pulsprofil hinwegbewegen. Ein Beispiel dafür ist in Abbildung A.2a zu sehen. Üblicherweise driften Pulse von rechts nach links – also vom abfallenden Teil des zeitlich gemittelten Pulsprofils zum ansteigenden Teil. Es gibt aber auch Pulsare, bei denen man eine umgekehrte Driftrichtung beobachtet hat. Wenn der Puls sich dem Beginn des Pulsprofil-Anstiegs nähert, wird er schwächer und verschwindet binnen weniger Pulsperioden ganz. Währenddessen erscheint am abfallenden Ende des Pulsprofils ein neuer Puls, der von nun an dem Driftverlauf folgt. Die Pulse streichen wiederholt über das zeitlich gemittelte Pulsprofil hinweg – und das mit einer charakteristischen Periode P_3, die gleich groß ist wie die zuvor erwähnte Pulsmodulationsperiode. In manchen Pulszyklen tauchen die ansteigenden und die abfallenden Pulse sogar zugleich auf und sind durch ein zeitliches Intervall P_2 voneinander getrennt. Dieses Abstandsintervall ist ein weiteres unveränderliches Merkmal, das man bei Pulsaren festgestellt hat.

Jeder Pulsar mit einer Pulsdrift zeigt seine eigene unverwechselbare Art des Driftverhaltens. Es lohnt sich, hier etwas genauer auf diese verschiedenen Variationen einzugehen, um so zu zeigen, dass Pulsare innerhalb ihrer extrem komplexen Ordnungskriterien einen außerordentlichen Variantenreichtum aufweisen können.

Lineare Drifter. Einige Pulsare werden als „lineare Drifter" bezeichnet, weil ihre aufeinanderfolgenden Pulse mit konstanter Geschwindigkeit über das zeitlich gemittelte Pulsprofil hinwegstreichen. Werden fortlaufende Pulszyklen abgebildet, dann bilden ihre aufeinanderfolgenden Pulse eine Reihe gerader diagonaler Linien, wie das in Abbildung A.2a zu sehen ist. Beim dargestellten Pulsar PSR 0031-07 behalten fortlaufende Reihen driftender Pulse ähnliche Driftgeschwindigkeitem bei. Es gibt aber auch lineare Drifter, in denen jede aufeinanderfolgende Driftreihe eine Driftgeschwindigkeit aufweist, die sich von der vorangehenden Reihe unterscheidet, wobei in der Entwicklung von einer Driftgeschwindigkeit zur nächsten kein bestimmtes Muster zu erkennen ist. Wenn man die Pulssequenzen eines solchen Pulsars grafisch darstellt, bilden sie eine Reihe diagonaler Linien, von denen jede einen anderen Anstieg hat. Der Pulsar PSR 2016+28, dessen zeitlich gemitteltes Pulsprofil sich aus zwei Komponenten zusammensetzt, weist eine zusätzliche Besonderheit auf: Seine lineare Pulsdrift tendiert dazu, in einer Komponente öfter vorzukommen als in der anderen.

Nichtlineare Drifter. Bei bestimmten anderen Pulsaren ändert sich die Driftgeschwindigkeit, während die Pulse über das zeitlich gemittelte Pulsprofil hinwegstreichen. Diese Pulsare nennt man *nichtlineare Drifter*. Bei PSR 1919+21 zum Beispiel driften die Pulse mit hoher Geschwindigkeit vom abfallenden Teil des Pulsprofils in die Hüllkurve, verlangsamen sich dann, während sie das Zentrum des Pulsprofils passieren, und beschleunigen wieder, wenn sie über den Anstieg des Pulsprofils hinwegdriften. Somit durchläuft jede Pulsdriftreihe eine S-förmige Bahn, wenn aufeinanderfolgende Pulszyklen grafisch nebeneinander dargestellt werden.

Nichtzufällige Pulsmuster. Zu guter Letzt gibt es noch Pulsare mit derart komplexen Pulssequenzen, dass man ihre Pulsdriftwege gar nicht in einer Kurve darstellen kann. Dennoch sind eindeutige Muster der Pulswiederkehr feststellbar. Beim Pulsar PSR 1133+16 lassen sich zum Beispiel kurze Intervalle in der Datensequenz erkennen, mit der aus drei bis sechs aufeinanderfolgenden Pulsen zusammengesetzte Pulsmuster gelegentlich wiederkehren. Diese Muster bestehen entweder aus Einzelpulsen, die in einer der beiden Pulsprofil-Komponenten auftauchen, oder aus Pulsen, die sich in beiden Komponenten ereignen, oder auch aus Nullpulsen – also Pulsen, die ausgelassen werden.

Ein weiterer Pulsar, der nichtzufällige Pulsmuster aufweist, ist PSR 0329+54. Wenn in der ersten Komponente seines aus vier Komponenten bestehenden Pulsprofils ein starker Puls auftaucht, dann gehen diesem Ereignis im allgemeinen mehrere schwache oder fehlende Pulse, gefolgt von starken Pulsen in Komponente 3, voraus. Wenn zudem Pulse in Komponente 4 erscheinen, werden sie oft von Pulsen in Komponente 3 begleitet; eine Periode später folgt ein starker Puls in Komponente 3.[2] Die Komplexität dieses geordneten Verhaltens nähert sich der einfacher Computer-Schaltkreise an.

Sowohl bei der Pulsdrift als auch bei der Strukturierung der Pulssequenzmuster handelt es sich um sehr ungewöhnliche Ordnungsphänomene. Für Theoretiker, die nach natürlichen Erklärungen für Pulsare suchen, stellen sie eine echte Herausforderung dar. Zu den Ordnungsmerkmalen einzelner Pulsare wurden bereits mögliche natürliche Ursachen genannt – doch die Astronomie ist weit entfernt von einer erfolgreichen und in sich konsistenten allgemeinen Theorie, die sämtliche Arten von Puls-Ordnungsmerkmalen erklären könnte. Derart verschiedenartige und komplexe Signal-Ordnungsgrade würde man jedoch erwarten, wenn Pulsare tatsächlich von Außerirdischen errichtete Leuchtfeuer wären – und deren Schöpfer alle Anstrengungen unternommen hätten, um sicherzugehen, dass niemand ihre Botschaft versehentlich als Reihe von Signalen natürlichen Ursprungs interpretiert.

Korrelierende Mehrkomponenten-Drift. Bei den meisten Pulsaren erstreckt sich das zeitlich gemittelte Pulsprofil nur über einen kleinen Teil des Pulszyklus. Im Falle des Pulsars PSR 0826-34 *umfasst das Profil aber den gesamten Pulszyklus*. Es handelt sich um einen der wenigen bekannten Pulsare, die ein solch breites Pulsprofil im Radiospektrum haben. Sein breites, aus drei Komponenten bestehendes Pulsprofil, bietet Platz für fünf – gelegentlich sogar sechs – klar definierte, linear driftende Pulsgruppen, *die alle synchron miteinander über das zeitlich gemittelte Pulsprofil hinweg-*

---

2 Taylor, J.H.; Manchester, R.N. und Huguenin, G.R.: „Observations of pulsar radio emission. I. Total-intensity measurements of individual pulses" in *Astrophysical Journal*, 1975, 195: 513-28

streichen.³ Dieser Pulsar ist einzigartig – kein anderer weist so viele Pulsgruppen auf, die insgesamt 45 Prozent des gesamten Pulszyklus umfassen. Es gibt auch keinen anderen Pulsar, bei dem die Pulsdrift einen so großen Prozentsatz des Pulszyklus einnimmt.

In den meisten Pulsaren mit einer Pulsdrift sind die Pulse in eine Richtung unterwegs – üblicherweise vom abfallenden Ende zum ansteigenden Ende des Pulsprofils. Bei PSR 0826-34 driften die Pulse jedoch zuerst in eine Richtung, halten dann an und driften anschließend in die *entgegengesetzte* Richtung zurück, wobei sie ihre Richtung in unregelmäßigen Abständen ändern. Dabei bleiben sie die ganze Zeit im Gleichschritt. Eine derartige Driftumkehr wurde bisher nur bei diesem einen Pulsar beobachtet. Ungewöhnlich ist auch, dass die Geschwindigkeit der Pulsdrift mit jedem Puls sukzessive zunimmt, bis auch sie sich dann umkehrt; von da an nimmt sie, ausgehend von der ursprünglich hohen Driftgeschwindigkeit, immer weiter ab.

Dazu kommt, dass die Pulse bei ihrer Drift einen festen Zeitabstand zueinander einhalten, der acht Prozent der primären Pulsperiode beträgt ($P_2 \sim 0{,}081\, P_1$ oder 0,15 Sekunden). In jedem Pulszyklus tauchen fünf oder manchmal sechs Pulse auf, die durch diesen festen Zeitabstand P_2 voneinander getrennt sind – *gleichgültig, wie schnell die Pulse gerade driften*.

Der Pulsar zeichnet sich auch noch durch eine weitere ungewöhnliche Eigenschaft aus: Seine Puls-Sendungen erfahren gelegentlich längere Unterbrechungen, die auch Puls-Nullphasen genannt werden. Diese Leerphasen sind von unterschiedlicher Dauer, die von einigen Sekunden bis zu mehr als sieben Stunden betragen kann. Puls-Nullphasen wurden zwar auch bei einigen anderen Pulsaren beobachtet, doch PSR 0826-34 ist insofern ein Sonderfall, als er sich mindestens 70 Prozent der Zeit im Nullzustand befindet. Wie bei ähnlichen Pulsaren erfolgt während der Nullphase gleichsam ein *Einfrieren* der Pulse. Auch in dieser Hinsicht ist PSR 0826-34 aber einzigartig – bei ihm frieren nämlich die Phasenpositionen aller fünf oder sechs driftenden Pulsgruppen ein.

Die Beobachtungen, die an diesem einen Pulsar gemacht wurden, reichten schon aus, um die Grundlagen der Pulsartheorie zu erschüttern, sodass alle bis dahin erstellten Theorien über das Leuchtturmmodell verworfen werden mussten. Bis zu diesem Zeitpunkt war die Pulsdrift durch die An-

---

3   Biggs, J.D.; McCulloch, P.M.; Hamilton, P.A.; Manchester, R.N. und Lyne, A.G.: „A study of PSR 0826-34 – a remarkable pulsar" in *Monthly Notices of Royal Astronomical Society*, 1985, 215:281-94

nahme erklärt worden, dass die Pulse durch Kaskaden kosmischer Teilchenstrahlung oder „Funken" erzeugt werden, die sich in einer Kreiselbewegung um den Magnetpol des Sterns bewegen. Verantwortlich dafür soll das Magnetfeld des Pols sein, das auf die elektrischen Felder der Kaskade einwirkt – je stärker das Magnetfeld, desto höher die Driftgeschwindigkeit. Derartigen Erklärungsmodellen zufolge müsste die Pulsdrift jedoch in einer konstanten Geschwindigkeit und nur in einer Richtung stattfinden.[4] Um nun aber die beobachteten, permanent in Veränderung befindlichen Driftgeschwindigkeiten und plötzlichen Richtungsumschwünge erklären zu können, griffen die Leuchtturm-Anhänger auf die absurde Theorie zurück, die Magnetfeldachse des Neutronensterns müsse ihre Ausrichtung bezüglich der Rotationsachse des Sterns permanent ändern und gelegentlich sogar akrobatische Salti bewerkstelligen. Zudem sollen wir auch noch glauben, dass es diesem starken Feld – es ist eine Billion Mal stärker als das Erdmagnetfeld – bei seinen gymnastischen Kunststücken aus irgendeinem Grund gelinge, die gleichmäßigen Zeitabstände zwischen den kreiselnden Teilchenkaskaden nicht zu verändern. Dazu kommt, dass das Leuchtturmmodell keine Erklärung dafür hat, warum der gesamte Abstrahlprozess des Pulsars sich auf geheimnisvolle Art und Weise für sieben Stunden und mehr abschalten kann und es irgendwie schafft, sich an die Zyklusphase zu *erinnern*, bei der seine Drift vor dieser Abschaltung angehalten hat!

Die Pulsarastronomen J. Biggs, Peter McCulloch, P. Hamilton, Richard Manchester und Andrew Lyne gelangen nach ihrem Bericht über das ungewöhnliche Verhalten dieses Pulsars zu folgendem Schluss:[5]

> Die derzeitigen Theorien zum Mechanismus der Subpulsdrift sind nicht imstande, das beobachtete Subpulsdrift-Verhalten adäquat zu erklären.[6]

Ein brauchbares Leuchtturmmodell sollte aber fähig sein, die unterschiedlichen Driftgeschwindigkeiten mitsamt der Driftumkehr, die Wechselbeziehung der mehrfachen Pulsdriftgruppen zueinander, die Konstanz der P_2-Abstandsintervalle, die ausgedehnten Puls-Nullphasen, das „Einfrieren" der Pulse, nach dem der Pulsar sich daran „erinnert", in welcher Phase seines Pulszyklus er sich bei Beginn der Nullphase befunden hat, sowie die Beobachtung, dass während des gesamten Pulszyklus Radiowellen

---

[4] Ebd., S. 292
[5] Der im folgenden Zitat verwendete Begriff „Subpuls" bezeichnet in der Terminologie des vorliegenden Buches einen *Puls*.
[6] Biggs, J. D. et al.: „A study of PSR 0826–34 …", S. 281

abgestrahlt werden, zu erklären. Ein solches Modell läuft jedoch Gefahr, übermäßig kompliziert und konstruiert zu sein. J. Biggs und seine Kollegen haben eine Methode zur Anpassung des Leuchtturmmodells entworfen, die wenigstens manche dieser bisher rätselhaften Eigenschaften erklären könnte: die korrelierende Pulsdrift und das Phänomen der Driftumkehr. Sie stellen zur Diskussion, dass die Intensität der vom Neutronenstern abgegebenen Pulse *durch zwei Stehwellen-Feldmuster moduliert wird, die sich nahe der Sternoberfläche befinden* und deren modulierende Effekte einander beeinflussen, sodass das beobachtete Pulsdriftverhalten zustandekommt. Sie nehmen an, dass die beiden stehenden Wellen irgendwie auf natürlichem Wege erzeugt werden und gemeinsam mit dem Neutronenstern rotieren, ohne dabei gestört zu werden.

Nun ist zwar höchst unklar, wie ein hypothetischer Neutronenstern das zuwege bringen sollte – aber es ist doch bemerkenswert, wie sehr dieses Modell dem des ETI-Leuchtfeuers mit den projizierten Magnetfeldscheiben ähnelt, wie es gegen Ende von Kapitel 7 beschrieben wurde. Es gibt nur ein paar Unterschiede: a) Die Magnetfelder nach dem Muster einer modulierten stehenden Welle sind im ETI-Modell nicht natürlichen Ursprungs, sondern künstlich erzeugt; b) die Magnetfelder rotieren nicht mit dem Stern, sondern werden in die Nähe der Sternoberfläche projiziert; und c) bei dem Stern muss es sich nicht unbedingt um einen Neutronenstern handeln – er kann auch ein Röntgenstern von den Ausmaßen eines Weißen Zwergs sein.

Es ist interessant, dass der hier behandelte ungewöhnliche Pulsar dem Vela-Pulsar am nächsten steht. Die beiden Strahlungsquellen sind nur durch elf Bogensekunden voneinander getrennt und liegen etwa gleich weit von unserer Sonne entfernt (PSR 0826-34 liegt nur ca. vier Prozent weiter weg). Ihre Platzierung weist kein besonders signifikantes Verhältnis zueinander auf, wie wir es etwa zwischen dem Pulsar im Krebsnebel und PR 0525+21 gesehen haben. Dennoch ist diese Koinzidenz beachtenswert.

Das Mode-Switching-Phänomen

Wie wir bereits in Kapitel 7 erfahren haben, ist das Phänomen der Modusumschaltung eines der verblüffendsten Merkmale von Pulsaren. Pulsare, die dieses Verhalten zeigen, haben mehrere stabile Pulsmuster, die jeweils ein eigenes zeitlich gemitteltes Pulsprofil und einzigartige Pulsmodulations-Eigenschaften aufweisen. Solche Pulsare schalten plötzlich von einem Modus auf den anderen um, ohne dabei ihre Primärperiode oder ihre Periodenableitung zu ändern. Zum Entstehungszeitpunkt dieses Buches wurde eine solche Modusumschaltung bereits bei sieben Pulsaren festgestellt; zwei weitere sind mögliche Kandidaten für diese Kategorie.

Ein interessanter Mode-Switching-Pulsar ist PSR 1237+25. Er hat zwei stabile Modi, die beide in ihren zeitlich gemittelten Pulsprofilen fünf Komponenten besitzen (Abbildung A.5). Die beiden Modi werden als „normal" und „anomal" bezeichnet. Normalerweise sendet der Pulsar in seinem normalen Modus, alle paar Stunden jedoch schaltet er auf den anomalen Modus um, wo er ein paar Minuten verweilt, bevor er abrupt zurückschaltet. Im normalen Modus zeigt der Pulsar ein äußerst ungewöhnliches Pulsordnungsverhalten. Seine Pulse tauchen abwechselnd in Komponente 1 und Komponente 5 seines aus fünf Komponenten bestehenden zeitlich gemittelten Pulsprofils auf, und erscheinen dann in jeder Komponente nach einer charakteristischen Periode P_3 von 2,7 Sekunden wieder – die somit etwa doppelt so lange dauert wie die Primärperiode des Pulsars von 1,382449 Sekunden. Noch bemerkenswerter ist aber, dass jene Pulse, die in Komponente 1 auftauchen, sich danach in zwei voneinander getrennte Pulsfolgen aufspalten, die in entgegengesetzte Richtung driften, eine zum Anstieg der Komponente, die andere zum Abfall. Schaltet der Pulsar hingegen in den anomalen Modus um, dann verschwindet diese äußerst komplex miteinander korrelierende Mehrkomponenten-Modulation fast völlig. Erst nach der Rückkehr in den normalen Modus „erinnert" sich der Pulsar brav an sein zyklisches Verhalten und kehrt dorthin zurück. Auch derart verschachtelte Ordnungskriterien lassen natürlich den Schluss zu, dass diese Sendungen von Außerirdischen stammen könnten.

Der modusumschaltende Pulsar PSR 0329+54 hat zusätzlich zu seinem normalen Modus sogar drei anomale Modi! Dazu kommt, dass ihm anscheinend eine jeweils andere Zahl anomaler Modi zur Verfügung steht, je nachdem, auf welcher Radiofrequenz man ihn beobachtet. Wie Abbildung A.6 zeigt, liegt der anomale Modus A auf Frequenzen von 0,41 Gigahertz sowie zwischen 5 und 14,8 Gigahertz vor; der anomale Modus B taucht auf einer Frequenz von 0,83 Gigahertz auf; sowohl anomaler Modus A als auch anomaler Modus B werden auf 2,7 Gigahertz angemessen; und alle drei anomalen Modi zeigen sich auf 1,4 Gigahertz. Wie bereits in Kapitel 7 erwähnt, müssen wir uns angesichts dieses Verhaltens natürlich fragen, ob dahinter nicht eine bestimmte Logik steht. Kann es Zufall sein, dass alle drei Umschaltmodi ausgerechnet auf der Frequenz 1,4 Gigahertz sichtbar

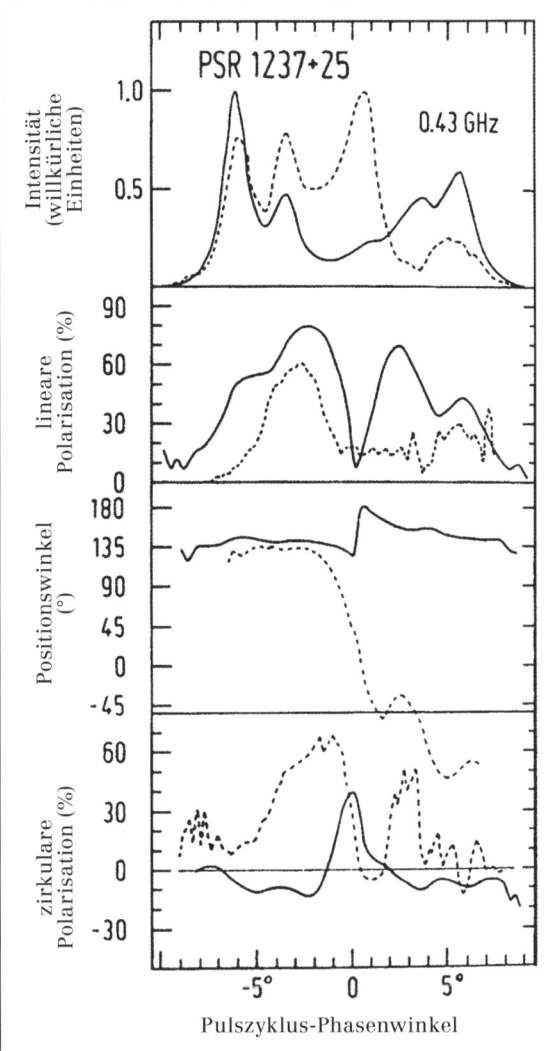

Abb. A.5: Intensität und Polarisationseigenschaften des zeitlich gemittelten Pulsprofils von Pulsar PSR 1237+25, angemessen auf einer Radiofrequenz von 430 Megahertz. Normalmodus: durchgehende Linie; anomaler Modus: gestrichelte Linie. (Bartel et al.: Astrophysical Journal, Abbildung 7.)

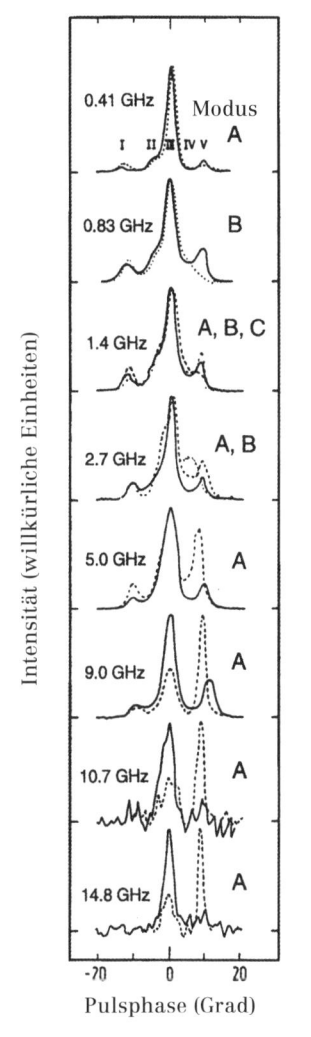

Abb. A.6: Zeitlich gemittelte Pulsprofile für PSR 0329+54 auf acht verschiedenen Frequenzen. Der Normalmodus wird als durchgehende Linie dargestellt; die drei anomalen Modi – bezeichnet mit A, B und C – als gestrichelte beziehungsweise gepunktete Linien. (Bartel et al.: Astrophysical Journal, Abbildung 3.)

sind – der sogenannten Wasserstofflinie, also der Frequenz, auf der die charakteristische Radiostrahlung des neutralen Wasserstoffs erfolgt? Die SETI-Astronomen sind nicht umsonst davon überzeugt, dass außerirdische Zivilisationen für ihre Schmalband-Radiokommunikation höchstwahrscheinlich genau diese Frequenz verwenden würden.

Ein weiterer einzigartiger Mode-Switching-Pulsar ist PSR 1822-09. Er schaltet ungefähr alle fünf Minuten zwischen einem Ruhemodus (R-Modus) und einem Aktivitätsmodus (A-Modus) um – siehe Abbildung A.7. Der Ruhemodus ist durch einen Hauptpuls mit einer Komponente gekennzeichnet, dem nach etwa einem halben Pulszyklus ein schwacher Zwischenpuls (im Diagramm nicht sichtbar) folgt. Wenn der Pulsar auf seinen Aktivitätsmodus umschaltet, verdoppelt der Hauptausschlag der Kurve seine Intensität beinahe, während ein neuer „Vorläuferpuls" auftaucht, der weniger stark ist. Astronomen haben festgestellt, dass im Ruhemodus zwischen den Pulsen im Zwischenpuls und dem Hauptpuls eine Korrelation besteht, was

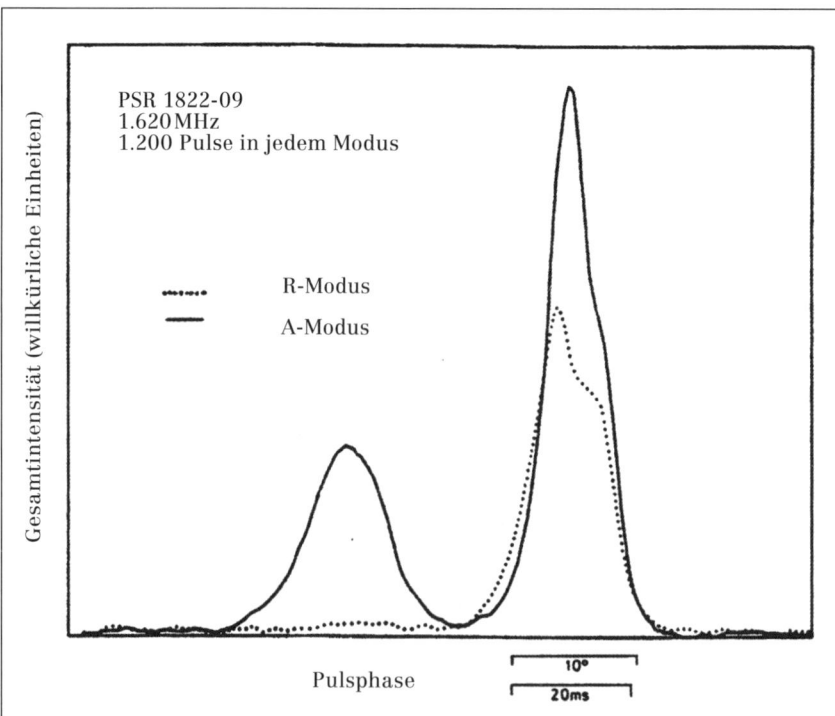

Abb. A.7: Mittelwertkurven von Ruhe- und Aktivitätsmodus der Hauptpulskomponente des Pulsars PSR 1822-09 auf der Frequenz von 1,62 Gigahertz. (Fowler et al.: Astronomy and Astrophysics, Abb. 3.)

darauf hindeutet, dass die Emissionsprozesse der zwei Kurvenausschläge kausal miteinander verknüpft sind. Schaltet der Pulsar aber auf seinen Aktivitätsmodus um, so passiert das Unerwartete: Der Zwischenpuls nimmt im Gegensatz zum Hauptpuls nicht an Intensität zu, sondern verschwindet stattdessen unter die Messbarkeitsgrenze! Auch dieses Paradox stellt die Theoretiker, die nach einer logischen natürlichen Ursache für ein derart ungewöhnliches Verhalten suchen, vor ziemliche Probleme. Plausibel wäre es jedoch, wenn auch diese Verhaltensweise nur eine der vielen Methoden wäre, mit denen Außerirdische ihre Botschaft eindeutig als nicht natürliches Phänomen kennzeichnen wollen.

Der Ruhe- und der Aktivitätsmodus dieses Pulsars weisen zudem ein sehr unterschiedliches Pulsdrift-Verhalten auf. Wenn sich der Pulsar im Ruhemodus befindet, driften seine Pulse mit einer relativ klar definierten Periode P_3, die etwa 40 Mal so lange dauert wie die Primärperiode des Pulsars, vom ansteigenden zum abfallenden Teil seines Kurven-Hauptausschlags. Die Driftgeschwindigkeit ändert sich in einer Weise, dass die Pulse schneller werden, wenn sie sich der Mitte des Haupt-Pulsprofils nähern, und sich dann wieder verlangsamen, sobald sie dem abfallenden Rand des Pulsprofils näherkommen. Schaltet der Pulsar dann in seinen Aktivitätsmodus um, hört die Pulsdrift im Hauptpuls überhaupt auf, erscheint aber sporadisch in etwa fünf bis zehn Prozent der Zeit im Vorläuferpuls, mit einer Periode, die etwa elf Mal so lange dauert wie die Primärperiode.

Modusumschaltung mit Pulsquantisierung. Der Pulsar PSR 0031-07 ist ebenfalls interessant, weil er zwischen drei verschiedenen Modi umschalten kann. Sowohl Modus A als auch B und C weisen ein Pulsdriftverhalten auf und haben jeweils eine andere Pulsgeschwindigkeit. Sie beträgt 1,7±0,2 Pulsphasengrad pro Primärpulsperiode für A, 3,2±0,6 für B und 5,3±1,1 für C – womit ein quantisiertes Verhältnis von 1:2:3 naheliegt. Diese Pulse weisen also nicht nur ein Ordnungssystem auf, in dem sie auf regelmäßige Art phasengleich driften, sondern auch ein geordnetes Driftverhalten, das nur Driftgeschwindigkeiten zulässt, die in einem ganzzahligen Verhältnis zueinander stehen. Dazu kommt, dass trotz drei unterschiedlicher Puls-Driftgeschwindigkeiten (also drei verschiedenen Profil-Wegperioden P_3) das Intervall zwischen aufeinanderfolgenden Pulsen – die Periode P_2 – in allen drei Modi einen festgelegten Wert von sechs Prozent der Primärperiode des Pulsars hat. Im Hinblick auf eine mögliche natürliche Ursache ergeben diese Ordnungsverhältnisse eher wenig Sinn; nimmt man aber an, dass dieser

Pulsar (wie viele andere) ein Kommunikationsleuchtfeuer außerirdischer Intelligenzen ist, scheinen sie sehr einleuchtend.

Modusumschaltung mit Puls-Nullphasen. Neben all diesen komplizierten Aspekten weist PSR 0031-07 auch noch ungewöhnliche Unterbrechungen in seinen Pulssendungen auf (siehe Abbildung A.8). Er schickt keine stete Pulsfolge aus, sondern Pulsbündel von jeweils mehreren Dutzend bis zu hundert Pulsen. Diese Bündel sind durch Leerintervalle verschiedener Länge voneinander getrennt, die aus Nullpulsen bestehen. Besagte Nullpulse sind mindestens 100 Mal schwächer als die Pulse aus dem „lauten", gebündelten Aktivitätsmodus und daher oft nicht mehr messbar. Die Nullintervalle können von einigen wenigen bis zu hundert oder mehr Pulsperioden andauern. Die meisten Bündelfolgen des Pulsars beginnen abrupt, mit zwei Pulsen hoher Intensität, von denen einer nahe am ansteigenden Ende und der andere nahe am abfallenden Ende des zeitlich gemittelten Pulsprofils auftaucht. Die darauffolgenden Pulse driften dann in der jeweiligen Driftgeschwindigkeit des Modus, in den der Pulsar gerade geschaltet hat, den Anstieg der Hüllkurve entlang.

Modusumschaltung mit Mode-Switching-Grammatik. Etwa 80 Prozent der Pulsbündel, die von PSR 0031-07 abgestrahlt werden, werden vom Pulsdriftmodus B dominiert. Die verbleibenden 20 Prozent sind in

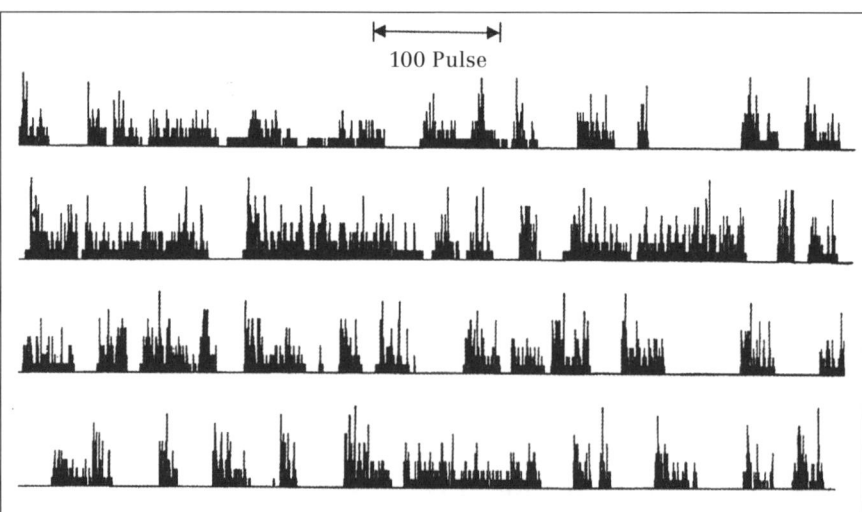

Abb. A.8: Kontinuierliche Aufzeichnung von 3.800 Pulsen des Pulsars 0031-07. (Huguenin et al.: Astrophysical Journal, Abb. 1.)

Anhang A • Geordnete Komplexität

der Forschung auf erhebliches Interesse gestoßen. Sie bestehen aus zwei Driftmodi, die nur nacheinander erfolgen können, also entweder B auf A oder C auf B. Während solcher Pulsbündel kann der Pulsar mehrmals hintereinander in einem Modus (z. B. A) eine Drift über das gesamte zeitlich gemittelte Pulsprofil durchlaufen und dann, mitten in seinem Signalpaket, plötzlich auf einen Alternativmodus mit einer unterschiedlichen Puls-Driftgeschwindigkeit (z. B. Modus B) umschalten; siehe dazu Abbildung A.9. Etwa drei Viertel dieser Zweifachmodus-Pulsbündel bestehen aus A-und-

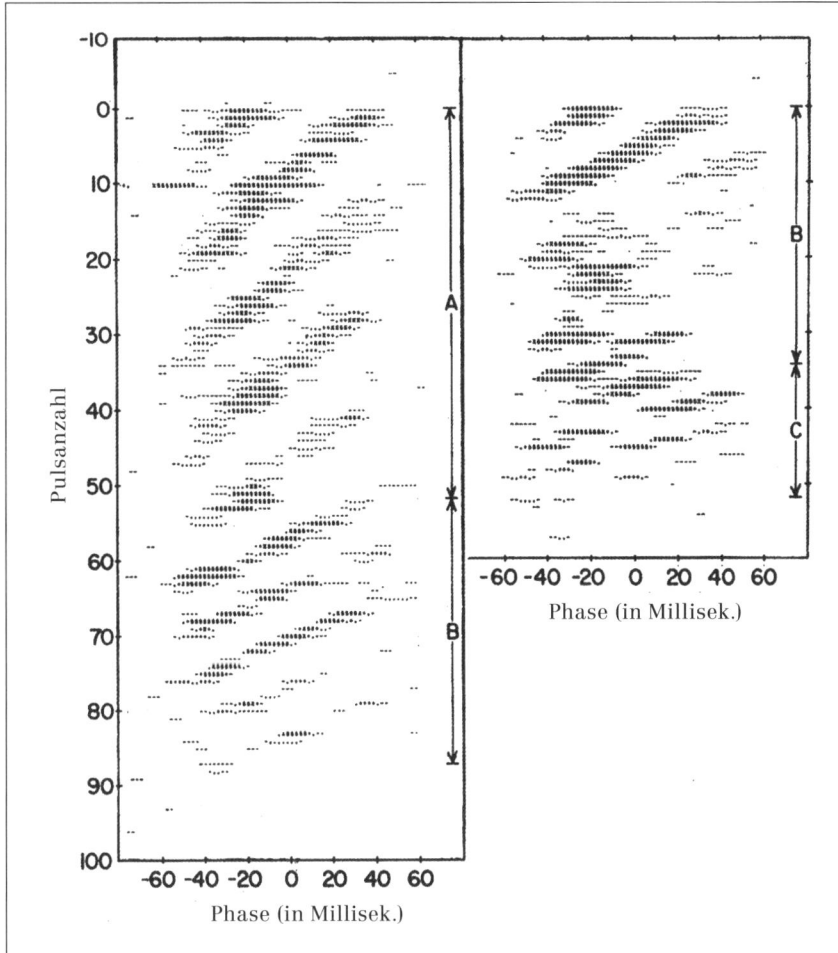

Abb. A.9: Eine von PSR 0031-07 empfangene Pulsreihe, die linear driftende Pulsfolgen zeigt. Die drei Driftmodi sind im rechten Rand mit A, B und C markiert. (Huguenin et al.: Astrophysical Journal, Abb. 4.)

B-Modusfolgen, das restliche Viertel setzt sich aus B-und-C-Modusfolgen zusammen. Die Modi A und C *kommen nie zusammen im selben Pulsbündel vor und sie treten auch nicht alleine auf, wie in den Modus-B-Pulsbündeln*. Daraus folgt, dass die Puls-Driftgeschwindigkeiten in diesem Pulsar nicht nur quantisiert sind, sondern auch der Umschaltvorgang von einer quantisierten Driftgeschwindigkeit zur anderen hochgeordnet sein dürfte und von einer Art *Mode-Switching-Grammatik* gesteuert wird.

Modusumschaltung mit Pulsphasen-Erinnerung. Und noch ein Ordnungsprinzip ist in PSR 0031-07 zu finden: Während einer Nullphase „erinnert" sich der Pulsar irgendwie daran, in welchen Phasenpositionen sich seine Pulse zu der Zeit befunden haben, als die Strahlung aussetzte. Wenn der Pulsar sich dann mit einem neuen Pulsbündel wieder einschaltet, haben sich die Pulse nicht nennenswert von ihren vorigen Phasenpositionen wegbewegt. Es scheint so, als würde die Pulsdrift während der Nullphasen „einfrieren" und danach wieder beginnen. Die gewissenhafte Untersuchung zweier Pulsare mit nur einem Signalmodus (PSR 0809+74 und PSR 0818-13) hat ergeben, dass die Pulse auch während der Nullphasen noch vorhanden sind, wenn auch in sehr geringer Intensität. Das bedeutet also, dass die Pulsdrift nicht wirklich einfriert, sondern in stark verminderter Geschwindigkeit weitergeht.[7] Man könnte also auch diese Art der Nullphase als ein Mode-Switching-Phänomen einstufen.

Modusumschaltung mit Moduserinnerung. Auch der Mode-Switching-Pulsar PSR 2319+60 strahlt seine Signale in Form von Pulsbündeln ab, die durch Nullphasen voneinander getrennt sind. Die Nullphasen dauern etwa 30 Prozent der Gesamtzeit an.[8] Der Pulsar weist drei Modi auf, die als A, B und Abn (ein anomaler Modus) bezeichnet werden – und jeder dieser Modi zeichnet sich durch eine andere Puls-Driftgeschwindigkeit aus. Wie bei PSR 0031-07 ist auch hier der Umschaltvorgang von einem Modus zum anderen geregelt. Während eines Pulsbündels kann die Modusumschaltung nur von A nach B, B nach Abn oder A nach B nach Abn erfolgen. Umschaltungen in anderer Richtung, zum Beispiel von B nach A oder A nach Abn, wurden noch nie beobachtet. Diese Regeln für die Modusumschaltung dürften auch in Nullphasen gelten. So kommt die Umschaltung in Vorwärtsrichtung (A –>

---

7   Taylor, J.H. und Stinebring, D.: „Recent progress in the understanding of pulsars" in *Annual Reviews of Astronomy and Astrophysics*, 1986, 24:285-327

8   Wright, G.A.E. und Fowler, L.A.: „Mode-changing and quantized subpulse drift-rates in pulsar PSR 2319+60" in *Astronomy and Astrophysics*, 1981, 101:356-61

Nullphase –> B) beispielsweise viel häufiger vor als die in entgegengesetzte Richtung (B –> Nullphase –> A). Es sieht so aus, als könne sich dieser Mode-Switching-Pulsar daran erinnern, in welchem Modus er sich vor Beginn der Nullphase befunden hat (also z. B. Modus A), sodass er nach dem Ende der Nullphase einen erlaubten Modus (z. B. Modus B) annehmen kann.

Die verschiedenen Arten komplexer Signal-Ordnungsprinzipien, die in diesem Anhang rekapituliert wurden, würde man dann erwarten, wenn Pulsare von intelligenten Wesen hergestellt worden wären. Genau mit einer solchen Variationsbreite könnten die Aliens uns davon zu überzeugen versuchen, dass Pulsare tatsächlich zur Kommunikation dienende Artefakte sind.

ANHANG B

Die Luminosität einer Teilchenstrahl-Kommunikationseinrichtung

Die Luminosität, die von der in Kapitel 7 beschriebenen „Low-Tech"-Teilchenstrahl-Kommunikationseinrichtung ausgeht, kann mit folgender Gleichung errechnet werden:

$$L = 4\pi d^2 \, (W/P_1) \, (S/8\gamma^3) \, \Delta\nu, \qquad (1)$$

Dabei ist d die Entfernung der Radioquelle von der Erde; W die Pulsbreite bei halber Maximalintensität; P_1 die primäre Pulsperiode; S die Strahlungsflussdichte der Quelle auf einer bestimmten Frequenz, von einem Beobachter auf der Erde gesehen; γ der Lorentzfaktor der abgestrahlten Elektronen aufgrund ihrer relativistischen Geschwindigkeit v (d.h. $\gamma = 1/\sqrt{(1-v^2/c^2)}$); und Δν die Bandbreite, von der wir in diesem Fall ausgehen. Die Größe $8\gamma^3$ in obiger Gleichung ist jener Faktor, durch den wir S – die beobachtete Strahlungsflussdichte – dividieren müssen, um so die tatsächliche Strahlungsflussdichte der Quelle zu erhalten, indem wir den relativistischen Dopplereffekt ausgleichen. Dieses Rechenbeispiel geht davon aus, dass die Elektronen im Teilchenstrahl des Kommunikators eine Bewegungsenergie von 50 Milliarden Elektronenvolt besitzen, was einem Lorentzfaktor von $\gamma = 2 \times 10^5$ entspricht. Nehmen wir weiter an, dass $S = 8 \times 10^{-24}$ erg/s/cm²/Hertz auf einer Frequenz von 400 Megahertz ist – gleichwertig mit der beobachteten Flussdichte des Pulsars im Krebsnebel. Weiter sei d = 6.600 Lichtjahre = $6,6 \times 10^{21}$ Zentimeter (die Entfernung zum Pulsar im Krebsnebel) und W/P = 0,42, das Verhältnis Breite zu Pulsperiode für den Pulsar im Krebsnebel. Bei einer Bandbreite von Δν = 400 Megahertz ergibt sich daraus für die Relation (1) eine Luminosität von 10^{13} erg/s = 1 Megawatt. Im Vergleich: Der Superconducting Super Collider mit 20 Billionen Elektronenvolt, den die USA in Texas bauen wollten, hätte einen 300 Mal stärkeren Teilchen-Leistungsfluss erreichen sollen. Diese Schätzung bezieht sich nur auf die im Elektronenstrahl gespeicherte Energie. Die tatsächlich notwendige Energie, mit der der Beschleuniger diesen Elektronen-Energiefluss erzeugen kann, wird um einiges höher sein. Bei einer Beschleunigungseffizienz von einem Prozent beläuft sich der Gesamtenergiebedarf auf 100 Megawatt – die Leistung, die ein kleines Atomkraftwerk erzeugt.

Der Pulsar im Krebsnebel ist einer der wenigen, die Pulse im optischen, Röntgen- und Gammastrahlungs-Wellenbereich senden. In diesem hochenergetischen Bereich des elektromagnetischen Spektrums strahlt er eigentlich 10^4 bis 10^5 Mal so viel Energie ab wie im Radiobereich seines Spektrums. Diese höheren Luminositäten könnten durch die Beschleunigung der Strahlenelektronen auf zwei Billionen Elektronenvolt ($\gamma = 8 \times 10^6$) erreicht werden.

Bibliografie

- Backer, D.C.: „Pulsar fluctuation spectra and the generalized drifting subpulse phenomenon" in *Astrophysical Journal*, 1973, 182:245-76
- Backer, D.C. et al.: „A millisecond pulsar" in *Nature*, 1982, 300:615-20
- Bartel, N.; Morris, D.; Sieber, W. und Hankins, T.H.: „The mode-switching phenomenon in pulsars" in *Astrophysical Journal*, 1982, 258:776-89
- Bearden, T.E.: „Fer-de-Lance: A Briefing on Soviet Scalar Electromagnetic Weapons" (Ventura, Kalifornien: Tesla Book Co., 1986)
- Bearden, T.E.: „Soviet phase conjugate weapons", Bulletin Nr. 308, Committee to Restore the Constituition, Jan. 1988
- Beer, J. et al.: „^{10}Be measurements on polar ice: Comparison of Arctic and Antarctic records" in *Nuclear Instruments and Methods in Physics Research*, 1987, B29:203-6
- Beer, J. et al.: „^{10}Be peaks as time markers in polar ice cores" in „The Last Deglaciation: Absolute and Radiocarbon Chronologies", NATO ASI Series, Bd. 12, 140-53 (Heidelberg: Springer-Verlag, 1992)
- Bhat, C.L.; Sapru, M.L. und Kaul, C.L.: „A nonrandom component in cosmic rays of energy greater than or equal to 10 to the 14th eV" in *Nature*, 1980, 288:146-9
- Biggs, J.D.; McCulloch, P.M.; Hamilton, P.A.; Manchester, R.N. und Lyne, A.G.: „A study of PSR 0826-34 – a remarkable pulsar" in *Monthly Notices of Royal Astronomical Society*, 1985, 215:281-94
- Bignami, G.F. und Caraveo, P.A.: „On the birthplace of PSR 0833-45: Or, is the Vela pulsar associated with the Vela SNR?" in *Astrophysical Journal*, 1988, 325:L5-L7
- Boeckl, B.S.: „A depth profile of ^{14}C in the lunar rock 12002" in *Earth and Planetary Science Letters*, 1972, 16:269-72
- Bower, G.; Falcke, H. und Backer, D.C.: „Circular polarization in Sagittarius A*", 195. Treffen der American Astronomical Society, Atlanta, Januar 2000
- Briggs, J. und Peat, D.: „Turbulent Mirror" (San Francisco: Harper&Row, 1989)
- Brown, T.T.: „How I control gravity" in *Science and Invention*, August 1929

- Brown, T.T.: „Electrogravitational communication system", Patentveröffentlichung, September 1953, erhältlich unter www.soteria.com
- Cady, W.M.: „An investigation relative to Thomas Townsend Brown", Office of Naval Research, Pasadena, Kalifornien, Juni 1952
- Clark, D.H. und Caswell, J.L.: „A study of Galactic supernova remnants based on Molonglo-Parkes observational data" in *Monthly Notices of the Royal Astronomical Society*, 1996, 174:267-305
- Cocke, W.J.; Disney, M.; Muncaster, G. und Gehrels, T.: „Optical polarization of the Crab Nebula pulsar" in *Nature*, 1970, 227:1327-9
- Collyns, R.: „Did Spacemen Colonize the Earth?" (London: Pelham Books, 1974)
- Cook, N.: „Antigravity propulsion comes out of the closet" in *Jane's Defense Weekly*, 31.07.02
- Cook, N.: „Airpower electric" in *Jane's Defense Weekly*, 24.07.02
- Cordes, J.M. et al.: „The brightest pulses in the universe: Multifrequency observations of the Crab pulsar's giant pulses" in *Astrophysical Journal*, 2004, 612:375-88
- Cornille, P.: „Review of the application of Newton's third law in physics" in *Progress in Energy and Combustion Science*, 1999, 25:161-210
- Dawson, J.M.: „Plasma particle accelerators" in *Scientific American*, März 1989, S. 54-61
- De Luca, A.; Mignani, R.P. und Caraveo, P.A.: „The Vela pulsar (PSR B0833-45) proper motion revisited with HST astrometry" in *Astronomy and Astrophysics*, 2000, 354:1011-3
- Dea, J.: „Instantaneous interactions" in *Proceedings of the 1986 International Tesla Symposium*, S. 4-39 (Colorado Springs: International Tesla Society, 1986)
- Delgado, P. und Andrews, C.: „Circular Evidence" (London: Bloomsbury Publishing, 1989)
- Demianski, M. und Prószynski, M.: „Does PSR 0329+54 have companions?" in *Nature*, 1979, 282:383-5
- Dewey, R.J.; Taylor, J.H.; Maguire, C.M. und Stokes, G.H.: „Period derivatives and improved parameters for 66 pulsars" in *Astrophysical Journal*, 1988, 332:762-9

- Dickel, J. R. und Greisen, E. W.: „The evolution of the radio emission from Cas A" in Astronomy and Astrophysics, 1979, 75:44-53
- Enders, A. und Nimtz, G.: „On superluminal barrier transversal" in *Physical Review E*, 1993, 48:632
- Erickson, W. C. et al.: „Very long baseline interferometer observations of Taurus A and other sources at 121,6 MHz" in *Astrophysical Journal*, 1972, 177:101
- Fesen, R. A. und Staker, B.: „The structure and motion of the Crab nebula jet" in *Monthly Notices of the Royal Astronomical Society*, 1993, 263:69-74
- Filippenko, A. V. und Radhakrishan, V.: „Pulsar nulling and drifting subpulse phase memory" in *Astrophysical Journal*, 1982, 263:828-34
- Fowler, L. A.; Wright, G. A. E. und Morris, D.: „Unusual properties of the pulsar PSR 1822-09" in *Astronomy and Astrophysics*, 1981, 93:54-61
- Fruchter, A. S.; Stinebring, D. R. und Taylor, J. H.: „A millisecond pulsar in an eclipsing binary" in *Nature*, 1988, 333:237-9
- Fruchter, A. S. et al.: „The eclipsing millisecond pulsar PSR 1957+20" in *Astrophysical Journal*, 1990, 351:642-50
- Gold, T.: „Rotating neutron stars as the origin of the pulsating radio sources" in *Nature*, 1968, 218:731-2
- Gold, T.: „Apollo II observations of a remarkable glazing phenomenon on the lunar surface" in *Science*, 1969, 165:1345-9
- Gower, J. und Argyle, E.: „Detection of strong interpulses from NP 0532" in *Astrophysical Journal*, 1972, 171:L23-L26
- Gull, T. R. und Fesen, R. A.: „Deep optical imagery of the Crab Nebula's jet" in *Astrophysical Journal*, 1982, 260:L75-L78
- Gupta, Y.; Rickett, B. J. und Lyne, A. G.: „Refractive Interstellar Scintillation in Pulsar Dynamic Spectra" in *Monthly Notices of the Royal Astronomical Society*, 1994, 269:1035-68
- Hammer, C. U.; Clausen, H. B. und Langway Jr., C. C.: „50.000 years of recorded global volcanism" in *Climatic Change*, 1997, 35:1-15
- Hankins, T. H.: „Microsecond intensity variations in the radio emissions from CP 0950" in *Astrophysical Journal*, 1971, 169:487-94
- Hankins, T. H. und Cordes, J. M.: „Interpulse emission from pulsar 0950+08: How many poles?" in Astrophysical Journal, 1981, 249:241

- Harnden, F. R.: „Einstein observations of the Crab nebula pulsar" in *Astrophysical Journal*, 1984, 283:279-85
- Hawkes, N.: „Going faster than light" in *London Times*, 03.04.95, S. 14
- Heiles, C.; Campbell, D. B. und Rankin, J. M.: „Pulsar NP 0532: Properties and systematic polarization of individual strong pulses at 430 MHz" in *Nature*, 1970, 226:529-31
- Hessels, J. W. et al.: „A 20 cm search for pulsars in globular clusters with Arecibo and the GBT" in Camilo, F. und Gaensler, B. (Hrsg.): „Young Neutron Stars and Their Environments", IAU Symposium, Bd. 218, 2004, erhältlich unter www.arxiv.org/abs/astro-ph/0402182
- Hewish, A.; Bell, S.; Pilkington, J.; Scott, P. und Collins, R.: „Observation of a rapidly pulsating radio source" in *Nature*, 1968, 217:709-13
- Hill, P.: „Unconventional Flying Objects: A Scientific Analysis" (Charlottesville, Va.: Hampton Roads Publishing, 1995)
- Hobbs, G. et al.: „A statistical study of 233 pulsar proper motions" in *Monthly Notices of the Royal Astronomical Society*, 2005, 360:974-92
- Hughen, K. A. et al.: „Deglacial changes in ocean circulation from an extended radiocarbon calibration" in *Nature*, 1998, 391:65-8
- Huguenin, G. R.; Taylor, J. H. und Troland, T. H.: „The radio emission from pulsar MP 0031-07" in *Astrophysical Journal*, 1970, 162:727-35
- Hyman, S. D. et al.: „A new radio detection of the bursting source GCRT J145-3009", 2005, online unter www.arxiv.org/abs/astro-ph/0508264
- Ilyes: „An Hypothesis: The Transmission of a Crop Circle", 1996, online unter www.cropcircleconnector.com/ilyes/Abouthy.html
- Intel: „Towards flight without stress or strain … or weight" in Interavia, 1956, 11(5):373-4
- Isaacman, R.: „NP 0532 and a hole in the Crab Nebula" in *Nature*, 1977, 268:317-8
- Ishii, T. K. und Giakos, G. C.: „Radio Messages Faster Than Light" in *Microwaves & RF*, August 1991, 30:114-9
- Ishii, T. K. und Giakos, G. C.: „Rapid Pulsed Microwave Propagation" in *IEEE Microwave & Guided Wave Letters*, Dezember 1991, 1(12):374-5
- Jastrow, R. und Thompson, M. H.: „Astronomy: Fundamentals and Frontiers" (New York: John Wiley & Sons, 1977)

- Johnston, S. et al.: „Discovery of a very bright, nearby binary millisecond pulsar" in *Nature*, 1995, 361:613-5
- Johnston, S. et al.: „High time-resolution observations of the Vela pulsar" in *Astrophysical Journal*, 2001, 549:L149
- Jouzel, J. et al.: „Vostok ice core: A continuous isotope temperature record over the last climatic cycle (160.000 years)" in *Nature*, 1987, 329:403-8
- Kanbach, G. et al.: „Detailed characteristics of the high-energy gamma radiation from PSR 0833-45 measured by COS-B" in *Astronomy and Astrophysics*, 1980, 90:163-9
- Kramer, M.; Johnston, S. und van Straten, W.: „High-resolution single-pulse studies of the Vela pulsar" in *Monthly Notices of the Royal Astronomical Society*, 2002, 334:523
- Kulkarni, S. R. und Hester, J. J.: „Discovery of a nebula around PSR 1957+20" in *Nature*, 1988, 335:801-4
- LaViolette, P. A.: „Galactic explosions, cosmic dust invasions, and climatic change", Doktorarbeit (Portland, Oregon: Portland State University, 1983)
- LaViolette, P. A.: „An introduction to subquantum kinetics" in *International Journal of General Systems*, 1985, 11:281-345
- LaViolette, P. A.: „Cosmic-ray volleys from the Galactic center and their recent impact on the Earth environment" in *Earth, Moon, and Planets*, 1987, 37:241-86
- LaViolette, P. A.: „A Tesla wave physics for a free energy universe" in *Proceedings of the 1990 International Tesla Symposium*, S. 5.1-5.19 (Colorado Springs: International Tesla Society, 1991)
- LaViolette, P. A.: „The planetary-stellar mass-luminosity relation: Possible evidence of energy nonconservation?" in *Physics Essays*, 1992, 5(4):536-44
- LaViolette, P. A.: „The US Antigravity Squadron" in Valone, T. (Hrsg.): „Electrogravitics Systems: Reports on a New Propulsion Methodology" (Washington, DC: Integrity Research Institute, 1994)
- LaViolette, P. A.: „Evidence that radio pulsars may be artificial beacons of ETI origin", 195. Treffen der American Astronomical Society, Atlanta, Georgia, Januar 2000
- LaViolette, P. A.: „Subquantum Kinetics: A Systems Approach to Physics and Cosmology" (Niskayuna, NY: Starlane Publications, 2003)

- LaViolette, P. A.: „Genesis of the Cosmos: The Ancient Science of Continuous Creation" (Rochester, Vt.: Bear&Co., 2004)
- LaViolette, P. A.: „Earth Under Fire: Humanity's Survival of the Ice Age" (Rochester, Vt.: Bear&Co., 2005)
- LaViolette, P. A.: „Solar cycle variations in ice acidity at the end of the last ice age: Possible marker of a climatically significant interstellar dust incursion" in *Planetary & Space Science*, 2005, 53(4):385-93, online unter www.arxiv.org/abs/physics/0502019
- LaViolette, P. A.: „Evidence for a global warming at the Termination I boundary and its possible extraterrstrial cause", 2005, online unter www.arxiv.org/abs/physics/0503158
- LaViolette, P. A.: „Galactic Superwaves and Their Impact on the Earth", 2005; CD-ROM-Update von: „Galactic Explosions, Cosmic Dust Invasions, and Climatic Change"
- Levengood, W. C.: „Anatomical Anomalies in Crop Formation Plants" in *Physiologia Plantarum*, 1994, 92:356-63
- Lorenzen, C. und J.: „UFO: The Whole Story" (New York: Signet, 1968)
- Lyne, A. G. und Graham-Smith, F.: „Pulsar Astronomy" (London: Cambridge University Press, 1998)
- Lyne, A. G.; Pritchard, R. S.; Graham-Smith, F. und Camilo, F.: „Very low braking index for the Vela pulsar" in *Nature*, 1996, 381:497-8
- Manchester, R. N.; Taylor, J. H. und Huguenin, G. R.: „Observations of pulsar radio emission. II. Polarization of individual pulses" in *Astrophysical Journal*, 1975, 196:83-112
- Manchester, R. N. und Taylor, J. H.: „Recent Observations of Pulsars" in *Annual Reviews of Astronomy and Astrophysics*, 1977, 15:19-44
- Manchester, R. N. und Taylor, J. H.: „Observed and derived parameters for 330 pulsars" in *Astronomical Journal*, 1981, 86:1953-73
- Mason, H.: „Bright Skies: Top-Secret Weapons Testing?" in *Nexus Magazine*, April-Mai 1997, S. 41-7, 78
- McCulloch, P. M.; Hamilton, P. A.; Royle, G. W. R. und Manchester, R. N.: „Daily observations of a large period jump of the Vela pulsar" in *Nature*, 1983, 302:319-21
- McMoneagle, J.: „The Ultimate Time Machine" (Charlottesville, Va.: Hampton Roads, 1999)

- Michanowsky, G.: „The Once and Future Star" (New York: Barnes and Noble, 1979)
- Misner, C.; Thorne, K. und Wheeler, J. A.: „Gravitation" (San Francisco: Freeman and Co., 1973)
- Moffet, D. A. und Hankins, T. H.: „Multifrequency radio observations of the Crab pulsar" in *Astrophysical Journal*, 1996, 468:779-83
- Pepper, D. M.: „Applications of optical phase conjugation" in *Scientific American*, Januar 1986, 254:74-83
- Plutarch: „Lucullus" in: „Plutarch's Lives", Bd. 2, übersetzt von Perrin, B. (Cambridge, Mass.: Harvard University Press, 1968), S. 495-7
- Podkletnov, E. und Modanese, G.: „Impulse gravity generator based on charged YBA2CU3O7-y superconductor with composite crystal structure", August 2001, online unter www.arxiv.org/abs/physics/0108005
- Podkletnov, E. und Modanese, G.: „Investigation of high voltage discharges in low pressure gases through large ceramic superconducting electrodes" in *Journal of Low Temperature Physics*, 2003, 132:239-59, online unter www.arxiv.org/abs/physics/0209051
- Preston, R.: „The eclipsing death star" in *Discovery*, August 1998, S. 41-6
- Raisbeck, G. M. et al.: „^{10}Be deposition at Vostok, Antarctica, during the last 50.000 years and its relationship to possible cosmogenic production variations during this period" in Bard, E. und Broecker, W. (Hrsg.): „The Last Deglaciation: Absolute and Radiocarbon Chronologies", NATO ASI Series, Bd. 12 (Heidelberg: Springer-Verlag, 1992), S. 127-39
- Reynolds, S. P. und Ellison, D. C.: „Electron acceleration in Tycho's and Kepler's supernova remnants: Spectral evidence of Fermi shock acceleration" in *Astrophysical Journal*, 1992, 399:L75-L78
- Schmidt, G. D.; Angel, J. und Beaver, E.: „The small-scale polarization of the Crab Nebula" in *Astrophysical Journal*, 1979, 227:106-13
- Sharp, N. A.: „Millisecond time resolution with the Kitt Peak Photon-counting array" in *Publications of the Astronomical Society of the Pacific*, 1992, 104:263-9
- Shkunov, V. V. und Zel'dovich, B. Y.: „Optical phase conjugation" in *Scientific American*, Dezember 1985, 253:54-9
- Silva, F.: „Music in the Fields" in *Atlantis Rising*, 1998, 14:42-3
- Steiger, B.: „Alien Meetings" (New York: Ace, 1978)

- Sturrock, P. A. et al.: „Physical evidence related to UFO reports" in *Journal of Scientific Exploration*, 1998, 12:179-229
- Sullivan, W.: „Black Holes" (Garden City, NY: Anchor Press, 1979)
- Taylor, J. H. und Manchester, R. N.: „Recent Observations of Pulsars" in *Annual Reviews of Astronomy and Astrophysics*, 1977, 15:19-44
- Taylor, J. H.; Manchester, R. N. und Huguenin, G. R.: „Observations of pulsar radio emission. I. Total-intensity measurements of individual pulses" in *Astrophysical Journal*, 1975, 195:513-28
- Taylor, J. H.; Manchester, R. N. und Lyne, A. G.: „Catalog of 558 pulsars" in *Astrophysical Journal Supplement Series*, 1993, 88:529-68
- Taylor, J. H. und Stinebring, D. R.: „Recent progress in the understanding of pulsars" in *Annual Reviews of Astronomy and Astrophysics*, 1986, 24:285-327
- Thompson, R. L.: „Alien Identities: Ancient Insights into Modern UFO Phenomena" (San Diego, Kalifornien: Govardhan Hill Publishing, 1993)
- Trimble, V.: „Motions and Structure of the Filamentary Envelope of the Crab Nebula" in *Astronomical Journal*, 1968, 73:535-47
- Tucker, W. H.: „Supernova in the sail" in Star and Sky, 1980, 2(1):36
- Vassilatos, G.: „Secrets of Cold War Technology: Project HAARP and Beyond" (Bayside, Kalifornien: Borderland Sciences, 1996)
- Velusamy, T.: „Radio detection of a jet in the Crab Nebula" in Nature, 1984, 308:251-2
- Wallace, H. W.: „Method and apparatus for generating a secondary gravitational force field", US-Patent Nr. 3.626.605, 14.12.71
- Wallace, H. W.: „Method and apparatus for generating a dynamic force field", US-Patent Nr. 3.626.606, 14.12.71
- Webre, A. L.: „Exopolitics: Politics, Government, and Law in the Universe" (Vancouver, B.C.: Universe Books, 2005)
- West, John Anthony: „Serpent in the Sky: The High Wisdom of Ancient Egypt" (Wheaton, Illinois: Quest, 1993)
- Wilson, R. B. und Fishman, G. J.: „The pulse profile of the Crab pulsar in the energy range 45 keV – 1,2 MeV" in *Astrophysical Journal*, 1983, 269:273-80
- Winn, J.: „The life of a neutron star" in *Sky & Telescope*, Juli 1999, S. 34

- Wolszczan, A. und Frail, D. A.: „A planetary system around the millisecond pulsar PSR 1257+12" in *Nature*, 1992, 355:145-7
- Woodward, J.: „A new experimental approach to Mach's principle and relativistic gravitation" in *Foundations of Physics Letters*, 1990, Jg. 3, Nr. 5
- Wright, G. A. E. und Fowler, L. A.: „Mode-changing and quantized subpulse drift-rates in pulsar PSR 2319+60" in *Astronomy and Astrophysics*, 1981, 101:356-61
- Zeitlin, G.: „Are pulsar signals evidence of astro-engineered signalling systems?" in *New Frontiers in Science*, Sommer 2002, Nr. 1
- Zook, H. A.; Hartung, J. B. und Storzer, D.: „Solar flare activity: Evidence for large-scale changes in the past" in *Icarus*, 1977, 32:106-26

Index

Symbole

1-Radiant-Bezugspunkte   37–43, 57, 73–75, 85–86, 109, 120, 135, 139–141

A

Abweichung. *Siehe* Periodenabweichung
ägyptisches Neujahr   130
Alexander, Steven   196
Andrews, Colin   188, 190, 192–193, 195
Äquinoktium, als Zeitmarkierung   129–131
Arecibo-Radioteleskop   35–36
Astraea, Mythos   131
astrologische Mythen. *Siehe* Sternbildmythen
außerirdische Kommunikation. *Siehe* Kommunikation, interstellare
außerirdische Zivilisationen
   Beeinflussung der menschlichen Entwicklung   55, 138
   Besuch der Erde   52, 86–87
   Föderation von   14, 54
   Fortschrittlichkeit von   52–53
   friedliche Absichten der   53–54

B

Barrett, Prof. Alan   14
Bearden, Tom   184
Bell, Jocelyn   12, 19, 209
Beryllium-10 in Polareis. *Siehe* kosmische Strahlenteilchen, Einwirkung auf die Erde
Bölling-Interstadial   122
Brown, T. Townsend   60, 69, 69–70
Bugstoßwelle. *Siehe* Stoßwelle, bogenförmige

C

CME. *Siehe* Sonne, koronaler Massenauswurf (CME)
Cocke, William   104

D

Delgado, Pat   190, 192–193, 195
Drake, Frank   11, 18, 26
Drei-Kelvin-Strahlung   87

E

„Earth Under Fire" (LaViolette)   7, 44, 73, 75, 82, 99, 126
EBM-Pulsar. *Siehe* Pulsare
Eisbohrkerne. *Siehe* kosmische Strahlenteilchen, geologische Aufzeichnungen ihres Einwirkens
Eiszeiten, Werden und Vergehen   77
Energie und Materie, Erzeugung von   73
ETI-Kommunikationsleuchtfeuer. *Siehe* Leuchtfeuer, ETI
ETI-Kontakt   201–203
   in der Vergangenheit   52, 87, 138, 141
ETI-Sendeanlagen
   manipulierte stellare Kerne als   26–29, 52–53, 170–174
   Teilchenstrahl-Kommunikationseinrichtung   15–16, 165–170, 172, 225
Explosion im galaktischen Kern   44, 75–77, 85. *Siehe auch* galaktisches Zentrum; Superwelle
   zyklische Wiederkehr   84
Exzentrizität, orbitale   47, 53, 58, 144–145

F

Fesen, Robert   132
Filippenko, Alexei   164
Flut, globaler Kataklysmus   91
Frühlingsäquinoktium, Präzession des   129–131
Funkfeuer, ETI. *Siehe* Leuchtfeuer, ETI

G

galaktische Ebene   38, 43, 99, 103, 123–125
galaktische Gemeinschaft   14
galaktische Radiowellen-Hintergrundstrahlung   99, 125
galaktischer Kern. *Siehe* galaktisches Zentrum
galaktisches Antizentrum   32, 95, 101, 109, 112, 124, 126, 135
galaktisches Internet   60, 71, 173
galaktische Superwelle. *Siehe* Superwelle
galaktisches Zentrum   31–33, 37–39, 42, 43, 44–49, 58, 73–76, 85. *Siehe auch* 1-Radiant-Bezugspunkte; Schütze, Sternbild
   Explosion im, Erzeugung von Materie und Energie   44, 73–75
   als Referenzort   31–33, 38–39, 43, 85–86, 99, 109–110, 115
Galaxie
   andere Zivilisationen in   14–15, 25–26, 38, 53–54, 75, 85–87, 132
   Verteilung der Pulsare in   33–37

„Galaxisgespräch"   75, 85
Gamma Sagittae. *Siehe* Schütze, Sternbild
„Genesis of the Cosmos" (LaViolette)   7, 73, 82, 171
geomagnetische Störungen   131
GE Research Laboratory   16
„Giant Pulse". *Siehe* Puls, Giant
Glastonbury, Peter   196
Gletscher, Anwachsen und Abschmelzen von   77, 122, 130
Gold, Thomas   20, 23
Gravitationsfeld, Methode zur Kontrolle des   60–63. *Siehe auch* Raumschiffantrieb
Gull, Theodore   132

H

HAARP-Projekt   174
Hankins, Timothy   147
Hein, Dr. Simeon   192
Hewish, Anthony   12, 19
Higbee, Donna   194
Himmelspfeil. *Siehe* Pfeil, Sternbild
Himmelsstier   126, 135. *Siehe auch* Stier (Taurus), Sternbild
Huguenin, G.   164

I

Ilyes   191
IMPATT-Dioden   187
integriertes Pulsprofil. *Siehe* Puls, zeitlich gemitteltes Profil
interstellare Kommunikation. *Siehe* Kommunikation, interstellare
interstellare Radiowellen, Streuung der   17
interstellarer Staub. *Siehe* kosmischer Staub

J

Jastrow, Robert   14–15
Jungfrau
    Sternbild   87
    und Löwe, Übergang im Äquinoktium   130–131

K

Katastrophen, globale   73, 75, 79–84, 86, 91, 96, 106, 126, 130
Klimawandel   73, 77–81
Kohlenstoff-14, erhöhte Werte von   81, 131
Kommunikation, interstellare   14–15, 26–29, 37–38, 53–55, 60, 65, 87, 110, 113, 122, 154, 159, 165, 171, 173. *Siehe auch* ETI-Sendeanlagen; Leuchtfeuer, ETI
    als langwieriges Projekt   55
    galaktische Bezugspunkte   38

Kommunikation, interstellare (*Fortsetzung*)
    Netzwerk   14, 60, 65–68, 86–87, 132
    überlichtschnell   68–71, 86, 173
konstante Pulsperioden, Problem der   151–152
Kontakt, ETI. *Siehe* ETI-Kontakt
Kornkreise   187–201
koronaler Massenauswurf (CME). *Siehe* Sonne, koronaler Massenauswurf (CME)
kosmische Hintergrundstrahlung   87
kosmischer Staub
    aktiviert die Sonne und Sterne   77–81, 97, 130–131
    und Klimawandel   77–81, 122
kosmische Strahlenteilchen
    bringen Supernovaüberreste zum Leuchten   97–99, 102–104, 125, 153–154
    drängen kosmischen Staub ab   77, 97
    Durchdringung der gesamten Galaxis   75–76
    geologische Aufzeichnungen ihres Einwirkens   79–85, 121
    Nutzung zu Kommunikationszwecken   16–17, 26–27, 169–173, 187
    überlichtschnelle Reise durch die Galaxie   75, 96, 99–100
Kraftfeld-Projektionstechnik   27, 176–201
Krebsnebel   20, 66–67, 89–100, 101–103, 105–106, 123–137, 153
    büschelähnliche Gebilde im   101–103
    Jet   132–136, 200–201
    Magnetfeld   103–104, 135
    maßstabsgetreues Modell der Superwelle   123–125
Krebsnebel-Pulsar. *Siehe* Pulsare
Kreisbahn. *Siehe* Exzentrizität, orbitale
Kreuz des Südens, Sternbild   38, 73, 86, 135. *Siehe auch* 1-Radiant-Bezugspunkte

L

leuchtende, büschelähnliche Gebilde. *Siehe* Krebsnebel; Supernovaüberreste
Leuchtfeuer, ETI   13, 25–29, 55, 60, 68, 71, 94, 100, 110, 112, 122, 150, 151, 165, 169–170, 212. *Siehe auch* ETI-Sendeanlagen; Navigationsstrahlen
    als Bezugspunkt   40, 42–45, 50, 57–58, 105–107
    als Warnung   42, 105–106, 114–115, 122
Leuchtturm-Modell. *Siehe* Neutronenstern-Leuchtturmmodell
Levengood, Dr. W. C.   191
Longitudinal-Stoßwelle   69, 185–187, 197

Longitudinalwellen 70. *Siehe auch* Tesla-Wellen

M

Manchester, Richard 164, 214
Massenaussterben, von Tieren 81–82, 91, 122, 130, 131
Materie und Energie, Erzeugung von 73
Mikrowelle. *Siehe auch* kosmische Hintergrundstrahlung
    Kraftübertragung durch 185–188, 191–195
    Phasenkonjugation von 180–187, 197–200
    Strahlentechnik 177–187, 196–199
    Strahlenwaffen 177–180
    überlichtschnelle 68
Milchstraße. *Siehe* Galaxie
Millisekunden-Pulsar. *Siehe* Pulsare
Mode Switching 156, 160–162, 173, 215–223. *Siehe auch* Puls
    Grammatik 162–163, 220–222
    quantisiert 162–163, 219–220
Moffet, David 147
Mondgestein 81, 131

N

Navigationsstrahlen 31–33, 65–68, 165, 173–174, 176, 202
Neandertaler, Aussterben des 84
Neutronensterne. *Siehe* Sterne, Neutronen
Neutronenstern-Leuchtturmmodell
    Probleme des 19–25, 103, 112–113, 143–154, 158–160, 163–165, 205–215
    wie die vorkopernikanische Astronomie 165

O

Obolensky, Alexis Guy 64
optische Pulse 41–42, 89, 104, 107, 109, 112, 146–148
Orbit. *Siehe* Exzentrizität, orbitale
Orion, Sternbild 126, 127, 135

P

Periodenabweichung 110–113, 121, 128
Pfeil, Sternbild 38, 44–46, 52, 56, 73–75, 86, 117–122, 125, 135. *Siehe* 1-Radiant-Bezugspunkte
    Gamma Sagittae 43, 52, 57–58, 73–75, 86, 118, 139–141
Phasenkonjugation. *Siehe* Mikrowelle, Phasenkonjugation von
Pioneer 10, Plakette 31–33, 65

Plasmoid 176–185. *Siehe auch* Mikrowelle, Strahlentechnik
„Platonisches Jahr" 129–131
Pleistozän, Pflanzensterben. *Siehe* Massenaussterben
Podkletnov, Evgeny 62–65, 71
Polareis. *Siehe* kosmische Strahlenteilchen
Präzession. *Siehe* Äquinoktium
Projekt OZMA 18, 26
Puls
    Drift 25, 156–164, 210–215, 219–222
    Einfrieren 159–160, 213, 222
    Giant 41–43, 47, 50, 51, 57, 107–110
    Komplexität. *Siehe* Pulsare, hochgeordnete Emissionen
    Mode Switching 156, 160–162, 173, 215–223
    Modulation 156–159, 203, 208–210, 216
    Nullphasen 156, 159–160, 164, 213–215, 220–222
    Periode 12, 13, 40–41, 45, 47–51, 56–58
    Periodenableitung 26, 117–120, 155, 160, 216
    Profil 21–22
    Profil, zeitlich gemitteltes 22–25, 42, 155, 155–160, 163–165, 203, 205–212, 216–222
    Zwischenpuls 90, 107, 110, 145–149, 218
Pulsare
    bedeckungsveränderlicher Millisekunden-Pulsar (EBM-Pulsar) 45–58, 139–141, 150–152, 174
    Entdeckung der 12–14, 18–19
    hochgeordnete Emissionen 12–13, 21–22, 25–26, 40–41, 154–165
    als Kommunikations-Leuchtfeuer 12–13, 25–29, 39–42, 87, 113, 122, 150–174
    Krebsnebel, Pulsar im 89–115, 117–130, 143–154, 161, 168, 203
    Leuchtturm-Modell. *Siehe* Neutronenstern-Leuchtturmmodell
    Millisekunden-Pulsar 39–43, 45–58, 75, 107–110, 125, 141, 144, 151–152
    natürlich pulsierende Quellen 154–155
    nicht-zufällige Verteilung 35, 42–45, 47–52, 111–112, 127–128
    PSR 0525+21 111–113, 127–128
    als stationäre Leuchtfeuer. *Siehe* ETI-Sendeanlagen
    Vela-Pulsar 89, 92–94, 100, 106–110, 113–115, 117–125, 138–141, 149–150, 202–203, 215

Pulsare (*Fortsetzung*)
    Vulpecula-Pulsar 43, 44, 52, 117–119, 122, 143

R

Radhakrishnan, V. 164
Radiant 37–39. *Siehe auch* 1-Radiant-Bezugspunkte
Radiokarbonmethode. *Siehe* Kohlenstoff-14
Radioteleskope 17, 35–36
Radiowellenübertragung, auf breiten und diskreten Frequenzen 14–19
Raumschiffantrieb 60–65, 195–199
Reber, Grote 55
Remote Viewing 137, 202
Russell, Ron 192
Ryle, Martin 19

S

Sagittarius, Sternbild. *Siehe* Schütze, Sternbild
Sagitta, Sternbild. *Siehe* Pfeil, Sternbild
Säurekonzentration, hohe, in Eisbohrkernen 80–81
Schild
    Kraftfeld 135, 173, 176, 199–201
        im Orion (Sternbild) 126–127, 135
        im Zentaur (Sternbild) 135
Schütze, Sternbild 73–75, 120, 121. *Siehe auch* galaktisches Zentrum
    zielt auf „Herz des Skorpions" 73–75, 86, 121
SETI 6, 14, 17, 19, 26, 162, 218
    „Open SETI" 202
Skalarwellen 184–185
Sonne, koronaler Massenauswurf (CME) 131
    als Auslöser des Massensterbens im Pleistozän 81–82, 122, 130–131
    Belege für Sonneneruption 80–81, 130–131
    Belege in Mondgestein für 81, 131
Sonnenwind, Abschirmung kosmischer Strahlung durch 77, 79, 83–84
Sothis-Kalender 130
Staker, Bryan 133–134
stationäre Strahlensender. *Siehe* ETI-Sendeanlagen
Sternbildmythen
    Botschaft über Explosion des galaktischen Zentrums 44, 73, 85–86, 120
    als Code 73–75, 86, 120–121
    enthalten fortschrittliches Wissen 86–87
    verschlüsselte Wissenschaft ihrer Schöpfer 86

Sterne
    Hyperonen- 171
    Neutronen- 13, 20–21, 28–29, 41, 46, 52, 91, 94, 103, 112–113, 143, 145, 149, 149–151, 154, 162–163, 170–171, 187, 205, 214–215. *Siehe auch* Neutronenstern-Leuchtturmmodell
    Neutronenstern-Pfannkuchenmodell 21
    Staub, Anziehung von 77, 97, 122, 131
    Staubnebel um 77
    Weiße Zwerge 13, 20, 28, 46, 144–145, 150, 153–154, 170–171, 215
Sternzeichen. *Siehe* Tierkreiszeichen
Stier (Taurus), Sternbild 89, 126–132, 135
Stinebring, Dan 46, 92
Stoßwelle, bogenförmige 101–104, 150
Stoßwelle, longitudinale 69, 185–187, 197
Strahlenantrieb. *Siehe* Kraftfeld-Projektionstechnik
Streuung. *Siehe* interstellare Radiowellen, Streuung der
Subpuls 22, 107–108, 164, 205, 214. *Siehe auch* Puls
Subquantenkinetik 61–64, 171, 185
Supernova
    ausgelöst durch Außerirdische 125–129, 135–141
    ausgelöst durch Superwellen 96–98, 99–100, 121
    Ereignishorizont 96
    Krebsnebel- 89, 93–98, 100, 123–126, 130, 137
    Vela- 89, 91–93, 95, 96–101, 125, 143
Supernovaüberreste
    Cassiopeia A 99–100, 104–105
    Einfangen kosmischer Strahlung 16, 96–98, 103–104
    Krebsnebel 20, 66–67, 89–100, 101–103, 105–106, 123–137, 153
    Nordpolarer Sporn 95
    Tycho 99–100, 104–105
    Vela 20, 41, 89–97, 101, 105, 143
    Verteilung von 36–37
Superwelle 75–86, 96–98, 99–106, 109–110, 120, 121–125, 131, 135–138, 187, 199–203. *Siehe auch* Explosion im galaktischen Kern
    als intergalaktisches Gesprächsthema 85–86
    Ereignishorizont 99–100, 104–106, 110, 118, 123–128, 202
    in anderen Galaxien 76, 85
    Schutz vor 135–136, 176, 187, 199–201

Synchrotronstrahlung 16–17, 20–21, 23, 27, 76, 85, 91, 97–99, 102–103, 122–125, 135, 145, 149, 165–174, 194
    erzeugt von Superwellen 85, 97–99, 102–106, 125–126, 135–136
    kreisförmig polarisierte 76–77
    aus Pulsaren 17, 20–21, 23–29, 103, 145, 149, 170–174

T

Taurus, Sternbild. *Siehe* Stier (Taurus), Sternbild
Taylor, Joseph 92, 164
Teilchenbeschleuniger 15, 166–167, 172, 225
Teilchenstrahl-Technologie. *Siehe* ETI-Sendeanlagen
Tesla, Nikola 70, 185–187, 197
Tesla-Wellen 185–187, 197
Tierkreiszeichen (astrologische)
    enthalten uralte Botschaft 73–74, 86–87, 120–121
    als Ereignis-Chronometer 120–123
Tierkreiszeichen-Zeitalter 129–131
Timing-Abweichung 21–24, 155, 203
Tycho-Überrest. *Siehe* Supernovaüberreste

U

überlichtschnelle Kommunikation. *Siehe* Kommunikation, interstellare
überlichtschnelle Raumfahrt 60–65, 136

V

Vallee, Jacques 199
Vela. *Siehe* Pulsare; Supernovaüberreste
Velasco, Jean-Jacques 199
Virgo. *Siehe* Jungfrau
Vulpecula-Pulsar. *Siehe* Pulsare

W

Webre, Alfred 54
Wellen, überlichtschnelle 64–65, 68–71, 200
Weltbrand 130
Weltraumnavigation 65–68
Woodward, James 198
Wostok-Station, Antarktis, Eisbohrkerne 82–84

Z

Zeitalter, Tierkreiszeichen- 129–131
zeitlich gemitteltes Pulsprofil. *Siehe* Puls, Profil
Zeitlin, Gerry 202
Zentaur, Sternbild 73, 135
Zwischenpulse. *Siehe* Puls

www.mosquito-verlag.de

NEXUS MAGAZIN

BERICHTERSTATTUNG VON DEN GRENZEN DER REALITÄT

Wir freuen uns, Ihnen seit Oktober 2005 das australische NEXUS-Magazin in deutscher Sprache zu präsentieren. Aufregende Themen erwarten Sie, die in dieser Ausführlichkeit weltweit in keiner anderen Publikation zu finden sind. Wir richten uns an intelligente, weltoffene Leser, die Inhalte mehr schätzen als bunte Bilder, und die sich von inhaltsreichen Texten mehr beeindrucken lassen als von schreierischen Schlagzeilen.

Das NEXUS-Magazin sieht die Menschheit in einer Periode tiefgreifender Transformation. Aus dieser Überzeugung heraus möchte die Redaktion dazu beitragen, „schwer erhältliche" Informationen verfügbar zu machen, um damit den notwendigen gesellschaftlichen Wandel zu unterstützen. Wir begreifen uns als ein Medium am Rande des Mainstreams und versuchen, mit minimal zur Verfügung stehenden Mitteln einen maximalen Beitrag zur Bewusstwerdung zu leisten und damit letztlich zur Überlebensfähigkeit unserer Kultur beizutragen.

Einzelpreis: 7,- €
Jahresabo (6 Hefte): 40,00 €

www.nexus-magazin.de

DAVID ICKE

DER LÖWE ERWACHT

Jetzt wird die Menschheit endlich frei

912 Seiten
Inklusive 32-seitiger Galerie
mit Originalbildern von
Neil Hague
24,00 €
ISBN: 978-3-928963-45-9

Seit seinem „Erwachen" im Jahr 1990 hat sich David Icke unzählige Male als Wegbereiter menschlicher Erkenntnis erwiesen. „Der Löwe erwacht" ist sein bislang umfassendstes Buch und markiert gleichzeitig das zwanzigste Jahr seiner Arbeit bei der Aufdeckung sensationeller Geheimnisse und unterdrückter Informationen.

David Icke spricht in diesem Werk nicht nur ausführlich über die Manipulation der Bevölkerung und die wahre Natur der Realität; er ruft die Menschen auch dazu auf, nicht länger zu knien, sondern sich zu erheben und die Welt dem teuflischen Netzwerk mächtiger Familien und nicht-menschlicher Wesen zu entreißen, das uns von der Wiege bis zur Bahre kontrolliert.

Die wohl packendste Enthüllung ist die Manipulation der Erde und des kollektiven menschlichen Bewusstseins vom Mond aus, der laut David Icke nicht nur ein Himmelskörper ist, sondern ein künstliches Gebilde – ein riesiges „Raumschiff".

In diesem Zusammenhang geht er auch auf die „Mondmatrix" ein – eine Scheinrealität, die vom Mond übertragen und vom Körper/Intellekt des Menschen empfangen wird. Die Mondmatrix, so David Icke, hat sich in das menschliche Körpercomputer-System „gehackt" und speist ihm unaufhörlich ein manipuliertes Selbstgefühl und Weltbild ein.

Die Menschheit steht derzeit an einer Weggabelung und muss sich nun entscheiden: Werden wir endlich zu unserer wahren Größe, unserem wahren Potential als Unendliches Bewusstsein erwachen? Oder lassen wir weiterhin unseren Körper/Intellekt in den künstlich erschaffenen Illusionen der Mondmatrix gefangen halten? Die eine Entscheidung hält ein Maß an Freiheit und Möglichkeiten für uns bereit, das wir uns nie hätten träumen lassen; die andere verdammt uns und unsere Kinder zu einer globalen, faschistisch-kommunistischen Diktatur, deren Ausmaß selbst George Orwell erstaunen würde.

Wer dieses Buch liest, wird sich verändert finden. Und sofern wir die hier gebotenen Informationen beherzigen, werden sie uns befreien.

www.mosquito-verlag.de

DAVID ICKE

UNENDLICHE LIEBE IST DIE EINZIGE WAHRHEIT
ALLES ANDERE IST ILLUSION

Die Entlarvung der Traumwelt, die wir für wirklich halten

David Icke erklärt in seiner unvergleichlich einleuchtenden Art, warum die „physikalische" Realität nur eine Illusion ist, die allein in unserem Gehirn existiert. Fantastisch? Na sicher. Aber David Ickes Argumentation ist sofort für jeden verständlich. Sein Buch entlarvt nicht nur jene Illusion, die wir für die „Wirklichkeit" halten, sondern auch die Art und Weise, wie diese Illusion ständig neu erzeugt und aufrechterhalten wird, um uns in der falschen Realität eingesperrt zu halten.

Icke erklärt, wie es kommt, dass wir in einem „holographischen Internet" leben, in dem unsere Gehirne mit einem zentralen „Computer" verbunden sind, der uns allen die gleiche kollektive Realität füttert, aus der wir dann aus Wellenformen und elektrischen Signalen die holographische 3D-Welt zusammensetzen, die wir alle zu sehen glauben.

David Ickes Erzählstil, unterstützt von Neil Hagues herausragenden Illustrationen, werden die Realität – das Leben – von jedermann verändern, der den Mut hat, dieses Buch zu lesen.

Schnappen Sie sich also einen Sitzplatz – Sie werden ohnehin nur die vordere Stuhlkante benötigen.

284 Seiten
80 Farb-Illustrationen
24,00 €
ISBN: 978-3-928963-12-1

DAVID ICKE

DAS GRÖSSTE GEHEIMNIS

Dieses Buch verändert die Welt

650 Seiten
73 Abb.
24,00 €
ISBN: 978-3-928963-17-6

David Ickes aufrüttelndes und explosives Buch behandelt unter anderem den Hintergrund über den Mord an Diana, Prinzessin von Wales. Doch die unglaublichen Informationen, die er in diesem Buch enthüllt, betreffen jeden einzelnen Menschen auf diesem Planeten. David Icke belegt detailliert und mit überzeugenden Beweisen, dass unser Planet seit Jahrtausenden durch dieselben miteinander verbundenen Blutlinien kontrolliert wird. Er beschreibt, wie sie die großen Religionen schufen und das spirituelle und esoterische Wissen unterdrückten, das die Menschheit aus ihrem geistigen und emotionalen Gefängnis befreien könnte.

Dies beinhaltet die erschütternde Enthüllung über die wahren Ursprünge des Christentums und der anderen großen Religionen, sowie über unterdrücktes Wissen, das uns darüber aufklärt, warum wir jetzt in eine Zeit unglaublicher Veränderungen eintreten.

„Das größte Geheimnis" legt auch den wahren und unglaublichen Hintergrund der britischen Königsfamilie offen. Durch einen enormen Forschungsaufwand und zuverlässige Kontakte ist es David Icke gelungen herauszufinden, warum und wie Diana, Prinzessin von Wales, 1997 in Paris ermordet wurde. Ein Teil dieser Informationen stammt von einer Kontaktperson, die neun Jahre lang eine enge Vertraute von Diana war. Diese Informationen wurden nie zuvor veröffentlicht.

„Das größte Geheimnis" ist ein einzigartiges Buch, und es wird die Welt verändern. Wer es liest, wird danach nicht mehr derselbe sein.

www.mosquito-verlag.de

DAVID ICKE

... UND DIE WAHRHEIT WIRD EUCH FREI MACHEN

Hier enthüllt David Icke die wahre Geschichte hinter den globalen Geschehnissen, die sowohl die Zukunft der Menschheit formen als auch die Welt, die wir unseren Kindern hinterlassen werden. Furchtlos lüftet er den Schleier, der über einem erstaunlichen Netzwerk aus miteinander verwobenen Manipulationsmethoden liegt, und deckt auf, dass es immer wieder dieselben Personen, Geheimgesellschaften und Organisationen sind, die den Verlauf unseres Alltags kontrollieren. Sie sind es, die Kriege, gewalttätige Revolutionen, Terroranschläge und politische Morde anzetteln; sie sind es, die den weltweiten Drogenmarkt und die Indoktrinationsmaschinerie der Medien kontrollieren. Jedes einzelne negative Ereignis aus Gegenwart und Vergangenheit lässt sich auf diese eine globale Elite zurückverfolgen, und einige der Beteiligten sind wohl bekannt. Nie zuvor wurden das Netzwerk, seine Helfer und seine Methoden derart gründlich und vernichtend bloßgestellt.

ca 650 Seiten
24,00 €
ISBN: 978-3-928963-49-7

ab Herbst 2011 in neuer Gesamtausgabe erhältlich

DAVID ICKE

ALICE IM WUNDERLAND UND DAS WORLD TRADE CENTER DESASTER

Warum die offizielle Geschichte des 11. September eine monumentale Lüge ist

684 Seiten
28,00 €
ISBN: 978-3-928963-11-4

Seit dem Tag des Horrors am 11. September 2001 wird den Menschen auf der Welt eine einzige, große Lüge erzählt. Die offizielle Geschichte über die Geschehnisse jenes Tages sind ein Konglomerat aus phantastischen Unwahrheiten, Manipulation, Widersprüchen und Anomalien. David Icke hat über ein Jahrzehnt damit verbracht, jene Mächte aufzudecken, die in Wirklichkeit hinter diesen Attacken stehen. Ihr Personal, ihre Methoden und ihre Agenda hat er in einer Serie von Büchern und Videos bereits enthüllt.

Er stellt nun diese Ereignisse in ihren wahren Kontext, als Teil einer Agenda der verdeckten Kräfte, die hinter den Marionetten-Politikern die Fäden ziehen, um einen globalen Faschisten-Staat zu erschaffen, der auf totaler Kontrolle und Überwachung aufbauen soll. Aber so muss es nicht sein, und dies alles muss nicht unbedingt geschehen. Wir können diese Welt von einem Gefängnis in ein Paradies verändern; die Macht dafür liegt, wie David Icke erklärt, in jedem von uns selbst.

www.mosquito-verlag.de

JOSEPH P. FARRELL

DER TODESSTERN GIZEH

Die Paläophysik der Großen Pyramide und der militärischen Anlage bei Gizeh

Waren die Pyramiden von Gizeh Teil eines gigantischen militärischen Experiments, bei dem eine „Todesstern-Waffe" erzeugt wurde? Und könnte es sein, dass dieses Experiment in Tod und Verwüstung endete?

Joseph Farrell deckt in diesem bahnbrechenden Buch die Umrisse einer Physik auf, die alles übersteigt, was uns bekannt ist.

Wenn er Recht hat, dann gab es vor unserer Zivilisation schon eine andere ... und die Kriege, die von ihr entfacht wurden, waren möglicherweise todbringender als jede Nuklearwaffe.

Dies ist keins der üblichen Esoterik-Bücher über die Pyramiden. Hier wird eine Waffentechnik beschrieben, die schaudern macht. Und möglicherweise wird diese Technologie in der heutigen Zeit gerade wieder neu erfunden.

Aus dem Inhalt:

* Beweise über den Einsatz einer Massenvernichtungswaffe in grauer Vorzeit
* Hermetische Philosophie und Paläophysik
* Pythagoras, Plato, Planck und die Pyramide
* Die Waffen-Hypothese
* Die Große Galerie und ihre Kristalle
* Gravito-Akustische Resonatoren
* Die Maschinen-Hypothese
* Hochfrequenz-Impulstechnologie

264 Seiten
24,00 €
ISBN: 978-3-928963-25-1

Eine aberwitzige Tour-de-Force durch die Welt einer Wissenschaft, die an die Grenzen der Fantasie stößt. Doch es gibt starke Anhaltspunkte dafür, dass sie nur allzu real ist.

JOSEPH P. FARRELL

DIE BRUDERSCHAFT DER GLOCKE

Ultrageheime Technologie des Dritten Reichs jenseits der Vorstellungskraft

482 Seiten
24,00 €
ISBN: 978-3-928963-27-5

Das Nachfolgewerk von „Das Reich der Schwarzen Sonne" greift die eigenartige Geschichte auf, die am Ende des Buchs nur kurz erwähnt wurde: 1945 verließ ein geheimes Hightech-Waffenprojekt mit dem Codenamen *Die Glocke* seinen unterirdischen Bunker in Niederschlesien – und mit ihr Hans Kammler, Viersterne-General der SS. An Bord der letzten Junkers 390 verschwanden die Glocke, Kammler und sämtliche Projektunterlagen für immer von der Bildfläche. Wohin ging der Flug?

Der Großteil der Wissenschaftler und Techniker, die an diesem Projekt gearbeitet hatten, wurden von der SS kaltblütig ermordet. So verschwand eine Geheimwaffe, die laut einem deutschen Physik-Nobelpreisträger als „kriegsentscheidend" eingestuft worden war – eine Sicherheitsstufe, die sogar höher lag als die der Atombombe. Welche bahnbrechenden physikalischen Geheimnisse waren mit der Glocke verbunden?

Joseph Farrell enthüllt hier eine Reihe exotischer Technologien, die im Dritten Reich erforscht wurden. Er wirft damit ein neues, verstörendes Licht auf die gängige Sichtweise über den Ausgang des Zweiten Weltkrieges – und nimmt mittels neuerer Dokumente den Roswell-Vorfall und Majestic-12 unter die Lupe, das mysteriöse Geheimkomitee der amerikanischen Regierung zur Untersuchung von UFOs.

www.mosquito-verlag.de

JOSEPH P. FARRELL
DAS REICH DER SCHWARZEN SONNE

Geheimwaffen der Nazis und die Nachkriegslegende der Siegermächte

Warum fürchteten die Allierten 1944 einen Atombombenangriff?

Warum drohten die Sowjets, Giftgas gegen die Deutschen einzusetzen?

Warum bestand Hitler darauf, dass der Krieg für das Dritte Reich nur dann zu gewinnen sei, wenn man Prag halten könne?

Warum hatte es General Pattons 3. Armee so eilig, die Skoda-Werke in Pilsen einzunehmen, anstatt auf Berlin vorzurücken?

Warum war die Hiroshima-Atombombe nie zuvor getestet worden?

Warum flog die Luftwaffe im Jahr 1944 knapp 20 km dicht an New York heran und wieder zurück?

Auf der Suche nach Antworten auf all diese Fragen entführt dieses Buch den Leser in die Grenzbereiche der Wissenschaft im Dritten Reich. Ausgehend von der These, die Deutschen hätten bereits 1944 eine funktionierende Atombombe getestet, deckt Joseph Farrell geheime Forschungen auf, die im Bereich exotischer Physik und neuer Energiequellen durchgeführt wurden. Sein faszinierendes Werk schließt mit einem neuen Blick auf die Legende über deutsche Flugscheiben, wobei beunruhigende Parallelen zwischen den mutmaßlichen UFO-Abstürzen von Roswell und Kecksburg mit supergeheimen Projekten der SS zutage treten.

372 Seiten
24,00 €
ISBN: 978-3-928963-02-2

Pflichtlektüre für alle, die sich für alternative Geschichtsforschung und UFOs interessieren.

Mosquito Verlag   www.mosquito-verlag.de

IGOR WITKOWSKI

DIE WAHRHEIT ÜBER DIE WUNDERWAFFE

Geheime Waffentechnologie im Dritten Reich

Teil 1
264 Seiten
19,50 €
ISBN: 978-3-928963-23-7

Teil 2
270 Seiten
19,50 €
ISBN: 978-3-928963-24-4

Teil 3
322 Seiten
19,50 €
ISBN: 978-3-928963-44-2

„Die Wahrheit über die Wunderwaffe" ist ein Buch über die Waffen des Dritten Reiches, die als letzter Ausweg dienen sollten, sich jedoch von allen anderen Waffen unterscheiden.

Igor Witkowski, ein polnischer Militärjournalist, präsentiert uns das Ergebnis seiner Recherchen, die er in den Archiven der West- und Ostmächte betrieben hat und liefert uns eine Vielzahl von Fakten – auch über Waffen und Technologien, von denen die Öffentlichkeit zuvor noch nie etwas gehört hat.

„Die Wahrheit über die Wunderwaffe" ist bis ins Detail dokumentiert und bezieht sich zum Großteil auf Quellen, die zuvor noch nie in einer Veröffentlichung beschrieben wurden. Der zweite Teil des Werks geht hauptsächlich auf ein Forschungsprojekt ein, das sich nach wie vor jeder Klassifikation entzieht: die Wunderwaffe oder deutschen Dokumenten zufolge eine „kriegsentscheidende" Waffe.

Igor Witkowskis Forschungen bilden die Basis der Bücher von Nick Cook und Joseph Farrell und deren Spekulationen über das Supergeheimprojekt *Die Glocke*.

www.mosquito-verlag.de

NICK COOK

DIE JAGD NACH ZERO POINT

Verschlusssache Antigravitationstechnologie

DAS GRÖSSTE GEHEIMPROJEKT
SEIT ENTWICKLUNG DER ATOMBOMBE

Ein preisgekrönter Journalist begibt sich ins Herz ultra-sensibler Luftwaffenentwicklung – einer Welt, so geheim, dass sie offiziell gar nicht existiert. Er schildert die kolossalen Anstrengungen der Wissenschaftler, die unerschöpfliche Kraft der Gravitation nutzbar zu machen.

Sein Buch erzählt die Geschichte einer Schatzsuche: nach einer Entdeckung, die sich als genauso mächtig entpuppen könnte, wie die Entwicklung der Atombombe.

„Die Jagd nach Zero Point" untersucht die wissenschaftliche Spekulation, dass im Universum eine grenzenlose Quelle potentieller Energie existiert, in der auch der Schlüssel zur Aufhebung und Kontrolle der Schwerkraft liegen könnte. Der Wettlauf verschiedener Nationen um die Siegerposition in diesem Rennen ist immens, denn diesen Preis zu erringen, würde die Fähigkeit bedeuten, militärische Flugzeuge zu bauen, die mit unbegrenzter Geschwindigkeit und Reichweite fliegen können – und zugleich das Potential zur Entwicklung der tödlichsten Waffe, die die Menschheit je gesehen hat.

„Cook erzählt von den Ergebnissen seiner Recherchen in der Art eines Spionage-Romans, von geheimen Treffen mit nervösen Zeugen an schlecht ausgeleuchteten Treffpunkten."

Guardian (London)

352 Seiten
19,50 €
ISBN: 978-3-928963-14-5

CATHY O'BRIEN UND MARK PHILLIPS

DIE TRANCEFORMATION AMERIKAS

Die wahre Lebensgeschichte einer CIA-Sklavin unter Mind-Control

448 Seiten
51 Abbildungen
24,00 €
ISBN: 978-3-928963-05-3

Wer David Icke liest, hat auch schon von diesem äußerst signifikanten Buch zum Thema Mind Control gehört. Lange hat es gedauert, bis es ins Deutsche übersetzt wurde, nicht zuletzt wegen seiner oft schwer übersetzbaren Beispiele der „Wonderland"-Sprache, in der die Täter mit ihren Opfern kommunizieren.

Doch jetzt ist das Buch endlich da. 448 Seiten, vollgepackt mit den unglaublichsten (aber leider wahren) Erzählungen einer Sklavin des MK-Ultra-Programms.

Wir können nicht behaupten, dass die Lektüre ein reines Vergnügen sei – im Gegenteil: Es wird möglicherweise das schlimmste Buch sein, das Sie je gelesen haben. Warum Sie es dennoch lesen sollten?

Wegen seiner Botschaft, die uns alle angeht. Sie lautet:

AUFWACHEN!

www.mosquito-verlag.de

LOU BALDIN

VERBÜNDET MIT AUSSERIRDISCHEN

Jenseits von Roswell liegt eine andere Dimension ...

Die offizielle Geschichte des UFO-Absturzes von Roswell ist ein einziges Labyrinth – auf der einen Seite das Militär, das sich immer neue Deckgeschichten ausdenkt, sobald neue Erkenntnisse ans Tageslicht kommen; auf der anderen Myriaden an unabhängigen Forschern, die plausible Zeugeninterviews und freigegebene Geheimdokumente ins Feld führen.

Dieses Buch entzieht sich der leidigen Diskussion und erzählt eine mysteriöse Geschichte, über deren Wahrheitsgehalt nur spekuliert werden kann. Lou Baldin berichtet, wie sich das UFO kurz nach der Bergung selbst regenerierte und in seinem Innern ein Wissen preisgab, das viele der beteiligten Wissenschaftler den Verstand kostete: Innenräume, die sich jenseits der Raumzeit zu befinden schienen, exotische Geräte, die situations- und krankheitsbedingt agierten und stets ins Raumschiff zurückkehrten sowie Technologien, um Seelen von Körper zu Körper zu transferieren. Das Komitee, das der eskalierenden Situation Herr werden wollte, musste bald feststellen, dass alle Beteiligten nur Pingpongbälle im Spiel höherer Intelligenzen – der Außerirdischen – zu sein schienen.

Wird dieses exotische Wissen genau aus diesen Gründen verheimlicht – weil es Mächte gibt, die uns um Jahrtausende voraus sind?

243 Seiten
9,90 €
ISBN: 978-3-928963-28-2